有色金属伴生银矿石学

王静纯　余大良　著

北京

冶金工业出版社

2018

内 容 提 要

本书主要内容包括银的供需态势及有色金属伴生银的矿床类型和分布；银成矿作用中的地球化学行为及成矿富集规律；有色金属伴生银矿石特征，包括矿石矿物组成、成矿元素分布、矿石构造、成因及工业类型与银矿化强度的关系等。该书从银的工艺矿物学研究领域，系统总结了载体矿物演化与含银性，论证了非晶态银和超显微银的矿物学特征及银的沉淀、共生与演化规律，展示并深入分析了有色金属伴生银矿的银矿物组成特点，提出了银的成因标型矿物，并结合矿山生产实际综述了银的物相分析与金属量配分，评述了影响银回收率的主要因素和提高回收率的技术措施。

本书可供从事矿床地质学、矿山地质学、矿石学及工艺矿物学的科技工作者和高等院校相关专业师生阅读参考。

图书在版编目（CIP）数据

有色金属伴生银矿石学/王静纯，余大良著 . —北京：冶金工业出版社，2018.10
ISBN 978-7-5024-7910-7

Ⅰ.①有… Ⅱ.①王… ②余… Ⅲ.①银矿物—伴生矿物—研究 Ⅳ.①P578.1

中国版本图书馆 CIP 数据核字（2018）第 236945 号

出 版 人 谭学余
地 址 北京市东城区嵩祝院北巷 39 号 邮编 100009 电话 （010）64027926
网 址 www.cnmip.com.cn 电子信箱 yjcbs@cnmip.com.cn
责任编辑 徐银河 美术编辑 吕欣童 版式设计 孙跃红
责任校对 卿文春 责任印制 牛晓波
ISBN 978-7-5024-7910-7
冶金工业出版社出版发行；各地新华书店经销；三河市双峰印刷装订有限公司印刷
2018 年 10 月第 1 版，2018 年 10 月第 1 次印刷
169mm×239mm；16.5 印张；6 彩页；336 千字；255 页
78.00 元
冶金工业出版社 投稿电话 （010）64027932 投稿信箱 tougao@cnmip.com.cn
冶金工业出版社营销中心 电话 （010）64044283 传真 （010）64027893
冶金书店 地址 北京市东四西大街 46 号（100010） 电话 （010）65289081（兼传真）
冶金工业出版社天猫旗舰店 yjgycbs.tmall.com
（本书如有印装质量问题，本社营销中心负责退换）

前　言

　　本书以铅锌（铜）矿中伴生银的赋存规律和工艺矿物学研究以及多个矿山伴生组分查定成果为背景，经多年研究积累、提炼、综合，并参考了相关研究的最新资料，是系统深入研究有色金属伴生银矿石学的成果，可为合理利用银矿资源提供科学依据。

　　书中全面对比研究了有色金属伴生银矿的成矿规律，分类阐述了银在矿石中的富集、成矿与演化规律，银的赋存形式与银的多元体系，银矿物组成与成因标型矿物，特别对伴生银矿石的工艺矿物学特征、银的物相分析和金属配分等，逐一予以论述。书中以有色金属伴生银矿床矿石为重点，涉及伴生银的铅锌矿床、铜矿床、铜多金属矿床、钨锡矿床、锑铋/碲矿床、铌钽矿床、铁多金属矿床、硒铜矿床、铅锌/金铁锰矿床、钒矿床、铀铜矿床、含银铜镍矿床，以及伴生有色金属的银（金）矿床等。

　　本书主要有如下几个特点：

　　（1）概括地论述了全球范围的银矿与有色金属伴生银矿的分布规律，探讨了银在各类型有色金属矿床矿石中的富集规律。

　　（2）阐述了银在各种成矿作用中的地球化学行为，银在各类型有色金属矿石、主要载体矿物中的分布。评述了各类型有色金属伴生银矿石的矿物组成与分布。

　　（3）综述了银在成矿过程中活化、迁移、沉淀的地球化学习性，银的多元体系及银矿物共生与演化规律。特别是分析了金、银对成矿地质环境的选择与共生、分离条件。

　　（4）展示了我国有色金属伴生银矿及独立银矿的银矿物组成。按照伴生银矿石类型，详论了银矿物组成特点、产出概率及分布规律。

（5）研究了银的工艺矿物学特征，重点涵盖了银的主要载体矿物含银性与成因的关系，银矿物粒度、嵌布特征与成因、矿化组合及成矿阶段的关系。评述了影响银回收率的主要因素及提高银回收率的技术措施。

（6）对于以采选有色金属矿产为主业的生产矿山，矿石中的银以产品价值衡量，大部分不能独立开采，而是作为副产金属综合回收，可统称为"伴生银矿石"，本书也采纳这种叙述方式。

本书由王静纯、余大良撰写，参与铅锌（铜）矿中伴生银赋存规律及工艺矿物学项目的研究人员有王静纯、简晓忠、杨竟红等。

伴生银研究工作得到原中国有色金属工业总公司科技部李仪贞处长，北京矿产地质研究所陈振玠所长、马力总工程师，北京矿产地质研究院王京彬院长、付水兴副院长的指导与大力支持。在扫描电镜测试、微区研究及样品制备方面，北京矿冶研究总院陶淑凤、汤集刚教授级高工，中国地质大学施倪承教授，桂林矿产地质研究院梁学谦高级工程师给予了诸多支持；野外矿山地质工作得到多个矿山企业领导及地质技术人员的热情协助，谨致最诚挚谢意。

本书的撰写不仅参考了有关专家、学者研究成果的相关文献资料，也参考了北京矿产地质研究院、北京矿冶研究总院、桂林矿产地质研究院、广东和湖南地勘局有色地质所、广州有色金属研究院等的科研报告及研究资料。仅对有关单位和专家的辛勤耕耘致以谢忱和崇高敬意。

本书得到国土资源部公益性行业科研专项经费课题"塔西砂砾岩型铜铅锌矿床成矿规律与找矿预测"（编号：201511016）下属第二子课题"塔西砂砾岩型铜矿床成矿特征与成矿模式"（编号：201511016-2）全额资助。

由于作者水平所限，疏漏谬误之处敬请读者批评指教。

作　者
2018 年 6 月

目　录

1 概　　论

1.1 银

1.1.1 银的用途与供需态势

1.1.1.1 银的用途

银是人类认识较早的金属之一，其发现晚于金，公元前 3000 年，国外一些地方已使用银器，拉加什（Lagcsh）发现公元前 2800 年前的银瓶。公元前 13~15 世纪时埃及银的价格比金还高。我国春秋时期（公元前 8~5 世纪）已有"错金银"工艺[1,2]。银的独特而美丽的银白色及稳定的化学性质，使之成为首饰、器皿、造币业颇受青睐的原料。随着社会的进步与工业的发展，银的良好导电性，极佳的韧性和延展性，使之应用领域迅速扩展到照相、电子、国防、航天等基础与尖端工业，银作为硬通币的功能已经淡去，已成为现代工业不可或缺的金属。银的产量与消费量可作为衡量国家工业水平的重要标志之一。从美国白银消费领域和最终用途，可概略了解白银应用的方方面面，其中摄影材料和电子产品用量约占银总消费量的 66%~68%，造币和银制器皿约占 16%~17%，珠宝首饰和纪念品约占 6%~7%，还用于医药、焊料、核控制棒等。2016 年世界银币银条用银占总消费的 21%，首饰用银占 19.6%，而全球工业用银占现货需求的 55%，新增的光伏装机容量（达 70GW）用银达到 2591t，占工业用银的 14%。我国光伏行业银用量增幅最大，拉动其中银用量同比增长 37%，光伏行业将持续成为工业用银的支撑。

1.1.1.2 银的供需概况

我国是矿产开发较早、矿业发展较快的国家，银的开采历史已超过 2400 年，自《山海经》以来的史书上多有记载。分布在全国各地的采矿遗迹更是层出不穷，以银的采矿、冶炼地方命名的银山、银坑、银洞、银硐、银洞沟、银坡、银岭、银场、银沟乃至八宝山、望宝山、天宝山、多宝山、七宝山、宝山、三宝山、大宝山等地名不胜枚举。古代采银老窿以及包含"银"与"宝"等名称的地区已成为现今的找矿线索之一。

清朝末年丧权辱国的赔款条约已将中国大量白银和银元赔付给了英法美日等

列强国家，将我国银的储备洗劫一空。继之而来的连年战乱，致使解放前夕的中国白银生产几乎处于停顿状态。1949 年全国银产量仅 4.0t，据域外资料报导，1942 年中国产银 1.2t，占世界银产量的 0.016%。随着工业的发展，自 21 世纪 80 年代以来，银矿的地质勘查工作开始受到重视，有色金属伴生银矿的选冶综合利用得以加强，银的储量与产量有了明显增长。至 2000 年，中国白银产量为 1500t，至 2012 年，银产量翻了 7 倍，有色金属矿石开采量达到峰值，其中十种有色金属开采量增幅，由 2002～2013 年年均 14.5%，2014～2016 年降至 5.9%。2016 年国内白银产量 23706.9t，同比增长 9.58%（铜精矿产量同比增长 10.9%，铅精矿同比增长 3.1%）。目前我国银矿区已有千余个，银资源量十万余吨。

在中国经济自 2010 年以来由高速增长向中速增长转换的背景下，银的产量与总消费量增速放缓，高位趋稳。近年来国内与国际经济深度调整，推动矿产资源形势历史性转折，中国正处于工业化中后期的高速发展阶段，矿产资源消耗强度大，为解决工业发展的强劲需求，应积极推进矿产资源勘查与开发的全球化进程，支持深加工与创新型企业的发展，以弥补银及有色金属资源供给的不足。

1.1.2　银的地球化学性质

1.1.2.1　地球化学参数

银的原子密度 10.5g/cm³，熔点 960.8℃，沸点 2212℃，热导率（0～100℃）425W/(m·K)，电阻率（20℃）1.63μΩ·cm。在元素周期表中银位于第五周期第一副族，介于金与铜之间，具有过渡性质。Ag 的原子半径（1.445Å）、共价半径（1.34Å）和金的（1.442Å 与 1.34Å）相似或相同，银与金可呈连续的固溶体，并可形成金银碲化物。银的电负性（1.9）和电离势（7.574eV）与铜（1.8（+1）与 7.724eV）很相似，银多以硫化物或硫盐形式存在。银原子的电子构型为 $4s^2 4p^6 4d^{10} 5s^1$，失去外层电子 $5s^1$ 为 +1 价，因此 Ag 在自然界中的稳定价态为 Ag^+，在强氧化条件下，可呈 Ag^{2+} 与 Ag^{3+} 出现在配合物中。Ag^+ 的离子半径因配位数和阴离子的影响而有较大变化，可从 0.75～1.38Å[1]。银的这些物理化学性质（见表 1-1）导致了银在热液中有较强的活动能力，几乎出现在各种有色金属和贵金属矿床中。

表 1-1　银的物理化学性质[1]

原子序数	47	熔点/℃	960.8
相对原子质量	107.87	沸点/℃	2212
原子体积/cm³·mol⁻¹	10.3	电子构型	$4d^{10}5s^1$
原子密度/g·cm⁻³	10.5	电负性	1.9

稳定同位素	Ag^{107}、Ag^{109}	离子半径/Å(12 配位)	1.26(+1)、0.89(+2)
地壳丰度/10^{-6}	0.07	电离势/eV	7.574
地球化学电价	0、+1、+2	还原电位/V	$Ag^+ \rightarrow Ag$, 0.7996
原子半径/Å(12 配位)	1.445	离子电位	0.79(+1)、2.25(+2)
共价半径/Å	1.34	EK 值	0.60 (+1)

银的浓集系数可以银在矿床中最低可采品位与银在地壳中的丰度的比值来确定。将银的最低可采品位定为 100g/t，银金属需浓集 1000 倍才能达到富集成矿并进行开采，银的浓集系数为 1000。金以 3g/t 品位为最低开采品位，则浓集系数为 6000。铅矿以 1% 为最低可采品位，则浓集系数为 600。锌矿以 3% 定为最低可采品位，则浓集系数为 600。铜矿和富铜矿分别以 0.5% 与 1% 定为最低可采品位，浓集系数为 50 与 100。某些元素的浓集系数见表 1-2。

表 1-2 某些元素的浓集系数[3]

元素	克拉克值/%	最低可采品位/%	浓集系数	元素	克拉克值/%	最低可采品位/%	浓集系数
Si	27.6	约46	1.5	Li	6.5×10^{-3}	0.5	80
Al	8.8	25	约3	Zn	5×10^{-3}	3	600
Fe	5.1	30	约6	Sn	4×10^{-3}	0.15	40
Ca	3.6	40	11	Co	3×10^{-3}	0.1	30
Na	2.64	39	15	Pb	1.6×10^{-3}	1	600
K	2.6	30	12	Be	6×10^{-4}	0.4	670
Mg	2.1	13	约6	As	5×10^{-4}	2	4000
Ti	6×10^{-1}	10	约17	B	3×10^{-4}	5	17000
Mn	9×10^{-2}	10	110	Mo	3×10^{-4}	0.04	130
Ba	5×10^{-2}	约30	600	Sb	4×10^{-5}	1	25000
Cr	2×10^{-2}	约8	400	Bi	2×10^{-5}	0.5	25000
V	1.5×10^{-2}	0.5	30	Ag	1×10^{-5}	0.01	1000①
Cu	1×10^{-2}	0.5	50	Hg	7×10^{-6}	0.1	14000
Ni	8×10^{-3}	0.6	70	Au, Pt	5×10^{-7}	0.0003	6000

① 据文献 [3] 有修改。

从表 1-2 可知，银的浓集系数仅仅低于 Au、Hg、Pt、Sb、Bi、As、B 等金属，可以认为银是浓集能力较强的金属。

1.1.2.2 银的丰度

（1）自然界中的银。银的地壳丰度，A.Π. 维诺格拉多夫和 S.R. 泰勒根据大陆岩石样品计算（1962 年）认为是 0.07×10^{-6}。R. W. 博伊尔采取分区计算后进行质量加权平均，求出地壳各地质单元银的丰度是：深洋区 0.098×10^{-6}；浅洋区 0.082×10^{-6}；洋壳 0.091×10^{-6}；陆壳 0.065×10^{-6}；陆棚区 0.067×10^{-6}；地壳 0.075×10^{-6}；褶皱区 0.062×10^{-6}；地盾区—（即低于检测限）；结晶岩 0.077×10^{-6}；沉积岩 0.066×10^{-6}。显然，银的丰度，从陆棚-浅洋区-深洋区逐渐增高，洋壳中银的丰度（0.091×10^{-6}）明显高于地壳和陆壳（$0.075 \times 10^{-6} \sim 0.065 \times 10^{-6}$），而与深源物质有成因关系的结晶岩（$0.077 \times 10^{-6}$），比浅源物质和外生作用有密切关系的沉积岩（$0.066 \times 10^{-6}$）高。银金属在宇宙中的丰度为 0.52×10^{-9}（格林，1959），陨石的硅酸盐相实际上不含银，铁相中平均含银 $2 \times 10^{-6} \sim 5 \times 10^{-6}$，陨硫铁中平均含银 18×10^{-6}（戈尔德施密特，1954 年），E. A. 文森特（Vincent，1974 年）根据中子活化法及质谱同位素稀释法测试结果，认为铁陨石中 Ag 平均含量为 20×10^{-9}，变化范围在 $12 \times 10^{-9} \sim 146 \times 10^{-9}$，球粒陨石含 Ag $22 \times 10^{-9} \sim 570 \times 10^{-9}$，无球粒陨石在 $3.1 \times 10^{-9} \sim 98 \times 10^{-9}$，玻璃陨石 Ag 含量小于 1×10^{-6}（科亨，1959 年）[1]。

（2）岩石中的银。银在各类岩石中的丰度，对银成矿地球化学背景的研究十分重要。国内外地质学家在这方面进行了大量研究。岩浆岩中银的丰度（$0.05 \times 10^{-6} \sim 0.1 \times 10^{-6}$）明显低于沉积岩（$0.1 \times 10^{-6} \sim 2.20 \times 10^{-6}$）和变质岩中银的丰度（$0.1 \times 10^{-6} \sim 50 \times 10^{-6}$）。人们普遍认为，银在岩浆阶段中不形成富集，主要呈杂质元素分散在造岩矿物中。主要岩浆岩中银的平均含量见表 1-3。

表 1-3　　主要岩浆岩中银的平均含量

岩石类型	银的平均含量/10^{-6}	
	涂里千和费德波	维诺格拉多夫
超铁镁质岩石（纯橄榄岩等）	0.06	0.05
铁镁质岩石（玄武岩、辉长岩等）	0.11	0.10
中性岩石（闪长岩、安山岩等）	0.0n（正长岩）	0.07（闪长岩）
酸性岩	0.051（富钙） 0.037（贫钙）	0.05（花岗岩）

注：据涂里千和费德波（Turekian，Wedpohl），1961 年；维诺格拉多夫（Виноградов），1962 年。

在沉积岩中，岩性不同银的含量有较大差异。含碳质的泥质岩石含银较高，如中黑色页岩、碳质和磷质页岩；钙质与含钙质的岩石，如灰岩、钙质砂岩含银也很高（见表 1-4）。

从加拿大的某些沉积岩的银含量可以了解，钙质、硅质砂岩和碳质及磷酸盐质页岩、黑色页岩含银较高。

表 1-4　某些沉积岩中银的含量[1]

岩石类型	岩石名称	含银量/10⁻⁶
砂质岩	砂岩	0.25
	石英岩和砂岩	0.22
	石英岩	0.31
	硅质石英岩	0.25
	钙质石英岩	0.36
钙质岩	灰岩	0.15
	白云岩	0.12
蒸发岩	石膏	<0.1
	硬石膏	<0.1
黏土质岩石	灰绿色页岩	0.19
	红色页岩	0.11
	红色及浅黄色页岩	0.19
	黑色页岩	0.32
	碳质及磷酸盐质页岩	0.43
	含硫砷板岩	2.20

我国某些地区的黑色页岩含银很高，甚至可以富集成银矿层。如产在鄂西上震旦统陡山陀组黑色页岩中的白果园银钒矿，容矿的银钒岩系，上亚段（Zbd^{4-2}）含银 1.50~18.17g/t，下亚段（Zbd^{4-2}）含银 13.46~165.99g/t，银与岩层中碳质物质和微细粒的硫化物，特别是黄铁矿有关。又如广西境内江南古陆东南缘寒武系底部清溪组中硅质、含碳质"黑层"中，一般含银 3~8g/t，最高达 10~20g/t。湖北东南地区的崇阳县大沙坪一带"黑层"中磷结核的基质中含银达 5~3000g/t。湖南境内江南古陆边缘，牛蹄塘组与烟溪组下段黑色页岩中，一般含银 3.5~27.2g/t，个别达 130~786g/t。类似的含银黑色页岩层在滇东、川西、贵州、桂东北、粤北、赣北、皖南、浙西等地区都有分布，是找黑色页岩型银矿的重要层位[4]。

在变质作用中，银的分布较为复杂，原岩中银的丰度和变质作用类型与程度的巨大差异，会给银的聚散带来重要影响，表现在变质中不同岩石类型银含量有明显差别（见表 1-5）。

表 1-5 变质岩中银的含量[6]

岩石类型	样品个数	含银量/$g \cdot t^{-1}$
石英岩、硬砂岩	289	—
板岩、千枚岩、变泥岩	225	0.20
片麻岩、麻粒岩	1929	—
角闪岩、绿岩	425	0.25
片岩	1969	0.20
泥灰岩、结晶灰岩	40	50
角页岩	368	—
榴辉岩	103	0.10
矽卡岩	44	—
绿泥石化绿帘石化凝灰岩	12	—
整个变质岩	540	0.15

从表 1-5 可以概略了解变质作用后形成的泥灰岩与结晶灰岩中银含量较沉积形成的灰岩和泥质岩有明显增高，而较深度变质形成的石英岩、硬砂岩、矽卡岩、片麻岩及麻粒岩，银含量低于检测下限，银受到了流失与分散。诚然，影响银在变质岩中的聚散因素比较复杂。如河南桐柏破山银矿，赋矿层位为上元古界歪头山组，以变粒岩、斜长角闪片岩、绢云石英片岩为主，夹大理岩透镜体。歪头山组上部第二段和中部第二段银含量是地壳银丰度值的几十至 101.7 倍（见表1-6）。

表 1-6 河南桐柏银矿歪头山组地层银的含量

地层（代号）	含银量/$g \cdot t^{-1}$	与地壳丰度比值
上部（Pt_3W_3）	3.62（182 件）	48.27
中部（Pt_3W_2）	2.74（210 件）	36.53
下部（Pt_3W_1）	0.38	5.07

注：据河南省地矿局三队，1988 年；括号内为样品数。

大量研究证明，海水具有很高的均一性，海水中的各种组分，特别是主要组分的相对比例是固定的。据 Д. 戈尔德别尔格 1963 年提供的海水中银的浓度为0.0003mg/L，海水中银是以 $AgCl_2^-$ 和 $AgCl_3^{2-}$ 形式存在。

1.1.3 银的工业矿物

银元素的地球化学性质，特别是在热液活动中极为活跃，使银不但可呈自然银和金属互化物存在，而且银能和许多金属化合而形成银的硫化物，如螺状硫银矿（Ag_2S）；银的硫盐，如深红银矿（Ag_3SbS_3）与淡红银矿（Ag_3AsS_3）；银的硫酸盐，如银铁矾（$(AgFe_3)(SO_4)_2(OH)_6$）；银的卤化物，如角银矿（$AgCl$）

等。而且也导致银矿物绝大部分与多种金属硫化物、铁锰氧化物有较强的自然亲和性，共伴生在金属硫化物矿石及氧化矿石中而被工业所利用。

银金属最重要的工业矿物及银含量见表1-7。

表 1-7　银金属的重要工业矿物[5, 6]

矿物名称	化学式	银含量/%		密度 /g·cm^{-3}
		理论值	分析值	
自然银	Ag	100	96.78~99.15	10.497
辉银矿	Ag$_2$S	87.06	77.58~86.71	7.04
螺状硫银矿	Ag$_2$S	87.06	86.14~86.79	7.19~7.24
淡红银矿	Ag$_3$AsS$_3$	65.42	64.5~65.37	5.57~5.64
深红银矿	Ag$_3$SbS$_3$	59.76	59.55~64.68	5.77~5.86
脆银矿	Ag$_5$SbS$_4$	68.83	67.8~68.6	6.47
硫锑铜银矿	(Ag,Cu)$_{16}$Sb$_2$S$_{11}$	65.10	64.3~71.0	6.07
锑硫砷铜银矿	(Ag,Cu)$_{16}$(Sb,As)$_2$S$_{11}$	62.50	51.17~72.43	6.33~6.35
银黝铜矿	(Ag,Cu,Fe)$_{12}$(Sb,As)$_4$S$_{13}$	5~25	14.23~23.05	4.99~5.40
角银矿	AgCl	75.26	54.0~78.0	5.55~6.50
碲银矿	Ag$_2$Te	62.86	60.62~62.74	8.402
硒银矿	Ag$_2$Se	73.15	72.67~75.9	7.866

银矿物的银含量理论值与实测值有所差异，某些微量杂质元素的混入与其产出的地球化学环境有关。如自然界中纯的自然银极少，它常含有一定量的 Au、Cu 或 Hg，还可能含有微量的 As、Sb、Bi、Fe、Zn、Co、Ni、Pt、Te 和 Ir 等。自然银中可含 Cu 0.01%~0.48%（廉江）、0.35%~0.61%（瑶岗仙），含 Fe 1.32%（廉江），含 Hg 0.01%~5.23%（柏坊），Sb 0.35%~0.95%（鲍家）。

1.2　有色金属伴生银矿床类型与分布规律

1.2.1　伴生银矿床类型

基于研究角度的不同，中外学者对于银矿床分类提出了许多不同的方案[7~9]。总体来说，强调了以下几个矿床地质特征：银矿床的成因，矿床的共生组合，矿体产出形态，矿床产出的地质环境，矿床的形成时代等。银与众多贱金属、贵金属元素共生或伴生，导致了银矿床分类的复杂性。事实说明，单银的矿床极为少见。将独立银矿床作为单独矿床划分出来，以明显的位置与共伴生银矿床区分是Φ.И. 沃尔夫松（1982 年）和《苏联金属矿床》（1978 年）提出的分类。Φ.И. 沃尔夫松将中新世与流纹岩有关的银矿床和上新世与安山岩有关的银矿床定为独立银矿床；《苏联金属矿床》将褶皱区与深成花岗岩浆活动有关的银-铅建造矿床和环太平洋带与年轻的安山—英安岩火山作用有关的银-金建造的矿床，定为独立银矿床。K. Ф. 库兹涅佐夫等人虽然也将银矿床分为伴生与独立两大类，他所指的独立银矿床，实际上是银-钴、银-铅、银-金、银-锡等共生矿床，矿床中钴、铅、金和锡作为主要工业成分予以开采利用（见表1-8）。

表 1-8　　K. Ф. 库兹涅佐夫等人的银矿分类（1978 年）

标志	矿石建造			
	银-砷化物	银-铅	银-金	银-锡
大地构造环境	地台、地盾、海西褶皱带中间地块	海西和中-新生代褶皱区、活化带	年轻火山带、阿尔卑斯褶皱区、活化带	年轻的火山带
岩浆杂岩体	前寒武纪辉绿岩床、海西晚期花岗岩侵入体	浅成相的花岗岩类小侵入体	次火山侵入体和安山岩-英安岩-流纹岩系列的火山岩	古近纪和新近纪斑岩侵入体和火山口相（英安岩、石英斑岩、流纹岩、闪长斑岩等）
典型的矿物共生组合	镍和钴的砷化物（砷镍矿、砷钴矿、斜方砷钴矿、辉钴矿、红镍矿、辉砷镍矿等）、毒砂、磁黄铁矿、黄铁矿、闪锌矿、黝铜矿、自然铋等	方铅矿、闪锌矿、黄铜矿、毒砂、黝铜矿、铅的硫酸盐（脆硫锑铅矿、硫锑铅矿、车轮矿）	毒砂、黄铁矿、石英、黝铜矿、蔷薇辉石、菱锰矿、冰长石，有时有方铅矿、闪锌矿、铋矿物	锡石、黄铁矿、辉锑锡铅矿、黄锡矿、毒砂、闪锌矿、方铅矿、脆硫锑铅矿、车轮矿、黝铜矿、辉铋矿、黑钨矿

注：据《苏联金属矿床》（第三卷银矿床一节），1978 年，节选。

1.2.1.1　有色金属伴生银矿床类型划分

对于大型或超大型矿床的成因，往往是在特定的地质环境中，经过几种不同的成矿作用和漫长的成矿过程而形成的，它紧紧地依赖于地壳的变迁和若干地质事件的叠加，是地质成矿作用的综合结果。就矿床成因而论，某些矿床甚至在矿石开采殆尽时仍在矿床成因上争论不休。通过工作实践我们认为，单纯根据矿床的成因分类，对于矿床初始找矿预测阶段，会造成由于对矿床成因认识肤浅而悬而未决。随着研究的深入，矿床成因的认识也在不断更新。

作者曾在《中国银矿》（1992 年）一书中提出中国银矿床分类[10]，采用以赋矿岩性，成矿地质环境为主，含矿岩石建造与矿石工业类型相结合的分类原则，以达到既简单易行又具有工业实用性。将银矿床（含伴、共生银矿床）划分为脉型，火山岩型，斑岩型，矽卡岩型，岩浆岩型，沉积岩型，变质岩型和铁锰帽型。再根据矿化组合划分为若干亚类。对于有色金属伴共生银矿类型而言，岩浆岩型矿床相对较少（见表1-9）。

表 1-9　有色金属伴生银矿床类型与特征[10]

矿床类型	矿化类型	主要地质特征	矿体形态	矿石类型及结构构造	典型矿物组合	标型银矿物	银品位 /g·t⁻¹	矿床实例
脉型	Pb-Zn-Ag	与浅层酸性岩带或深层热液成矿作用有关的,产于各种断裂带,破碎带中的石英脉、碳酸盐脉、硫化物脉	脉状或网脉带为主,部分似层状、透镜状、扁豆状。脉长可达几千米,矿体长 10～800m,厚数分米至十多米,延伸可达数千米	含银硫化物矿石。块状、浸染状、角砾状、条带状构造	方铅矿、闪锌矿、黄铜矿、黄铁矿、磁黄铁矿	银黝铜矿、深红银矿、锑银矿、黝铜银矿、辉银矿、自然银	63.7～221	湖南大坊、石景冲、广东大尖山、云南白牛厂
	W-Sn-(Pb-Zn)-Ag				黑钨矿、白钨矿、锡石、方铅矿、闪锌矿、黄铁矿、辉铋矿、磁黄铁矿	硫铋银矿、锑铅银矿、硫银锡矿、脆银矿	32.65～374.16	湖南瑶岗仙、广东厚婆坳、锯板坑
	Sn-Sb-(Pb-Zn)-Ag			银矿石。细脉状、团块状、条带、块状构造	锡石、黄铁矿、辉锑铅矿、毒砂	锑银矿、辉锑铜矿、银黝铜矿、黝锑银矿	50.0～250.7	广西镇龙山
	Pb-Zn-Ag	多产在斑岩体内、外接触带,成矿与火山或火山机构有关。围岩蚀变具有分带性,矿化具细脉状、浸染状及网脉状	椭圆状、盆状及不规则筒状。面积不足 1km² 至若干平方千米,深度达数百米		方铅矿、闪锌矿、黄铁矿、黄铜矿、白铁矿	辉银矿、自然银、角银矿、碲银矿	24.51～251.31	江西冷水坑、内蒙古甲乌拉、查干布拉根
斑岩型	Cu-Mo-Ag	产在斑岩体内、外接触带,矿化具细脉状、浸染状及网脉状	平方千米,深度达数百米	含银铜钼硫化物矿石。浸染状构造	黄铜矿、黄铁矿、黝铜矿、辉钼矿、斑铜矿、方铅矿、辉铜矿	银黝铜矿、自然金、辉银矿	32.0～62.5	辽宁望宝山、内蒙古乌兰大坝、乌奴格吐山
	(Cu-Sn)-W-Ag	产斑岩体内、外接触带,矿化具细脉状、浸染状及网脉状	带状、扁豆状、囊状	含铜钨银矿石。细脉浸染状构造	黑钨矿、白钨矿、锡石、辉钼矿、斜方钴矿、毒砂、磁黄铁矿	自然金、铜铅银铋矿、银金矿	140.0～155.0	广东莲花山

续表 1-9

矿床类型	矿化类型	主要地质特征	矿体形态	矿石类型及结构构造	典型矿物组合	标型银矿物	银品位/g·t⁻¹	矿床实例
矽卡岩型	Pb-Zn-Ag	产于中酸性岩和碳酸盐类岩石内、外接触带	似层状、透镜状、桶状及复杂形态。矿体长几十米至数百米，厚几米至几十米	含银铅锌硫化矿石、含银铜硫矿石。粒状充填交代结构、细-中粒镶嵌结构，细脉浸染状、块状、网脉状构造	闪锌矿、方铅矿、磁黄铁矿为主，白铁矿、毒砂为次	银黝铜矿、深红银矿、硫铁银矿	44.7~183.0	内蒙古白音诺、甘肃花牛山、河南黄沙坪、辽宁八家子
	Fe-Cu-Ag				黄铜矿、闪锌矿、方铅矿、斑铜矿、磁铁矿	自然银、辉银矿、碲银矿	14.4~114.05	黑龙江二股西山、松江、江西天排山
	Zn-Cu-Ag				黄铜矿、闪锌矿、黄铁矿、白铁矿	银金矿、辉银矿、银黝铜矿	60.22~83.0	广西大厂、广东大麦山、浙江铜官
火山岩型	Pb-Zn-Cu-Ag	产于火山岩（包括海相火山岩和陆相火山岩）中	层状、透镜体，不规则脉状。长数十米至数百米，厚一二百米	含银铜铅锌硫化物矿石。块状、角砾状、浸染状构造	黄铁矿、黄铜矿、闪锌矿、方铅矿、黝铜矿、硫砷铜矿、毒砂	辉银矿、碲银矿、辉铜银矿、金银矿	126.15~248.59	甘肃小铁山、四川呷村、江西银山
	Pb-Zn-Ag			含银铜铅锌硫化矿石。块状、浸染状、角砾状构造	黄铁矿、闪锌矿、黄铜矿、方铅矿为主，毒砂少量	硫锑铜银矿、硫锑铜银矿、辉银矿	42.9~231.8	浙江大岭口、青海锡铁山
岩浆岩型	Cu-Ni-PGE-Ag	含矿岩体常产于克拉通与褶皱带邻接部位，受深断裂控制，多为小岩体	似层状、透镜状，少量脉状、产状常与岩体一致	含银铜镍硫化矿石。块状、海绵陨铁状、浸染状、角砾状构造	磁黄铁矿、镍黄铁矿、黄铜矿、黄铁矿、紫硫镍铁矿、辉铁镍矿	金银互化物、银碲铋钯矿、铂钯银的金银互化物、铋碲银矿	5.2~7.0	甘肃金川、新疆喀拉通克

续表 1-9

矿床类型	矿化类型	主要地质特征	矿体形态	矿石类型及结构构造	典型矿物组合	标型银矿物	银品位/g·t⁻¹	矿床实例
变质岩型	Pb-Zn-Ag	产于各种变质岩中	层状、似层状、透镜状、扁豆状。长数百米至数千米，厚数米至30余米以上	银矿石、含银硫化物石。块状、浸染状、条带状构造	方铅矿、闪锌矿、黄铁矿、黄铜矿、磁黄铁矿、辉银砂	辉银矿、自然银、深红银矿、硫铜矿、淡红银矿、角银矿	72.69~278.0	河南破山，陕西道岔沟
	Cu-(Fe)-Ag	产于白云岩、大理岩、片岩、石英岩中	层状、透镜状、扁豆状，有时达几十米	块状、角砾状、条带状构造	黄铜矿、黄铁矿、闪锌矿、方铅矿、毒砂、自然铋	银黝铜矿、硫铜银矿、铜银矿、自然银、辉银矿	20.31~83.65	江西铁砂街，内蒙古炭窑口
沉积岩型	Pb-Zn-Ag	产于碳酸盐岩中	层状、透镜状、扁豆状，矿层厚数分米至几十米，常由多层矿体构成	含银铜硫矿石。碎屑状、固溶体分离结构，块状、角砾状、浸染状、条带状、层纹状韵律状构造	闪锌矿、方铅矿、黄铁矿、黄铜矿、磁黄铁矿、菱铁矿	银黝铜矿、辉银矿、自然银、银铅锑的硫化物	93.57~107.03	广东凡口，云南会泽、陕西银洞子、四川天宝山
	Cu-Ag	产于未变质红层中浅色砂、页岩中	不规则层状、透镜状、扁豆状	含银混合矿石、氧化矿石。结核状、块状、角砾状、多孔状、葡萄状、半土状、粉末状、晶洞状构造	辉铜矿、斑铜矿、铜蓝、自然铜	自然银、角银矿、硫铜矿、硒铜矿、硒银矿	33.75~54.23	云南大姚落及柞，四川大铜厂
铁锰帽型	Pb-Zn-(Au)-Ag	产于铁质、锰质、磷质、硅质氧化物中	矿体厚度几米至几百米	含银混合矿石、氧化矿石。块状、结核状、多孔状、半土状、粉末状	褐铁矿、赤铁矿、铅铁矾、异极矿、菱锌矿、硅锌矿、水锌矿	辉银矿、银铁矾、自然银、角银矿、硫铜锑砷银矿、深红银矿	86.53~302.0	江苏平山头、湖北银山、云南矿厂山、北衙
	Mn-Pb-Zn-Ag				软锰矿、硬锰矿、针铁矿、水针铁矿及铝、锌氧化物	自然银、角银矿、碘银矿、马硫铜银矿、银黝铜矿、硫铜银矿、深红银矿	165.0~510	河北相广、满汉土、青海锡铁山沟北西

脉型，又称热液脉型，热液充填交代型。即与各种热液，特别是岩浆期后高-中-低温热液成矿作用有关的矿床；火山岩型，与陆相火山-次火山岩、海相火山岩有关的矿床；斑岩型，与浅成、超浅成中酸性斑岩侵入体有关的矿床；矽卡岩型，又称接触交代型，由岩浆侵入体在接触带及其附近，与钙镁质岩石，少量硅质岩发生接触交代作用形成的矿床；岩浆岩型，又称岩浆熔离型矿床，主要指产在基性岩和超基性岩中的铜-镍硫化物矿床；变质岩型，与变质作用及变质叠加作用有关的矿床；沉积岩型，产于沉积岩系，与海相碳酸盐、陆相碎屑岩、砂（砾）岩系沉积及渗滤热卤水作用有关的矿床（MVT）；铁锰帽型，又称氧化型，包括硫化矿床氧化带、氧化矿床、铁帽、锰帽型矿床。

1.2.1.2　银矿床规模与品位划分

银矿床规模划分，国外鉴于大型矿床多见，银矿床储量规模上限较高，一般银金属量达到或超过 10000t 者为超大型，10000~2000t 者为大型，2000~500t 为中型，不足 500t 为小型。根据国内银矿产出总体态势划分银矿区规模，以 Ag 金属量≥5000t 为超大型，1000~5000t 为大型，200~1000t 中型，20~200t 小型，20t 以下为矿点。

银矿床的品位划分，对独立银矿、共生银矿和伴生银矿的划分标准各家不一。笔者认为，应采用金属市场价值结合生产工艺水平以及矿床中银及伴共生金属的经济价值综合衡量较为科学合理，但矿产品的价值受多种因素制约并常处于动态变化之中，计算比较困难。姑且采用以银品位划分。本书采用的矿床命名原则，着重体现矿床中银的含量丰度，力求简便直观：即对于矿床银品位 $w(Ag) \geqslant 150g/t$，其他金属不具备开采价值，则称为独立银矿，矿床名称为"（××）银矿"（××指金属矿名称，如铅锌等）；若其他有色金属同时具有开采价值，矿床名称为"××银矿"；当矿床品位 $w(Ag) = 100~150g/t$，银不具有独立开采价值，矿床名称为"银××矿"；当 $w(Ag) = 20~<100g/t$，矿床名称为"（银）××矿"；对于 $w(Ag) < 20g/t$ 者为"含银××矿床"。

从目前我国已经发现的银矿床中，脉型、火山岩型、斑岩型、矽卡岩型、变质岩型、沉积岩型及铁锰帽型都有银品位不小于 150g/t 的矿区，但多数矿区的有色金属具备开采价值，银与有色金属形成密切的共伴生关系。

1.2.2　银矿分布规律

1.2.2.1　世界银矿分布概况

就全球范围而言，银矿与有色金属伴生银矿，可形成于所有地质时期和各种地质环境及各类岩石中。但银矿与有色金属伴生银矿，不论是成矿时代还是赋矿空间，都具有一定的分布规律。银的主要成矿期为中生代-新生代。银矿及有色金属伴生银矿主要分布在环太平洋带，其次在地中海带。银主要形成于大洋-大陆转换的成矿体系中。在太平洋活动带的美洲大陆边缘与海洋边缘型银成矿带上，分布世界最著名的银矿、铅银矿与铜银矿。如科尔德-阿林铅银矿和比尤特（Butte）铜银矿；在科迪勒拉优地槽分布着古近纪最大的卡姆斯托克（Comstock）和托诺帕（Tonopah）银矿；在与陆台交接的冒地槽带分布有古近纪-新近纪的铅锌银矿与铜银矿，如宾格姆（Bingham）、帕克城（Park city）、廷提克（Tintic）以及莱德维尔（Leadville）。大多数银矿与铅锌铜等有色金属伴生银矿田产在科迪勒拉褶皱区与北美地台交接部位的活动带中，与安山质火山岩共生，其中的银-铅建造尤为重要，金-银建造较少出现。墨西哥滨太平洋银矿带中许多超大型银矿床，也显示了铅-锌-银建造为主，金-银建造较少的特点。如圣巴巴拉（Santa Barbara）、圣欧拉里亚（Santa Eulalia）及弗雷斯尼略（Fresnillo）等，这些矿田与渐新-中新世火山岩-深成岩共生，银矿带的展布与加利福尼亚湾断裂平行并同时形成。

太平洋银矿带岛弧型银矿及铅锌铜等伴生银矿集中区以日本较典型。银的主要成矿时代是新近纪，在大陆边缘内部绿色凝灰岩分布区，形成了许多钡-铅锌-铜-银建造的黑矿型银矿，其成因与海底火山作用有关，矿体形态多样，银品位高。

显然，太平洋银矿带东部银矿化强度至少高于西部一个数量级，这与板块碰撞作用有直接关系，但太平洋西岸仍不失为世界银矿主要成矿区域之一，是铅锌铜等有色金属伴生银矿的重要分布区。

1.2.2.2 中国银矿分布概述

中国东临太平洋，恰好处于太平洋洋壳和陆壳的转化带，使中国东部形成了一系列与洋壳和陆壳交界线一致的北北东向构造带。滨太平洋构造域自印支旋回开始强烈活动，使亚洲东部的稳定大陆边缘变为活动的大陆边缘，火山岩浆活动频繁，太平洋与亚洲大陆之间沿西太平洋毕鸟夫带强烈作用，构造活动强烈，地台边缘的凹陷断裂带发育，这类切入地下深部壳层的断裂，对提供主要以深源成矿为主的银等金属十分有利[10]。如扬子准地台经历了中新生代的地台活化作用，在其地台边缘与深大断裂带旁侧，台褶带及台缘褶带，以及靠近褶皱带一侧的台隆边缘有大量的银矿及伴生银矿床产出，银储量占全国的1/4。又如华北地台南缘的华熊台缘坳陷、秦岭褶皱系构造单元内分布着众多的大、中型铅锌铜等有色金属伴生银矿田。

研究发现，从滨海至内陆，从东向西沿着与海岸线近于垂直的方向，特别是在一个构造单元内，由以银为主的银矿床→铅银矿床→锌银矿床→铅锌含银矿床变化。如秦岭成矿带内自东而西有河南破山铅锌银矿（Ag品位278g/t，下同）→陕西银洞子银铅矿（107.03g/t）→八方山（银）铅锌矿（12.1～42.1g/t）→铅硐山（银）铅锌矿（23.52g/t）→甘肃厂坝含银铅锌矿（14.51g/t）。这与滨太平洋银矿带东部银矿分布规律一致，为区域找矿类型的选择和银矿资源预测拓宽了思路。

中国东南沿海褶皱系，特别是丽水-海丰断裂带以东，沿着燕山期北东向构造带大面积的中生代火山岩分布区，在成串的火山盆地与线性构造交汇部位，已发现较多的高含银矿点和若干个独立银矿床及铅锌等有色金属伴生银矿床产出。银矿主要与火山热液和岩浆热液关系密切。丽水-海丰深断裂西部，以金银组合和铜金银组合（即金银矿床与铜金银矿床）为主，金银矿化与火山机构、断裂构造和基底岩层有关。

在东南沿海银矿带南段，沿北北东向断裂带分布的火山盆地和沉积坳陷部位，产出与浅成、超浅成热液、地下热水溶液或岩浆热液成矿有关的矿化组合丰富的银矿床与伴生银矿床。如锡-铅锌-银建造中的广东厚婆坳、长铺，锑-铅-银建造的广东梅州嵩溪，铅锌-铌钽-银建造的广东博罗大美，钨-铜-金银建造中的广东澄海莲花山，铅锌-银建造的广东河源七树，以及铀-银建造的广东差干。区内以锡-铅锌-银建造和锑-铅-银建造最为重要，中深热液型与浅成、超浅成热液型有色金属矿和银矿并存。

1.2.3　有色金属伴生银矿的分布

众所周知，铅、锌、铜、锡、银等均属亲铜元素，具有相似的地球化学性质，显示强亲硫性，易与砷、锑、汞、硒、碲、铋等元素的离子成共价键结合，并形成各种配合物；在自然界中，可呈单质元素产出，更常见的是以硫化物与硫盐矿物存在。这些就决定了银与铅、锌、铜、锡等金属密切的伴生关系。不但铅、锌、铜、锡、锑、硒、碲、铋矿床中有较多的伴生银，独立银矿也常常伴生铅、锌、铜、碲、铋、锑等有色金属，而单银矿产却十分罕见。

1.2.3.1　银矿资源的分布

中国银矿储量主要分布在有色金属矿床中。据我国590个伴生银的铅锌铜矿区统计，其中铅锌矿区有202个，达到伴生银的矿区总数的34.24%，占全国银总储量的37.25%。伴生银的铜矿区有124个，为伴生银矿区总数的21.02%，占全国银总储量的24.51%。

据国外241个铅锌矿区统计，其中有133个矿区可归为伴生银的铅锌矿区，占铅锌矿区统计总数的55.19%；据国外451个铜矿区统计，有182个可归为伴生银的铜矿区，占国外铜矿区统计总数的40.35%[11]。显然，在世界范围内，铅锌矿、铜矿与银矿有最为密切的伴生关系。

如澳大利亚，有94%的银产于铅锌矿区；加拿大有64%的银产于铅锌矿区；墨西哥和秘鲁铅锌矿区银产量约占该国银总产量的1/3。葡萄牙、印度、日本、希腊、朝鲜所产的银大部分来自铅锌矿区。美国铅锌矿区银产量占全国矿产银的22%。

铅锌矿、铜矿是国内外银矿产的主要来源。

中国矿山银产量，铅精矿产银约占矿产银总量的1/2以上，锌精矿产银约占矿产银总量的15%，铜精矿产银约占矿产银总产量的1/3，足以说明铅、锌、铜矿与银有最密切的关系，是矿产银的主体。

从成因类型看，矽卡岩型铜、铅锌矿的银储量占全国银总储量的20.9%；沉积层状、似层状铜矿、铅锌矿中银储量占银总储量的3.4%；沉积变质（改造）型铅锌矿中银储量占总储量的10.4%；斑岩型铜（铅锌）矿银储量占总储量的6.7%；热液充填交代型铅锌、铜矿银储量占总储量的46.6%。

1.2.3.2　中国各类型铅锌矿、铅锌铜矿伴生银的分布

中国各类型伴生银的铅锌矿床和铅锌铜矿床中银的分布（见表1-10）。

表 1-10　中国主要伴生银的铅锌矿与铅锌铜矿银品位统计

矿化组合	矿床类型	脉型	斑岩型	火山岩型	变质岩型	矽卡岩型	沉积岩型	铁锰帽型	矿床合计/个
铅锌银	Ag 变化范围	<20~375.76	<20~251.31	<20~500	<20~418.46	<20~233	<20~140.2	22.57~86.53	
	Ag 平均品位	88.15	93.56	117.8	121.9	78.4	51.1	56.5	
	$w(Ag)>20g/t$ 矿床个数	61	4	19	8	21	16	4	133
	$w(Ag)<20g/t$ 矿床个数	8	1	1	4	3	13	0	30
	矿床个数	69	5	20	12	24	29	4	163
铅锌铜银	Ag 变化范围	<20~374.16	<20~300	<20~126.15	<20~86.65	<20~306.6	56.5~128.41	50.0	
	Ag 平均品位	150.0	90.0	60.73	37.3	88.9	83.6	50.0	
	$w(Ag)>20g/t$ 矿床个数	19	10	9	7	15	7	1	68
	$w(Ag)<20g/t$ 矿床个数	1	2	2	2	2	0	0	9
	矿床个数	20	12	11	9	17	7	1	77

注：参考《全国地质储量表》，1992~2016年。

据我国 240 个伴生银的铅锌矿和铅锌铜矿床统计，有 201 个矿床中含银大于 20g/t，占矿床统计总数的 83.8%，其中铅锌银矿床占 66.2%，铅锌铜银矿床占 33.8%。

铅锌银矿床中，火山岩型、变质岩型矿床平均银品位大于 100g/t；脉型、斑岩型、矽卡岩型矿床平均银品位在 88~78g/t 以上，沉积岩型、铁锰帽型矿床平均银品位在 51~56g/t。

铅锌铜银矿床中，脉型平均含银可达 150g/t，斑岩型矿、矽卡岩型、沉积岩型平均含银在 90~83g/t，火山岩型、铁锰帽型平均含银 60~50g/t，而变质岩型含银最低，平均品位小于 40g/t。

对于铅锌银矿区银品位小于 20g/t 的矿床占比较大的有，沉积岩型中有 44.8% 的矿区银品位小于 20g/t，变质岩型中有 33.3% 的矿区，斑岩型中有 20% 的矿区；对于铅锌铜银矿区银品位小于 20g/t 的矿床占比较大的有，变质岩型中有 22.2% 的矿区银品位小于 20g/t。总的看，沉积岩型，变质岩型和斑岩型低品位矿区占比较高，而岩浆岩型矿床银含量一般在 20g/t 以下，多数小于 10g/t，属于含银矿床。

2 有色金属伴生银矿成矿规律

2.1 银在成矿作用中的地球化学行为

2.1.1 岩浆-热液成矿作用

2.1.1.1 岩浆成矿作用

银具有亲硫性，在岩浆作用阶段处于贫硫环境，不形成银的富集，银分散在硅酸盐矿物中，或仅在岩浆熔离型铜镍硫化物矿床中稍有聚集。铜镍硫化物矿床中银品位一般 $2\sim6g/t$，个别矿床部分矿体可达 $12g/t$（可能受晚期热液叠加作用影响，如金川Ⅱ矿区富铜矿体）。银与金、铜、碲、铋、（锑）或铂族元素可形成银的化合物，或进入硫化物和硫盐中。如金川铜镍硫化物矿石含银 $0.069\sim0.092g/t$，金属矿物含银在 $0.01\sim2.10g/t$，硅酸盐矿物如橄榄石、角闪石含银量小于 $0.01g/t$（汤中立，1994 年）。这类矿床极少有方铅矿、闪锌矿产出，黄铜矿、磁黄铁矿、镍黄铁矿为银的主要载体矿物。铜镍硫化物矿体即是铜镍矿化的超基性-基性岩体，为全岩矿化型矿体。

2.1.1.2 岩浆热液成矿作用

在岩浆热液成矿阶段，铅、锌、铜、锑、铋、碲、锡、钼、钨等有色金属与银等成矿物质主要来自花岗岩类岩浆结晶分异的气液产物，但也不排除部分成矿物质的富集是由某些地质事件导致分散在岩体中的有益组分经地下水淋滤活化迁移而富集成矿。岩浆热液阶段形成的钨、锡、铅、锌、银多金属矿，铅锌银矿或铜银矿床是我国重要的伴生银矿床类型。在岩浆期后热液中聚集了大量 Ag、Pb、Zn、Cu、W、Sn、Bi、Sb、Hg 或 Mo 等成矿元素，并拥有 F、Cl、CO_2、S 等挥发分，还可溶解吸取围岩中的某些组分浸入岩浆热液中，在适宜的地质地球化学条件下沉淀成矿。

在高温岩浆期后热液成矿作用中，银常与钨、锡、铜、铅锌伴生，如锯板坑、柿竹园。矿床含银一般小于 $80g/t$，银主要赋存于铅、锌、铜等有色金属矿石中。这类矿床属于多阶段成矿，但铅锌铜锑银和钨锡铋钼一样都属于岩浆期后高温热液矿床的组成部分，而铅、锌、铜、锑、银是在钨、锡等沉淀之后的硫化物阶段沉积成矿的。沉淀时间和温度虽然有差别，但成矿物质均与花岗岩体有关，尽管有相当数量的岩浆期后热液矿床产在花岗岩体内，但富含银的铅、锌、铜矿大部分产在岩体之外的围岩中。

矿石的硫同位素 $\delta^{34}S$ 值，东坡矿田一般在 4‰ 左右，变化于 1‰~8‰ 之间，与一般花岗岩中硫化物 $\delta^{34}S$ 值+5‰ 左右相一致。广东锯板坑（银铅锌锡）钨矿，$\delta^{34}S$ 值在 -1.4‰~4.6‰ 之间，具明显的岩浆硫特点。铅同位素比值，东坡矿田花岗岩中长石铅同位素，$^{206}Pb/^{204}Pb$ 平均值 18.85，离差值 0.215，$^{207}Pb/^{204}Pb$ 平均值 15.69，离差值 0.139；矿石中铅同位素，$^{206}Pb/^{204}Pb$ 平均值 18.65，离差值 0.07，$^{207}Pb/^{204}Pb$ 平均值 15.65，离差值 0.116，两者非常接近，说明矿石铅可能来源于花岗岩[8]。

与该类型有关的南岭钨锡铅锌伴生银矿，花岗岩的气液包裹体均一温度在 450~270℃，爆裂温度在 510~290℃，290℃应是花岗岩形成的温度下线。脉石英包裹体均一温度在 390~200℃，最佳值在 310~210℃。单矿物爆裂温度：黑钨矿 350~160℃，最佳值 310~250℃；白钨矿 323~270℃；黄铁矿 320~280℃，最佳值为 300℃；黄铜矿 340~168℃，最佳值 305~230℃；方铅矿 325~295℃，最佳值 310℃；闪锌矿 360~310℃，最佳值 335℃；锡石 485~385℃；绿柱石 430℃；氟磷酸铁锰矿 370℃；绿帘石 340~320℃；符山石、硅灰石、石榴石 410~360℃[8]。银主要以固溶体分离状态出现在方铅矿、闪锌矿与黄铜矿等硫化物中，银与铅、锌、铜应为同步运移、沉淀，晶出温度略低于铅锌铜等硫化物的成矿温度。

广东大宝山（银）多金属矿，银品位 82.6g/t，储量为中型。矿石中银的赋存形式以银的硫化物辉银矿为主，矿体中硫的来源，经硫同位素测定，绝大部分 $\delta^{34}S$ 值在 0‰~4‰ 之间，平均值为 2.30‰，呈明显塔式分布，说明硫的来源单一，主要来自上地幔或下地壳。铅的来源较复杂，可能来自海底火山喷发或燕山期岩浆活动，也显示了深源特点。包裹体测温显示了本区为中-高温矿床，其中次英安斑岩中细脉浸染状铜矿体中含铜石英脉的石英为 310~290℃；多金属石英脉中的方铅矿为 225~195℃；闪锌矿为 170℃；黄铁矿 180℃；切割层状矿体的硫化物石英脉中的石英为 310~290℃；方铅矿与闪锌矿为 225~170℃[12]。可见本区银与铅锌铜矿化是在中-高温环境中，来自深部（上地幔或下地壳）的岩浆热液，经过多个阶段成矿作用沉淀成矿。银、铅、锌成矿温度在 225~170℃ 范围。

岩浆热液阶段矿化流体的性质，据陈骏（1982 年）对柿竹园矿床的研究[13]，成矿流体为高盐度体系，主要成矿阶段的流体盐度均大于 20%，矿化强度与流体的盐度密切相关。早期矽卡岩阶段，流体为弱碱性（pH 值为 6.6~6.98）；云英岩阶段流体偏碱性（pH 值为 5.94~6.22），适于白钨矿、辉钼矿、辉铋矿沉淀。早期矽卡岩阶段，流体的 E_h 值较高（E_h 值为 3~14），随后逐渐降低，至银硫化物阶段 E_h 值最低（E_h 值为 -23），而云英岩与复杂矽卡岩（E_h 值为-3~4) 形成的氧化还原条件相似。

如广西大厂矿田,由含银锡石硫化物型锡多金属矿、矽卡岩型锌铜矿、热液脉型钨锑矿组成。从远离矿体无蚀变围岩→近矿体围岩→矿体,$\delta^{13}C$ 平均值分别为 0.88‰、-0.74‰、-7.09‰,$\delta^{18}O$ 平均值分别为 22.58‰、16.00‰、14.42‰,$\delta^{13}C$ 与 $\delta^{18}O$ 值均显示逐步降低的规律;矽卡岩型铜锌矿、锡多金属矿、钨锑矿的 $\delta^{18}O_{H_2O}$ 值与 δ_D 值的关系则显示,大厂矿田成矿流体是多来源的。C、H、O 同位素表明,大厂矿田铜锌矿和锡多金属矿的成矿作用均与龙箱盖岩体有关[14](见图 2-1)。

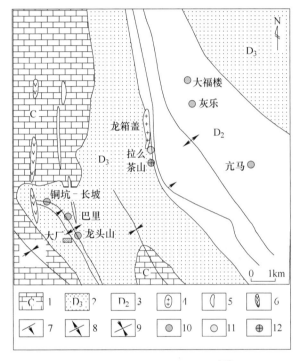

图 2-1 广西大厂矿田地质图[14]

1—石炭系灰岩;2—上泥盆统页岩、灰岩、硅质岩;3—中泥盆统泥灰岩、页岩;
4—燕山晚期含斑黑云母花岗岩;5—燕山晚期花岗斑岩;6—燕山晚期石英闪长玢岩;
7—断裂;8—背斜;9—向斜;10—锡多金属矿床;11—铜锌矿床;12—钨锑矿床

含矿岩浆多阶段分异、演化成岩作用,给成矿物质提供了有力的聚集条件,银主要赋存在中-低温热液阶段,特别是岩浆期后中-低温热液作用形成的金属硫化物矿床,银得到明显富集,为我国最重要的有色金属伴生银矿床类型。矿床含银多在 80g/t 以上,有些矿床含银超过 200g/t。

该类矿床硫同位素组成稳定、集中,具塔式分布,大多数矿床的 $\delta^{34}S$ 值与陨石硫相似,即接近零值。仅南岭地区就有 14 个铅锌伴生银矿床中硫全部来自岩浆，占本区岩浆热液型铅锌银矿床总数的 74%。矿石铅同位素组成较均一，$^{206}Pb/^{204}Pb$ 比值在 $18 \sim 19$，$^{207}Pb/^{204}Pb$ 在 $15 \sim 16$，$^{208}Pb/^{204}Pb$ 在 $39.19 \sim 39.16$，具单阶段的演化历史和单放射源生长的普通铅特征。此组数据大部分落在岩浆成因铅同位素范围[12]。

矿石硫同位素组成，如湖南铜山岭银多金属矿，硫化物的硫同位素值 $\delta^{34}S$ 为 $+0.04‰ \sim +3.8‰$，$\delta^{34}S$ 平均值为 $+2.7‰$，接近陨石硫[15]，而围岩灰岩的 $\delta^{34}S$ 为 $+7.93‰$，偏离零线较远，与矿石的硫差别明显，说明两种硫源不同[8]。又如庞西峒破碎带蚀变岩型银矿，矿物硫同位素值，$\delta^{34}S$ 为 $+2.94‰ \sim -5.49‰$，$^{32}S/^{34}S$ 在 $22.163 \sim 22.343$ 之间，说明矿体中硫主要来自地幔硫，但也有表生沉积成分，其极差甚小，则因混合岩化作用后，均一化作用提高[16]。再如黄沙坪（银）铅锌矿（据湖南有色地质 238 队，湖南冶金地质所，1988 年），矿石 $\delta^{34}S$ 为 $4.86‰ \sim 17.5‰$，平均值 $12.37‰$（103 件样品平均，下同）；方铅矿 $\delta^{34}S$ 为 $6.1‰ \sim 15.1‰$，平均值 $10.75‰$（24 件样品）；石英斑岩 $\delta^{34}S$ 为 $4.22‰$ 与 $9.04‰$（2 件样品）；测水组煤系黄铁矿结核 $\delta^{34}S$ 平均为 $-11.7‰$（2 件样品），说明矿体中硫主要来源壳源重熔岩浆，但有部分围岩加入。矿区方铅矿成矿温度为 265℃，黄铁矿为 321℃，银矿物沉淀温度低于 265℃。

广西新华（银）铅锌矿，含银 75.94g/t，银储量小型。该矿床产于堇青石黑云母花岗岩体内，矿石以角砾状、脉状为主，矿体产状受构造破碎带控制，包裹体测温结果表明，角砾状矿石沉淀温度较高，在 $339 \sim 319℃$，最佳值为 328℃；脉状矿石沉淀温度较低，在 $259 \sim 249℃$，晚期成矿温度在 $200 \sim 100℃$。矿脉中石英、闪锌矿包裹体盐度，早期矿化平均盐度（NaCl）为 $5.2\% \sim 6.4\%$，个别含子矿物的包裹体盐度（NaCl）高达 26.3% 以上，晚期包裹体盐度（NaCl）低，平均 $2.7\% \sim 3.5\%$[8]。显示了成矿流体盐度，由早期成矿阶段到晚期成矿阶段，由高变低。银矿物沉淀应在 $200 \sim 250℃$，处于矿化中晚阶段。

2.1.1.3　中低温热液成矿作用

中-低温热液作用，银最易聚集在方铅矿、黝铜矿中，其次为黄铜矿，最后为闪锌矿，黄铁矿含银较低。银在岩浆中多呈络阴离子团或简单的 Ag^+ 离子运移。在中温热液，pH 值偏酸性，银以简单离子、水解离子或氧的配合物状态运移。在低温热液，pH 值偏碱性或近中性，银以多种相态配阴离子或配合物存在，如硫化物配合物，硫氢化物配合物或硫代硫酸盐配合物存在。这些银的配合物在适宜的地质地球化学条件下解离沉淀，常与各种硫化物和硫盐伴共生，或形成独立银矿物。

2.1.1.4 火山热液成矿作用

火山热液是岩浆热液的重要组成部分。无论是加拿大地盾，远东、西欧以及我国西部产于元古宙或古生代的海相火山岩，还是环太平洋银成矿带的新生代陆相火山岩–次火山岩中，都有规模和数量十分可观的伴生银的铅锌、铜等矿床或以银为主伴（共）生铅锌、铜等有色金属的矿床产出。矿石银含量一般可达 $100\sim150g/t$。火山热液中含有较丰富的银及多种金属元素，如 Pb、Zn、Cu、Au、Hg、Sb、Sn、Bi、Fe 及矿化剂元素 B、Ba、F、Cl、As、S、P 等。银在火山成矿作用中可与上述各种元素共、伴生，银也可分散在各类火山岩–次火山岩，特别是中酸性或偏碱性的火山岩岩石中。如冷水坑银路岭的花岗斑岩含银 $1.70g/t$；蔡家营[17]的安山岩含银 $0.65g/t$，粗面岩含银 $0.07g/t$，流纹岩含银 $0.15g/t$，石英斑岩含银 $0.19g/t$，流纹质火山碎屑岩含银 $0.27g/t$，含矿石英斑岩含银可达 $8.5g/t$；营房的粗粒花岗岩含银 $7.78g/t$；银山的 I-II-III 旋回火山熔岩流纹岩、英安岩、安山岩含银分别为 $0.506g/t$、$0.719g/t$、$0.86g/t$，平均 $0.695g/t$，而 I-II-III 旋回的次火山岩英安流纹岩、英安斑岩、安山玢岩含银分别为 $6.32g/t$、$5.18g/t$、$0.86g/t$，平均含 Ag $4.12g/t$，3 号英安斑岩含银 $5.18g/t$[18]。

火山热液早期，部分银分散在火山岩岩石中，还有相当部分的银则进入铜、砷、铁及铅锌硫化物中，呈微细粒银矿物、杂质或类质同象存在。火山热液晚期，在铜、铅、锌、锑、铋、锡等的大量沉淀而温度明显降低的情况下，银以独立矿物，如银的硫化物、银的硫盐矿物等大量晶出，与铅、锌、铜等有色金属硫化物密切伴生，特别是在铅锌、铜矿矿石中得到了富集。

火山喷气作用与火山沉积作用，均可使那些在火山活动各个阶段中携带的大量有用金属、挥发分、矿化剂元素和较多的酸性气体，如 HF、H_2SO_4、HCl、CO_2、SO_2、SO_3 等与溶液作用，进一步富集成矿。

银在火山热液作用的不同阶段，以不同的配合物形式运移，形成不同矿物组合的银矿床。在高-中温阶段（$300\sim250℃$），银以 $Ag(HS)_2^-$ 配合物为主，代表性的矿物组合以自然银-辉银矿为主，六方锑银矿少量；中温阶段（$240\sim200℃$），银在溶液中以 $Ag(OH)_2^-$ 和 $Ag(HS)_2^-$ 配合物为主，矿物组合是以银黝铜矿-黝锑银矿为主的银矿物；中-低温阶段（$200\sim140℃$），银以 $Ag(HS)_2^-$ 配合物为主，矿物组合为自然银-硫锑铜银矿-银的硒化物-六方锑银矿；低温阶段（低于 $150℃$），银仍以 $Ag(HS)_2^-$ 配合物为主，矿物组合为深红银矿-脆银矿-螺状硫银矿为代表。上述银的火山热液成矿特点已被 И. Я. Некрасов（1984 年）的实验所证实。

2.1.2　沉积、变质成矿作用

2.1.2.1　沉积成矿作用

沉积成矿作用包括表生作用与地下热水溶液（循环热卤水、地下热泉等）成矿作用。较高品位银矿床多赋存于碳酸盐为主的岩系中（如广东凡口、云南麒麟厂、密西西比河谷型），或赋存于泥岩-细碎屑岩夹碳酸盐岩系中（如银洞子），低品位的银矿床多赋存于砂砾岩系中（如金顶、保安）。

沉积成矿作用的强弱主要取决于成矿地质环境、介质的性质与成矿作用方式。在外生氧化环境中，银等金属可从原岩或原矿母体中分解出来，部分随地表水渗滤至潜水面以下，在氧化亚带的底部，或次生硫化物带中聚集，更多的银可被风化产物——细碎屑物或土壤中的铁、锰吸附，或与黄铁矿分解后产生的硫酸根 $[SO_4]^{2-}$ 结合，而生成不稳定的 Ag_2SO_4。Ag_2SO_4 在还原条件下可分解 S 和 O 而生成自然银，在氧化条件下则可与多种硫化物作用而生成银的表生硫化物，如辉银矿、螺状硫银矿等。如果介质中含有较多的氧和一定量的 H_2SO_4 或 $Fe_2(SO_4)_3$，银可以硫酸盐相（Ag_2SO_4）沉淀。银还可与土壤中的有机质形成螯合物而得以富集，Fe^{2+}、碳质及锰质，是银有利的沉淀剂。介质的性质影响银的存在状态，银在富酸性介质中易形成易溶的配合物，银在富含挥发组分与矿化剂元素的阴离子介质中易形成银的化合物而沉淀。在富硫化氢或硫离子的介质中，银易呈硫化物沉淀。

在天然水中银可以呈多种化合物形式存在，如与 Na、K 结合的各种氯银配合物、硫银配合物、多硫银的配合物以及硫氢配合物（如 $Na[AgCl_2]$、$K[AgCl_2]$、AgS^-、$[Ag(HS)_4]^{3-}$、$Ag_2S \cdot nH_2S$ 等）、硫代硫酸配离子（$[Ag(S_2O_3)_2]^{3-}$）、可溶的有机化合物等。还可呈氯化物、硫化物、碲化物等化合物胶体，或与有机配合物结合，甚至形成螯合物。银在水中的产出形式复杂多样，可溶性各不相同。酸性介质中易溶解，因而河水、海水中银的含量低而稳定，一般在 $0.10 \times 10^{-9} \sim 0.60 \times 10^{-9}$，泉水来自深源，淋滤萃取作用活跃，含银略高，酸性水中较中性水或碱性水含银更高[1]。

锰土，富碳质、磷质的页岩，富钾质的黏土等风化与沉积产物对银有明显的亲和作用。硫化矿床氧化带的锰土，含银高者可达几百克每吨，如辽宁八家子、青海锡铁山矿区的锰银矿点。含碳质、磷质页岩可形成银的富集，甚至形成银矿床，如我国鄂西白果园、湖南张加仓。富钾质黏土，含银可高达 $400 \sim 500g/t$，如湖南石景冲。在铅、锌、铜等硫化物缺乏的情况下，对于黄铁矿和毒砂来说，银优先选择黄铁矿而不是毒砂，而金则是优先选择毒砂而不是黄铁矿。这要从银的沉淀条件说起，导致大量黄铁矿沉淀的介质含有丰富的 Fe^{2+}，Fe^{2+} 可促使 Ag

沉淀，即

$$Fe^{2+}+Ag^+ \Longleftrightarrow Ag+Fe^{3+}$$

银在碎屑沉积物中含量甚微，几乎不形成富集。在砂岩铜矿中，银的富集与构造复合部位或晚期热液叠加有密切关系。如云南团山的含铜砾岩、灰色砂岩含银 2.59g/t，含铜 1.11%，而含铜较低的灰黑色碳质页岩含银较高，为 21.4g/t，含铜仅 0.51%，又如兰坪大型砂岩型铅锌矿床含银较低，矿石银品位仅 10.4g/t。

在地下水热液作用下，将来自深源，且分散于岩石或原矿中的银等金属淋滤、萃取、运移而重新聚集成矿。矿石中的硫、铅、锌来源较复杂，铅同位素组成特点是正常铅与放射成因铅混合。矿石中ΦH.H模式年龄值与矿床赋存的地层时代一致。矿石中硫化物的硫同位素 $\delta^{34}S$ 值反映，硫主要来源于海水与建造水，与岩浆作用无明显的关系，但受热液叠加作用的矿床，可能有部分硫来源于岩浆热液。铅同位素组成以正常铅为主，也有异常铅混入。氢氧同位素特征反映了含矿流体水的来源也是很复杂的，有海水、雨水和少量岩浆水，可以前两者之一为主，而岩浆水总是少量的。

包裹体测温结果表明，成矿温度取决于矿床受热液改造的强度。一般铅锌硫化物成矿温度在200℃左右，成矿温度区间在 300~100℃ 范围。成矿介质盐度差别很大，据桂林地质研究院资料，有的矿区盐度（NaCl）在 2%~11%（凡口），有的矿区盐度（NaCl）在 10%~20%（西成矿田），个别矿区成矿溶液的盐度范围在 1%~74%（金顶），反映了成矿环境存在的差异。近年有些研究者认为[9]，凡口、金顶属于 MVT 型矿床，西城矿田属于 SEDEX 型矿床，矿床成因认识的差异不影响成矿特征的研究，笔者秉持的观点是既不强调成因，又不规避成因。

沉积成矿作用中，银的富集机制与铅锌不尽相同。银对沉积环境的选择比铅锌更为严格，其优先选择的岩性是碳酸盐岩，特别是不纯碳酸盐岩→泥质岩，富含碳质的泥页岩→碎屑岩，最不易选择的是陆源碎屑岩。如陕西铅硐山（银）铅锌矿，矿石普遍含有机碳，氧化矿石平均含量 0.65%，大于混合矿石的 0.23%。氧化矿的近矿围岩中 Ag 的含量，Ⅰ号和Ⅱ号矿体分别为 7.7g/t 和 7.1g/t，而混合矿近矿围岩Ⅰ号和Ⅱ号矿体分别为 0.9g/t 和 1.5g/t[19]，说明围岩中有机碳含量与银含量有正相关趋势。在以沉积作用为主，成矿物质来源复杂，成矿阶段较多，甚至有热液叠加的情况下，可导致银的富集，形成富含银的铅锌铜等有色金属矿床。银易于富集于成矿的晚阶段，往往沉淀于碳酸盐化作用之前。

2.1.2.2 蚀变与变质成矿作用

银在变质作用中可以得到富集，并形成变质岩型银矿床。变质作用可发生在沉积成岩成矿或岩浆成矿作用的任何阶段，这是个极其复杂的成岩成矿作用过程。银在深变质岩中不形成富集，在浅变质作用中，尤其是钾化作用对银的富集起到推波助澜之功效。银的热液蚀变作用与岩浆期后热液蚀变作用有密切关系。银往往大量沉淀于碳酸盐化、绢云母化作用之前，银与萤石化可称为远方表亲，富银的铅锌矿床中总是有晚期萤石脉相伴生，甚至可达工业开采规模，如大岭口、石景冲。对于那些浅成、超浅成火山热液形成的铅锌银矿床，在其矿体周围形成"褐色作用"，即锰帽蚀变晕，对银铅锌的富集起关键作用，已成为有效的找矿标志。蚀变矿物由明矾石、绢云母、伊利石、高岭石、蒙脱石及黏土矿物组成。

花岗岩化与伟晶岩化作用使银趋于分散，发生绿片岩化的火山岩银含量也明显减少（博采，1961 年），角闪岩相与绿帘石角闪岩相岩石含银较低（Ag 分别为约 1000×10^{-9} 与约 700×10^{-9}）。变质作用晚阶段，变质作用阶段形成的大理岩和硅化岩含银较高，如河南破山大理岩含银 0.35g/t；湖南石景冲硅化岩含银 20～547.5g/t，平均 220.7g/t；破山歪头山组云母石英片岩含银 1.92g/t，斜长角闪片岩含银 0.53g/t，变粒岩含银量根据原岩岩性不同而有差别，原岩为沉凝灰岩的变粒岩含银 3.07g/t，原岩为泥质或凝灰质粉砂岩的变砾岩含银 0.36g/t，两者相差近 9 倍，所以变质岩含银多少，一则取决于变质作用，二则取决于原岩岩性。

变质作用机制研究较少，Zhang（1992 年）首先在世界上开展了变质硅质大理岩与不混溶流体相互作用的实验研究[20]，取得的成果可以得出以下几点认识：（1）富含石英的岩石中盐水系统的流体很容易流过，更易发生变质作用中的脱水作用；由于这种岩石对富含 CO_2 的流体不渗透，因此富含 CO_2 的流体只能通过裂隙逸出岩体，从而更易形成气液包裹体。这可能是麻粒岩变质过程中 CO_2 存在而 H_2O 缺失的原因之一。（2）对于富含方解石的岩石，如硅质大理岩，变质过程的脱 CO_2 作用，当 $0.2 < X_{CO_2} < 0.6$ 时，流体以粒间流的形式逸出；当 $X_{CO_2} < 0.2$ 或 $X_{CO_2} > 0.6$ 时，流体以裂隙的形式逸出。（3）当流体发生不混溶时，由于所产生的两种流体的极不相同，必然会发生流体的分离。由于流体选择性的逸出变质岩体，在研究变质岩中气液包裹体时，必须注意其中的流体是否代表变质过程中真正的流体。第二点结论是在两面角为 60°的准则（Beere，1975 年）：即两面角小于 60°，流体趋向于充满粒间；当两面角大于 60°，流体趋于呈球粒状独立存在于矿物颗粒交接处的前提下得出的。

银及其共生金属铅、锌、铜、锑、锡、铋、碲等矿石的地球化学专属性，首先取决于矿床所属的那个含矿带的成矿特点，既决定于流体排泄地段提供含硫流体的成分和形成深度，也决定于流体与岩浆或围岩相互作用（组分的带入、带出），溶液的不混溶性与酸碱度和其他的物理化学参数。

2.1.3 构造控矿作用

2.1.3.1 区域深断裂控矿作用

构造旋回与银矿关系密切。我国加里东、海西-印支、燕山三大构造旋回均有银矿分布。区域深断裂是沟通初始矿源与矿床间物质关系的空间和动力条件，直接或间接地控制着银多金属矿床的形成与分布。

如华南北东向区域性深（大）断裂带及其旁侧，分布着区内70%以上的银矿床。银矿主要分布于不同级别构造单元的接触过渡带。如广东大多数银矿，产在粤中-粤西加里东褶皱带内。以银为主的独立银矿主要分布于雪峰-加里东构造旋回与燕山构造旋回（如广东庞西峒、嵩溪、茶洞、金石峰等），伴生银矿床（厚婆坳、凡口、一六、杨柳塘、金子窝等），除上述两旋回外，海西-印支旋回也有产出，并占有较大比重。

层控型的银矿床，主要分布在海西-印支构造旋回，岩控型银矿床主要分布于燕山构造旋回，复控型则为海西-印支与燕山两个时期的复合矿床（朱敏，1992年）。

如华北地台北缘大青山地区银矿床，大多产于深大断裂附近的次级构造及其交汇部位，中生代断裂盆地的边缘。盆地中有陆相火山熔岩-火山碎屑岩的分布，矿体则充填于"刚性"盆地产生的断裂破碎带中，如李清地、潘家沟、九龙湾（李玉琦，1992年），这些伴生银矿均与燕山期陆相火山活动有关。

2.1.3.2 矿田构造控矿作用

浙东南陆相火山岩型银矿及银铅锌、铜伴生银矿床，多产在深断裂交汇和基底隆起边缘，白垩纪火山断陷盆地边部与侏罗纪火山岩接触部位。矿床一般分布在火山口与火山通道附近，矿体主要赋存于隐爆角砾岩体及上盘蚀变碎裂粗粒花岗岩裂隙构造中。银矿规模与断裂规模呈正相关关系，次生火山岩与脉岩，在空间上与矿床相伴产出，且$K/Na>1$，最高可达4，赋矿岩系中富钾，利于银的富集。

又如江西银山矿田，位于德兴地体南缘，赣东北深断裂带两侧上盘，德兴断陷-火山盆地北东隅，矿田主要构造格架是银山背斜及轴部断裂带，韧性剪切带型、破碎带及层间破碎带型、火山机构及环状-半环状、放射状裂隙型等多种构造类型同时存在或叠加出现，特别是背斜轴断裂带以及背斜两翼中各方向的断裂系统和火山机构控制着火山活动和成矿作用，形成铜铅锌硫金银复合矿床。矿田的裂隙构造发育程度，控制矿化强度[18]（见图2-2）。

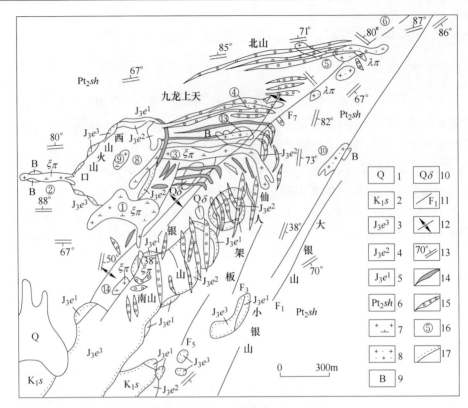

图 2-2　江西银山矿区地质略图[18]

1—第四系；2—下白垩统石溪组；3—上侏罗统上部火山熔岩、火山碎屑岩；4—上侏罗统中部集块角砾岩；

5—上侏罗统下部千枚质砾岩夹砂岩；6—中元古界双桥山群；7—英安斑岩；

8—流纹英安斑岩；9—爆发角砾岩；10—变质石英闪长岩；11—断裂及编号；12—背斜轴；

13—片理产状；14—铜硫矿体；15—铅锌矿体；16—岩体编号；17—不整合界限

2.1.3.3　构造对矿体的控制

与岩浆热液作用、火山作用、接触交代作用、乃至某些沉积作用形成的伴生银矿，矿体产状不同程度的受断裂带控制。断裂性质，以压性、压扭性断裂成矿较好。据统计，当断裂倾角，即矿体倾角大于 60°，或者达到 75°~85°，断裂带延长较远，达到 2~3km 以上，银矿化较好。银矿化富集部位一般在断裂带的中段。如江西虎家尖银矿（何全泊，1990 年），形成于延长大于 5000m，延伸大于 485m 的压扭性断裂带中，矿脉位于断裂带中部，长达 2300m，倾角 72°~89°。

控矿断裂的形成通常经历以下几个阶段：

（1）成矿前的强烈挤压阶段：挤压片理及构造透镜体发育。

（2）成矿早期的压扭性阶段：围岩产生强烈硅化、褪色化等热液蚀变，伴随含金毒砂、黄铁矿化。

（3）成矿晚期的张扭性阶段：为铅、锌、铜、钨、锡、锑、铋等及稍后的银矿化主要形成阶段，断层泥有时含银几百（10^{-6}）。

（4）成矿后的压性阶段：断裂强度减弱，主要沿矿体顶板、底板及围岩接触部位进行。

有色金属伴生银矿体可沿着断裂带断续分布，矿体间距几米至十余米，单个矿体长度不等，小则十余米，大则几十至百余米。矿体厚数分米至十余米。矿脉含矿率，一般可达 50%~70%。

以下矿区实例可以简略说明构造对矿体的控制作用，矿体产状要素变化可直接影响银的矿化强度。

例 2-1 营房铅锌银矿

河北营房铅锌银矿，矿体位于花岗岩与混合岩接触处之破碎带上盘，下盘为燕山期细粒花岗岩或厚度达 10~40m 的硅化带。破碎带长 7km，宽 5~100m，倾角 60°~70°。沿走向呈舒缓波状，角砾岩呈压碎之糜棱岩，属于压扭性断裂。压扭性或张扭性断裂对成矿控矿更为有利。

例 2-2 庞西峒（铅锌）银矿

广东庞西峒矿区，经历了从加里东至燕山期多次构造运动，褶皱与断裂十分发育。本区北部有车田背斜，东南部有中峒-廉江复向斜。区内还显示了新华夏构造的三组交叉断裂，为压扭性的多次复合的一级区域断裂构造，是银矿体的主要控矿构造，主要为庞西峒断裂和古城-沙铲断裂，两组断裂近于平行。古城-沙铲断裂长 50km，破碎带宽 8~30m，已发现一些矿点。庞西峒断裂，延伸达 70km，构造破碎带宽 11~40m，最宽达 94m，破碎带主要由糜棱岩、角砾岩、碎裂岩与压碎岩组成。矿体产在大断裂内及其旁侧的羽状裂隙构成的破碎带中，全区发现的 57 个矿体主要分布在主破碎带内，个别矿体产在次级平行破碎带中（见图 2-3）[10]。

例 2-3 八家子铅锌银矿

辽宁八家子铅锌银矿区，构造控矿规律明显，根据构造类型可划分为：

（1）层间断裂：矿体以似层状、单层状为主，延长延伸较稳定。扁豆状矿体，在平面上呈弯月状，走向上有尖灭再现，倾向上与其平行的矿体相伴产出的特点。矿体赋存于薄层状白云岩和粉砂质板岩层中受挤压强烈的部位。

（2）压扭性断裂：矿体呈扁平状，平面与剖面上有尖灭再现并略显等距性，同一断裂内矿体长轴近于平行。矿体赋存部位往往是在断裂平剖面上的波峰与波谷的位置，平行矿体的排列略呈斜列。

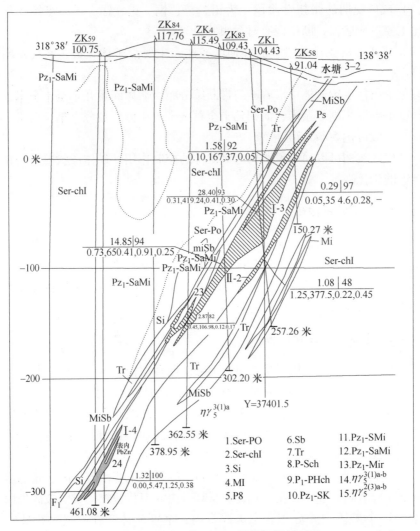

图 2-3　广东庞西峒矿区 3 号勘探线剖面图

(据广东七〇四地质队，1985)

1—绢云母-钾长石化带；2—绢云母-绿泥石花带；3—硅化岩；4—糜棱岩；5—压碎岩；

6—构造角砾岩；7—碎裂岩；8—石英云母片岩；9—斜长角闪片岩；10—矽卡岩；

11—条纹状混合岩；12—条纹-眼球状混合岩；13—混合花岗岩；14—燕山岩浆旋回：

a—中粗粒角闪黑云二长花岗岩，b—中细粒黑云二长花岗岩；15—燕山岩浆旋回：

a—中粗粒似斑状黑云二长花岗岩　b—中细粒二长花岗岩

（3）张扭性断裂：矿体形态不规则，厚度不稳定，厚度变化系数 125～150，
矿体倾角较陡，延深大于延长，一般没有平行矿体相伴生。

（4）复合构造：主要是层间断裂与张扭性断裂复合处，压扭性断裂与其走

向相近倾向相反的断裂复合处；压扭性断裂与次级断裂复合处；断裂与背斜轴部复合处；两条平行断裂间与次级断裂间组成梯状断裂控矿。矿体通常富厚而形态复杂[21]（见图2-4和图2-5）。

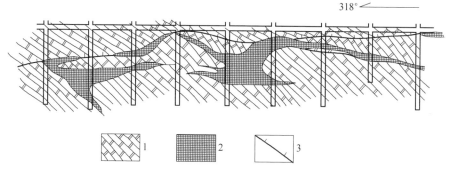

图2-4 辽宁八家子矿区分枝断裂发育处矿体富集图

(据八家子铅锌矿坑道平面图)

1—高于庄组白云岩；2—银多金属矿体；3—北西向主干断裂

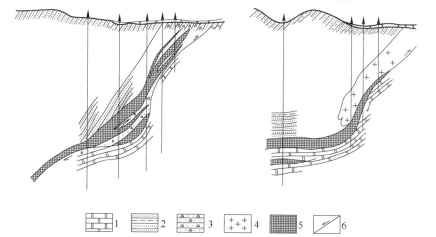

图2-5 辽宁八家子矿区矿体在逆冲断层变缓处加厚富集

(据辽宁地矿局第三地质大队)

1—高于庄组白云岩；2—大红峪组石英砂岩夹砂质页岩；3—破碎石英砂岩；
4—花岗岩；5—矿体；6—逆冲断层

例2-4 黄沙坪（银）铅锌矿

湖南黄沙坪（银）铅锌矿，不同性质的构造作用与银的矿化强度密切相关。构造性质不同，银的矿化强度也不同。一般单一构造性质的矿体含银较低，在100~120g/t，复合构造（先张性后压性）部位矿体含银较高，可达167g/t（见表2-1和图2-6）[22]。

表 2-1　湖南黄沙坪（银）铅锌矿各类型构造的矿体银含量[22]

构造类型	构造名称	受控矿体名称	银含量/g·t^{-1}
复合构造（先张性后压性）	BF$_3$北段	2_{1-1}N	167
压扭性构造	BF$_3$南段	1_{1-1}中	102
张性构造	F$_3$南段分支构造	334	118

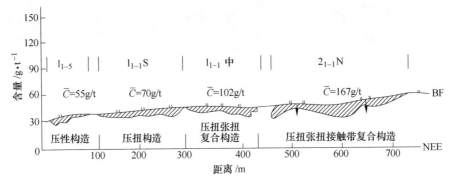

图 2-6　湖南黄沙坪矿区矿体银品位与构造关系[22]

2.2　有色金属伴生银矿富集规律

有色金属伴生银矿涉及多种矿床成因类型。矿床乃至矿体控矿因素与产出特征，已有众多矿床学专家、学者进行了广泛深入地研究，本节仅针对与有色金属伴生银矿有关的富集规律概略综述。

2.2.1　脉型

脉型伴生银矿成矿富集的因素主要是：多期次压扭性断裂活动，形成动力变质热液携带成矿元素成矿。频繁的构造断裂活动，使银等金属多次迁移富集成矿。通常发生在岩浆期后的构造运动，构造应力逐渐减弱，这种运动的多期性及持续性，对银的成矿是极为有利的。

脉型伴生银矿，包括岩浆期后高~中温热液伴生银矿床，其中有产于硅质酸性岩中的银钨锡多金属矿床，如锯板坑、厚婆坳、大尖山、长铺等。有产于碳酸盐岩石中的金子窝、茶洞等。也有产在云英岩化、钠长岩化花岗岩中的铌钽矿，如博罗 525 矿。基于成矿特征的普遍性与差异性，将脉型的一般富集规律及其所包括的破碎带蚀变岩型、铅锌锡/钨/锑矿与铌钽伴生银矿一并分述如下。

2.2.1.1　脉型

与热液作用有关的脉型伴生银矿富集规律：

（1）断裂控矿。脉型有色金属伴共生银矿体，主要受断裂控制，可产于褶皱轴部，推覆褶皱内侧或边缘部位，厚度变化大，有时切穿或叠加在层状矿体之上，长十几至百余米。矿体可呈单脉，或呈近于平行的密集脉带。在空间上，矿体与成矿岩体有一定关系，也有部分矿床或矿体与成矿岩体没有直接关系。

（2）矿体产状与银矿化。脉体中应力场强烈部位，构造和含矿热液多期次叠加改造部位，碳酸盐脉叠加部位，或被穿插叠加地段，脉体由宽变窄部位，两条或多条矿脉分支、交叉部位，银矿化强度与富集系数最大，其银品位可高出邻近地段 10 倍以上。

（3）蚀变与银矿化。菱锰矿化，碳化，蔷薇辉石化，以及灰白色硅化强烈，银的矿化也增强。绿泥石化、绢云母化、碳酸盐化、重晶石化、云英岩化、黄铁绢英岩化也是银矿化的直接标志。

如河南龙门店多金属银矿[23]，位于熊耳山西部 Ag-Pb-Au 多金属成矿带，矿体呈脉状、透镜状赋存在含矿蚀变破碎带中，成矿流体和矿质来源于岩浆热液，蚀变带与多金属银矿关系密切，505 号石英脉型矿体（含 Ag 166.5g/t，Au 1.79g/t，Cu 0.10% ~ 0.19%）矿化蚀变带可分为 3 个带，由中心向外依次为绢英岩化带-硅化蚀变带-蚀变糜棱岩化黑云母角闪斜长片麻岩化带。绢英岩化带为主矿化带，大部分以石英脉形式出现，少量的黄铁矿（褐铁矿）化、方铅矿化、黄铜矿化等，硅化蚀变带矿化次之，蚀变糜棱岩化黑云母角闪斜长片麻岩化带矿化最弱（见图 2-7）。

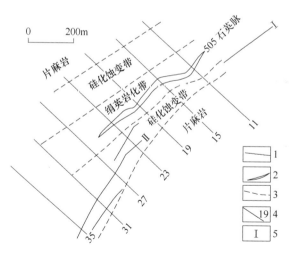

图 2-7　河南龙门店多金属银矿区 505 号主矿脉蚀变带构造示意图[23]

1—矿化边界；2—石英脉；3—蚀变带边界；4—勘探线编号；5—坑道编号

（4）矿化阶段与银的富集关系。不同矿化阶段银的富集程度不同。多金属硫化物阶段中晚期，为银富集的重要阶段。有些矿区存在菱锰矿化阶段，菱锰矿化呈现细脉状或网脉状矿体，银矿化最好。

以广西张公岭多金属金银矿为例（张恒兴，1988年），可划分为3个成矿阶段，自早到晚：1）多金属硫化物-金银阶段：以交代作用为主，为主矿化阶段，铅锌铜伴生金银。如南矿带，矿石品位 Pb 2.10%，Zn 2.13%，Cu 0.14%，Ag 60.65g/t，Au 1.35g/t。特征元素 Pb、Zn、Au、Ag、Cu、As。石英包裹体均一温度（下同），平均255℃；2）菱锰矿-金银阶段：以交代作用为主，为银和金银矿的主要成矿阶段，伴生铅锌。如中矿带，矿石含 Ag 449.9g/t，Au 5.42g/t，Pb 1.54%，Zn 1.44%。特征元素 Au、Ag、Pb、Zn、Mn、Sb、CO_3^{2-}。均一温度，平均236℃。3）石英-碳酸盐阶段：以充填作用为主，成矿接近尾声。均一温度，平均152℃。特征元素 Ca、CO_3^{2-}。

（5）银的空间分布。脉型伴共生银矿空间分带规律明显。如冀北铅锌银矿带，在区域上矿化分带明显，自下而上：铅锌银金铜→铅锌银金→银金→银。水平方向，自岩体向外，显示铜钼→铜→银铅锌金的分带特征。又如河南榆林坪，矿床下部为石英、黄铁矿组合→中部为铜铅锌银组合→上部为方铅矿、碳酸盐组合。银在矿脉走向（水平）方向上的含量变化与铅、锌、硫基本一致，而沿倾向上银的变化多与铅同步。

（6）围岩的含银性。围岩的银矿化强度，自近矿围岩至远矿围岩，银矿化强度降低，银含量逐渐减少，许多矿区表现了这种变化趋势。如青羊沟（见表2-2）。

表 2-2　河北赤城青羊沟（银）铅锌矿围岩含银量

近矿→远矿岩石	蚀变（矿化）混合片麻岩	蚀变黑云斜长片麻岩	眼球状混合岩化片麻岩	黑云斜长片麻岩	石英正长斑岩
Ag/g·t^{-1}	15.40	5.80	1.65	2.00	1.13

注：据杨兆才，1989年。

近矿的蚀变（矿化）混合片麻岩含 Ag 15.40g/t，稍远离矿体的蚀变黑云斜长片麻岩含 Ag 5.80g/t，更远离的黑云斜长片麻岩含 Ag 2.00g/t，虽然围岩的岩性相似，但因与矿体距离的远近不同，Ag 含量却相差 7 倍之多。

2.2.1.2　破碎带蚀变岩型

破碎带蚀变岩型铅锌银矿是脉型伴生银矿的重要亚类，矿化特点有其特殊性。

（1）矿化特点与成矿物质来源。多为伴生铅锌的银矿床，一般矿床中的银品位大于 150g/t，富者可达 460g/t，多伴生金，金品位 0.81~3g/t，Au/Ag 比值为 0.002~0.02。铅锌品位偏低，Pb+Zn 在 0.3%~1.5% 范围变化，Pb 高者可达 0.73%~1.0%，通常 Pb > Zn。矿体中 Ag 与 Pb 基本呈正消长关系。在富含铅锌部位，银含量很高，如广西望天洞矿区 54 号样品，Pb 15.2%，Zn 7.7%，Ag 高达 15000g/t。但在矿区局部也出现含一定量的铅锌，而银并不高的情况，如庞西峒有部分矿段，含 Pb 1.51%，Zn 1.30%，而含 Ag 仅 16.1g/t。该类型矿床一般含铜低，甚至小于 0.01%，含砷较高，可达 0.1%~3.0%，这与金矿化有关。

河南铁炉坪银铅矿，据张巧梅、解庆东等人[24]对矿石铅硫同位素测定，铅同位素 $^{206}Pb/^{204}Pb$ 比值为 17.444~17.824，均值为 17.676;$^{207}Pb/^{204}Pb$ 比值为 15.368~15.546，均值为 15.460;$^{208}Pb/^{204}Pb$ 比值为 37.711~38.274，均值为 38.025[24]，具深源混合铅特征，表明矿石中铅主要来自太华群和燕山期岩体。采集金属硫化物同位素样品测试，$\delta^{34}S$ 值变化范围为 -1.4‰~-6.4‰，$\delta^{34}S$ 平均值为 -4.3‰，其平均值和峰值均接近陨石硫同位素（$\delta^{34}S=0.63‰$），说明该区矿石中硫主要来源于地幔岩浆。

崔银亮、蒋顺德引自 E. Roedder（1972 年）资料认为，岩浆热液多为酸性-强酸性，Na^+/K^+ 一般小于 1，现在大多数学者认为，$Na^+/K^+<2$、$Na^+/(Ca^++Mg^+)$ >4 时，为典型的岩浆热液；$2<Na^+/K^+<10$、$1.5<Na^+/(Ca^++Mg^+)<5$ 时为变质热液[25]；$Na^+/K^+>10$、$Na^+/(Ca^++Mg^+)<1.5$ 时为典型的热卤水成因。经过张巧梅等人对本矿床 4 件包裹体成分测试，Na^+/K^+ 平均为 0.83、$Na^+/(Ca^++Mg^+)$ 平均为 4.23，说明铁炉坪矿区的成矿热液主要来自岩浆水。

（2）矿体产出特征。矿体常产于硅化破碎蚀变岩中，裂隙构造带及断裂带控制矿体的展布，庞西峒铅锌银矿区经历了区域变质、混合岩化和动力变质作用，主要赋矿围岩为条纹状-眼球状混合岩、条纹状混合岩夹云母片岩、糜棱岩化角砾岩、硅化岩等，也有部分矿体产在地层与岩体的接触带中。矿体产状受构造破碎带的控制。破碎带长度可达 10km 以上，矿体长度可达几千米。矿体厚度膨缩变化明显，从几十厘米至几厘米，往往膨缩变化有一定规律，矿体膨大部位间距相近。矿体可由单矿脉构成，也可以复脉组成。破碎带中矿体在平面与倾斜方向多呈雁行排列，上陡而下缓，矿体主要赋存于断裂沿倾向由陡变缓处，或旁侧小断裂交汇部位。在断裂从陡向缓转折部位，矿体变得厚大，银品位高。变质程度较低的条纹-带状混合岩，岩石片理较发育，易破碎，形成的断裂裂隙较宽，金银易富集，形成厚大高品位矿体。

这类矿床有凹兜成矿特征。如湖南大坊猫儿岭矿段（见图 2-8）。

（3）矿体厚度与银矿化关系。矿体中的银综合矿石（即含金银铅锌矿石，含金银矿石和银矿石），品位变化系数一般大于 90%。品位在走向上分布不均匀，分段富集，Ag、Au 同步消长。在垂向上总的趋势是 Ag 自下而上增长，Pb、Zn 自下而上减弱。矿体品位变化系数较大，如庞西峒 Ag 为 178.4%，Au 为 135.7%。矿体厚度，一般中间大，两端小，长宽比为 2.8:1，厚度变化系数为 74.4%~112.2%，为较不稳定类型。金、银含量与矿体厚度变化基本呈正相关关

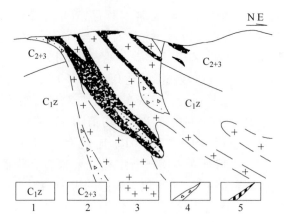

图 2-8　湖南大坊猫儿岭矿段 104 线剖面图

(据吴兆祥，1988)

1—下石炭统梓门桥组白云岩；2—中上石炭统壶天群白云质灰岩；

3—花岗闪长斑岩；4—断裂破碎带；5—矿体

系，银品位与厚度变化的相关系数为 0.716。

（4）蚀变、变质与银矿化关系。矿体蚀变较强，近矿围岩以硅化、绢云母化为主，深部有黄铁矿化、绢云母化，局部有钾化、钠化、绿泥石化、绿帘石化和碳酸盐化，中部发育高岭土化。有褪色蚀变及轻度砷矿化。蚀变岩具有"黄铁绢英岩"特点，其颜色多呈绿灰白色、灰白色、浅褐色，具块状、斑杂状构造。主要由黄铁矿及铅、锌、砷硫化物与石英、绢云母及少量方解石组成。富银部位，黄铁矿化、硅化、绢云母化、碳酸盐化强烈，方铅矿明显增多，呈密集条带状分布，甚至肉眼可见到自然银、自然金（彩图 1）。变质程度深，银则分散，变质程度浅，银则富集。银矿主要富集在浅变质带中，特别是由深变质带向浅变质带交接部位的浅变质带一侧。混合岩区与变质岩区交界部位易形成富矿。

（5）成矿阶段与银的空间分布。总体上可划分为三个成矿阶段，即 1）早期石英-黄铁矿阶段，形成黄铁矿、磁铁矿、白云母等，成矿温度 250~300℃，银矿化较弱；2）中期石英-硫化物阶段，形成方铅矿、黄铁矿、闪锌矿、石英、方解石等，是银成矿的重要阶段，成矿温度 150~250℃；3）晚期石英-绢云母-硫化物阶段，部分方铅矿形成白铅矿，黄铜矿、闪锌矿、辉铜矿、菱锌矿、方解石、石英、绢云母等矿物组合，为银的次要成矿阶段。

沿矿体垂向自下而上：铅锌（银金）组合→银金（铅锌）组合→银（金）组合，如吉林山门（铅锌）银矿。也有的矿区呈现金→铅锌→银的变化规律，如广东庞西峒（铅锌）银矿。自矿体向上，即由绢云母化压碎岩及矿体→糜棱岩化、绢云母化压碎岩→混合岩质压碎岩→压碎状混合岩→正常混合岩，银含量沿此顺序递减。如广西望天洞含铅锌金银矿，围岩含银 5.85g/t（13 个样平均），矿化蚀变岩含银 17.10g/t（19 个样），矿石含银 2423.2g/t（31 个样）（耿文辉，1991 年）。沿矿体水平方向，自岩体→外显示：铅锌（金、银）→银、金→银的分带特征。

2.2.1.3　铅锌锡/钨/锑银矿

脉型铅锌锡银矿床，属于脉型伴生银矿床中较特殊的矿化类型，与铅锌锡银矿的富集特点相类似的，还可包括铅锌钨银矿、铅锌锡锑/铋/银矿等，在此一并论述。

（1）锡/钨矿与银矿化关系。通常脉型锡、钨矿化，与高-中温岩浆期后热液作用有关，锑矿化与（中）-低温热液作用有关。脉型锡、钨矿床如果叠加一期或多期次中-低温成矿热液作用，则可能伴随较强烈的铅、锌、铜、锑、铋、银等矿化。如广东锯板坑（银）钨锡多金属矿床，共有五期热液作用，在第三、四期热液作用阶段，铅锌矿化伴随较强烈的银矿化，矿体局部含银达 292g/t。

对于具有多种类型钨伴生银矿床，不同类型矿石银含量差异明显。如江西徐山钨矿（据田开佐，1988 年），自上而下有含银石英脉型钨矿，产在外接触带的变质岩中，含 Ag 22g/t；含银矽卡岩型钨矿，产于外接触带的钙质砂岩中，含 Ag 仅 4.5g/t；含银云英岩化花岗岩型钨矿，产于花岗岩内接触带，含 Ag 6.61g/t。不同的成矿环境与矿化类型，银矿化强度不同。

（2）构造与银矿化。脉型锡钨矿体严格受构造控制。沿垂向上，矿体可划分为三层至五层，俗称五层楼，自上而下为：Ⅰ微细线脉带—Ⅱ细脉带—Ⅲ细脉薄脉带—Ⅳ薄脉带—Ⅴ大脉，银铅锌矿富集于脉体中部，细脉带向薄脉带过渡部位[26]。

（3）锡（钨、锑）铅锌与银矿化关系。在该类矿体中，银与铅锌关系更为密切。如厚婆坳锡铅锌银矿，据广东有色地质所对 637 个基本分析数据计算结果证明，Ag 品位与 Pb、Zn、S 品位呈正相关关系。计算所得的 Ag 与 Pb、Zn 品位的二元回归方程：

$$Ag = 6 + 49.4Pb + 10Zn$$

Pb 对 Ag 的影响是 Zn 的 5 倍，当 Pb、Zn 品位为零时，原矿样中 Ag 还可达 6g/t，这些银分散在其他硫化物与硅酸盐中。计算所得复相关系数：$R = 0.859$；回归方程标准差：

$$S_{Ag} = \sqrt{\sum (\hat{A}gi - Agi)^2} (n-1) \qquad (i = 1, 2, \cdots, n)$$

式中，$\hat{A}gi$ 为回归方程计算值；Ag 为分组计算实测值；i 为分组个数，计算 $S_{Ag} = 130g/t$。应用 $Ag = 6+49.4Pb+10Zn\pm2$，通过样品中 Pb、Zn 品位可预报银品位值。

当矿石中方铅矿、闪锌矿粒度粗大（0.2~0.5cm），或方铅矿立方体晶面略显弯曲状者，致密块状矿体银品位可达500~800g/t；而产于页岩、砂页岩互层，以及断裂破碎带中的致密块状矿体，方铅矿、闪锌矿粒度细小（0.2~0.5mm），银品位多小于300g/t。说明方铅矿和闪锌矿充分结晶增大的环境，或受应力影响强烈，更利于银的富集。

（4）蚀变与银矿化。这类矿床矿化蚀变不强烈但蚀变分带明显。自早至晚，高温阶段：强硅化、绢云母化、黄铁矿化；高-中温阶段：绿泥石化、绢云母化为主，其次为萤石化、含锰菱铁矿化；低温阶段：碳酸盐化为主。与银矿化最密切的蚀变类型是含锰菱铁矿化、绢云母化与萤石化，碳酸盐化的早阶段，银矿化仍然较好，但已趋于尾声。矿体中氟磷酸铁锰矿化与银矿化关系极为密切。

（5）矿石矿物结构构造与银矿化。对于脉型锑铅锌银矿的富集特点，还表现在矿石矿物组分上。如箭猪坡（银）多金属矿，不同矿物组成的矿石类型，银矿化强度差别很大。如菱锰矿-硫化物型矿石中银含量最高，Ag达630g/t、Au 15.90g/t（4个样品平均值，下同），该类型矿石占矿石总量的50%以上；菱铁矿-硫化物型矿石，含Ag 116g/t、Au 10.98g/t（4），占矿石总量30%；白云石-硫化物型矿石，含Ag 43.50g/t，Au 5.95g/t（8），占矿石总量的10%；晶簇状碳酸盐石英-硫化物型矿石，含Ag 16g/t（8），无工业意义（成都地质学院，1989年）。

研究获悉，在细针状脆硫锑铅矿周围成团粒状、脉状分布的白云石是寻找银矿化的标志之一；在纤维状脆硫锑铅矿周围的条带状、脉状、角砾状分布的菱铁矿是富银部位的主要标志之一；围绕辉锑矿、粗针脉状脆硫锑铅矿，具有旋涡状至致密块状的菱锰矿是寻找含金富银矿的重要标志。

（6）银的空间分布。由于该类型矿床形成过程经历过多期（次）矿液叠加，频繁的脉动式充填交代作用，显示给人们的往往是逆向分带特点，即较低温度形成的银铅锌矿化常聚集在脉状矿体的中深部。锡钨铅锌银矿体，垂向上自下而上呈现：钨（锡）铅锌组合→银铅锌组合→铅锌锡组合，如锯板坑脉钨矿床五层楼分带模式（见图2-9），显示自上而下：Ⅰ微细线脉带—Ⅱ细脉带—Ⅲ细脉薄脉带—Ⅳ薄脉带—Ⅴ大脉，银铅锌主要富集在Ⅲ细脉薄脉带—Ⅳ薄脉带。

脉型钨锡铅锌银矿水平分带特征是，自岩体向外：以锡、钨为主→铅、锌、银为主。如湖南瑶岗仙（铅锌银）钨锡矿，矿体自下而上，标高700m以下，含Ag110g/t→标高950~1100m，Ag100g/t→标高1100m以上，Ag小于100g/t。这一特征有别于一般的脉型铅锌银矿，而是多期（次）脉动叠加成矿的体现。

（7）成矿物质来源。岩浆热液是脉型钨锡多金属银矿成矿物质的主要来源。如位于黄岗梁-甘珠尔庙多金属成矿带双尖子山多金属银矿[27]，是近年发现的超大型银矿床，银储量超过2万吨。矿体产于中二叠统大石寨组粉砂岩中，闪锌矿、方铅矿硫同位素$\delta^{34}S$-5.2‰~-0.8‰，反映深源岩浆S的特征；铅同位素组

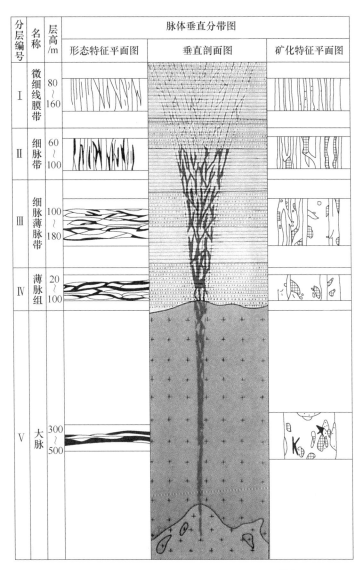

分层编号	名称	层高/m	脉体垂直分带图		
			形态特征平面图	垂直剖面图	矿化特征平面图
I	微细线膜带	80~160			
II	细脉带	60~100			
III	细脉薄脉带	100~180			
IV	薄脉组	20~100			
V	大脉	300~500			

图 2-9　脉状钨矿床五层楼垂直分带模式[26]

成^{206}Pb/^{204}Pb 为 18.267~18.295，^{207}Pb/^{204}Pb 为 15.522~15.553，^{208}Pb/^{204}Pb 为 38.084~38.181，显示壳幔混源特征。矿区具有高演化特征的正长花岗岩，局部单样含 Sn 1.9%，表明双尖子山多金属银矿属于一套钨锡多金属矿床的成矿系统（见图 2-10），通常其成矿元素从岩体中心到外围显示钨-锡-铜-锌-铅-银的分带特征，矿区附近出露的燕山期黑云母花岗岩-哈里黑坝岩体，沿双尖子山南西 20km 和北东 16km 处分别为白音诺（银）铅锌矿和浩布高（银）铅锌矿，这两个矿床也有锡的富集。

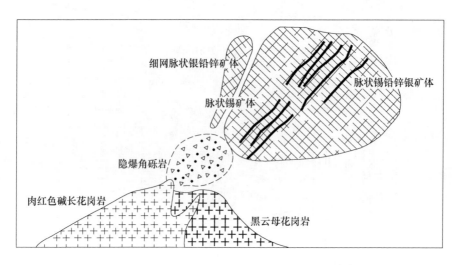

图 2-10　内蒙古双尖子山多金属银矿成矿模式[27]

2.2.1.4　银铌钽矿

以博罗 525 银铌钽矿床为例。

（1）成矿地质特征。博罗 525 矿[16]，为产在下奥陶统云英岩化、钠长石化花岗岩型银铌钽矿床，银品位 141g/t。矿区出露下奥陶统下黄坑组角岩化砂岩、粉砂岩夹千枚岩。近岩体部位为绢云母石英角岩、黄玉石英角岩、黑云母石英角岩。燕山四期花岗岩有二期侵入，第一期为细粒斑状黑云母花岗岩，呈岩株状，面积 0.06km²；第二期侵入为云英岩化钠长石化细粒花岗岩（即矿体），成大脉状，沿细粒斑状黑云母花岗岩的东南缘与奥陶系变质岩接触界面侵入。矿区发育 NW、SN 两组断裂，切穿岩体走向，将岩（矿）体错成若干部分，最大斜距达 140m。

（2）蚀变与矿化分带。蚀变类型：黑鳞云母化、斜长石化、云英岩化，其中前两者与铌钽矿化有关，再叠加云英岩化，则与钽、银矿化有关。矿石垂直分带：从上而下，1）风化花岗岩铌钽矿带；2）钠长石化花岗岩富钽矿带；3）原生黑鳞云母钠长石化花岗岩富铌矿带；4）原生云英岩富钽银多金属矿带。

（3）矿体产出特征。矿体 NE 走向，倾角 60°~90°，长 1700m，延伸大于 500m。云英岩富钽银多金属矿体呈不规则的脉状或脉带分布于岩体的边部或中部。矿体走向 NE，倾角 70°~85°，长 240m，厚 4~40m，延伸 200m。含银 141g/t，银储量占全矿区的 99.5%。含银矿体在云英岩中以细脉浸染状出现，在花岗岩中则以星点状产出。银主要赋存在方铅矿中，含银竟达 6570g/t。共生矿物有钽铁矿、铌钽铁矿、富铪锆石、独居石、细晶石、方铅矿、闪锌矿、黄铁矿等。

2.2.2 斑岩型

2.2.2.1 不同类型矿体银矿化特征

浅成斑岩型铜钼矿床，产在花岗闪长斑岩与千枚岩接触带，及其上盘的千枚岩中，属于低品位含银矿床，如江西铜厂、富家坞，含银仅 1.3~3.4g/t，Au0.06~0.09g/t，浸染状矿化为主。

斑岩型铅锌伴生银矿，矿体形态可分为三种，即以浸染-细脉浸染状矿体为主，还有脉状矿体和层状矿体。冷水坑（铅锌）银矿床属于火山岩-斑岩型成矿系列，矿化与花岗斑岩有关。

浸染-细脉浸染状铅锌银矿体，产于含矿岩体内部及内外接触带，矿体以似层状和透镜状为主，铅、锌、银品位均不高而稳定，矿体厚度几米至十余米，局部达几十米，倾角一般小于40°，局部达50°，含 Ag 大于100g/t。

脉状铅锌银矿体，产于含矿岩体顶部或前缘以及下接触带的斑岩-火山岩中，矿脉倾角陡，一般40°~60°，局部大于70°。可划分4个亚带，即（1）铅锌型，分布最广，含银最高，银与铅锌呈正消长关系，为矿田中最重要的含银矿体；（2）黄铁矿型，一般呈粉末状，细粒黄铁矿含银高，粗晶的及晶形好的黄铁矿含银低；（3）绿泥石型，铅锌品位低，银可达工业品位，未见或仅见星散状细粒铅锌矿；（4）石英-菱铁矿型，位于含矿岩体下部接触带附近，与细粒铅锌矿和黄铁矿组成复脉，品位贫富悬殊。脉状矿体受断裂控制，矿体厚1m至数米，最大厚度达几十米，矿带走向延长千米，倾向延伸百余米，脉带延伸数百米。

层状银矿体，产于石英正长质火山角砾岩中，为脉状含银的铅铜矿体叠加于菱铁锰矿（磁铁矿）层之上而成的复合矿体，矿化范围大于铁锰矿层范围，两者产状基本一致，矿体沿走向、倾向延伸数百米，含银大于100g/t。距含矿岩体数十米至200余米[28,29]。

在斑岩-浅成低温热液型伴生银矿成矿系统中，高硫浅成低温热液型矿化可叠加在斑岩型矿化之上。如下鲍（铅锌）银矿，受上侏罗统打鼓顶组火山岩中的缓倾角层间断裂破碎带控制，于早期发育的火山沉积铁锰碳酸盐、火山角砾岩、晶屑凝灰岩中产出。毛景文（2014 年）也认为下鲍与甲乌拉-查干是与次火山岩有关的浅成热液型矿床。

2.2.2.2 成矿物质来源、岩体性质与银矿化

斑岩型伴生银矿成矿物质主要来源于岩浆。如吉林小西南岔南山区含银金铜矿，银品位 16.8g/t。通过 33 件硫同位素测试[30]，磁黄铁矿 $\delta^{34}S=3.61‰$，黄铜

矿 $\delta^{34}S = 3.63‰$，黄铁矿 $\delta^{34}S = 3.63‰$，离散度小，硫为单一的岩浆源来源，偏离零值可能是热液进入裂隙，引起硫同位素发生分流造成的。铅同位素 5 件样品，均属于年轻正常铅，ϕ 值年龄 1 亿年，在铅同位素组成坐标上，除一个小北区样品外，都集中在 $u<9.58$ 的陨石等时线附近，也说明成矿物质来源于深部地幔岩浆，未受上部地壳的混染，物质来源与燕山晚期岩浆活动有关。

通常钙碱性系列岩体利于成矿。含银铜钼矿床成矿母岩多为中酸性花岗闪长斑岩；含银铜金矿床成矿，与深部地幔岩浆有关的中酸性杂岩体、斜长花岗岩、闪长玢岩有关；铅锌银矿床的成矿母岩常为花岗斑岩、石英二长斑岩，为岩浆分异晚期形成的分异程度较高的酸性岩体，对银成矿有利，岩体规模以小于 $10km^2$ 的岩株、岩柱或岩枝，含矿性好。岩体侵位地层常有大量同源火山岩，火山、次火山活动中心是成矿的最有利条件，并具有富硫环境（如黄铁矿化强烈），利于形成大而富的有色金属伴生银矿。

2.2.2.3　围岩蚀变与银矿化

斑岩型伴生银矿的矿化强度，与蚀变类型有关。矿床围岩蚀变类型以铁锰碳酸盐化、绢云母化为主，次为绿泥石化、硅化、方解石化，其中铁锰碳酸盐化和绿泥石化与银矿化关系更为密切。常见铁锰碳酸盐脉与铅锌银矿脉共生，甚至形成铁锰铅锌银矿体。铁锰碳酸盐矿脉大，铅锌银矿化强。冷水坑有相当数量的自然银和部分螺状硫银矿，就产在铁锰碳酸盐微细裂隙中，特别是在粉红色富锰的铁锰碳酸盐中也见有绿泥石脉与微细银矿物脉密切共生，两者同消长。该类型矿床蚀变分带明显，自早至晚：绿泥石化、黄铁矿化，局部硅化→强烈绢云母化（面型蚀变）→铁锰碳酸盐化（线型蚀变）→线型硅化、方解石化的出现，则标志银矿化的尾声。

2.2.2.4　银的空间分布

在水平方向上，自岩体向外：呈现金铜硫组合→铅锌组合→银铅锌组合→银铅锌铁锰组合。银主要富集于矿体上部和接触带附近。从成因类型看，自岩体内向外：形成由斑岩型→矽卡岩型→脉型构成的成矿系统，而远离岩体的脉型矿床（体）银品位最高。

实例：斑岩型钨矿伴生银。

如广东莲花山钨银矿，是冶金部广东 911 地质队于 21 世纪 50 年代发现的我国第一个斑岩型钨矿。位于东南沿海海西-印支褶皱系的中段，长乐-东山深断裂的南端。矿区主体构造为莲花山背斜，轴部被石英斑岩侵入体占据，断裂裂隙构造极为发育，尤其是在背斜轴部石英斑岩侵入体两侧的网脉裂隙构造带，为主要控矿构造，与成矿有直接关系的是石英斑岩（见图 2-11）。

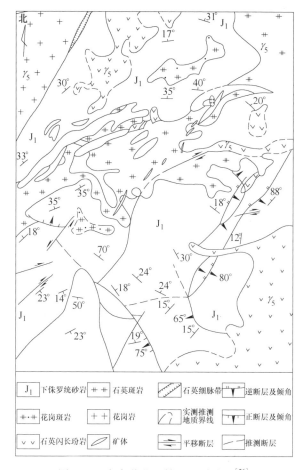

图 2-11 广东莲花山钨矿地质略图[26]

矿石平均含 WO_3 0.661%，形成黑钨矿和白钨矿以及钨华。含银 140~155g/t，伴生铅、钼、锌、锡（品位 0.042%，下同）、金、钴（0.03%）、铋（0.063%）、铜（0.147%）、砷（0.535%）、硫（3.56%）等。矿石为网脉状及细脉浸染状构造。矿体形态为带状、扁豆状、囊状，产在石英斑岩体的内外接触带，石英斑岩体及其旁侧围岩遭受普遍而强烈的蚀变与矿化。具面型蚀变，各种蚀变互相重叠，略具分带性，从岩体向外依次为：钾化-石英绢云母化-绢云母高岭石化-绿泥石化。后者与硫化物关系尤为密切[26]。石英斑岩岩性：石英斑晶占 16%~18%，长石斑晶占 5%~6%，基质由微斜长石、石英组成，副矿物以磷灰石为主，锆英石次之，偶见榍石。围岩岩性：下侏罗统石英砂岩和绢云母砂岩。

又如江西景德镇朱溪（银）铜钨矿，含 Ag 38.55g/t，局部可达 169g/t。矿体产在中酸性斑岩及 Pt_2 与 C_2 不整合面。与银密切共生的有黄铜矿、黄铁矿、方铅矿、闪锌矿等。

2.2.3　火山岩型

2.2.3.1　火山岩与火山机构控矿

陆相火山岩型有色金属伴生银矿，均位于环形构造带上，尤其是多个环、线构造的交点上至少要有两个以上同心环状构造的矿床，有色金属与银矿化方可达到工业利用品位，也就是说多次火山活动利于成矿。浙东显示火山穹窿易形成大而富的铅锌银矿，而仅有破火山口和火山洼地，铅锌银矿化不够强烈，可能是破火山口的存在，意味着火山喷溢过程中由于岩浆房补给中断而造成火山口塌陷，致使铅锌银矿质的补给缺乏来源。

近年发现的内蒙古罕山林场铜银锡多金属矿床，其赋矿围岩主要有侏罗系上统满克头鄂博组流纹质含角砾晶屑岩屑凝灰岩、安山质熔岩、安山玢岩。矿体呈脉状，规模较大，铜锡银品位较富[31]。其Ⅰ号带：Cu 0.23%～3.56%，最高4.87%；Ag 15.84～300.00g/t，最高3091g/t；Sn 0.24%～3.34%，最高4.79%。Ⅱ号带：Cu 0.43%～4.72%，最高10.72%；Ag 25.89～300.00g/t，最高2457.20g/t；Sn 0.21%～2.02%，最高8.30%。

与海相火山岩有关的铅锌、铜、钴伴生银矿，多产于优地槽褶皱带。如青海锡铁山（银）铅锌矿，产于裂谷型优地槽褶皱带，晚奥陶纪火山沉积岩系为主要容矿岩石，形成于火山喷气沉积-热液叠加改造作用；红沟（银）铜矿，产于奥陶纪中基性富钠火山岩，火山喷气热液成矿；德尔尼含银铜钴矿，含矿主岩为侵入石炭-二叠纪含火山质沉积岩层的超基性岩，属于喷气沉积作用成矿；甘肃白山堂含银多金属矿、小铁山多金属银矿、银硐沟（银）锌铜矿等，均属于火山喷气沉积形成[32]。据乌介人等人研究，火山岩为矿体的直接容矿者，金、银含量高。

2.2.3.2　脉岩、岩脉与银矿化

一般有脉岩或岩脉伴随的矿体，有色金属银矿化好，往往沿脉岩或岩脉旁侧分布的矿体变厚，银品位增高。有些矿区石英斑岩广泛分布并与矿体紧密相随，河北蔡家营铅锌银矿[33]，矿体分布于石英斑岩两侧附近，并随石英斑岩形态、规模、疏密的变化而变化，石英斑岩与地层、构造三位一体的成矿机制，石英斑岩形成过程中的热液不仅带来一些组分，而且会因成矿过程的热场作用而促进围岩中成矿组分的活化与富集。

岩脉的岩性多样，甚至与银矿体有空间关系的还有萤石矿脉，如浙江大岭口，这应当说是区域成矿环境的一种标志，绝非是偶然的空间组合。金矿也有类似情况，这种矿脉与银、金矿是一种相伴而生的关系。

2.2.3.3 构造与银矿化

构造是火山岩型有色金属伴生银矿重要的控矿因素。导矿、容矿的断裂规模大并经历多期次活动,伴生银矿床规模大。导矿、容矿断裂的长度可达 10 余千米(如大岭口、五部),并表现出先压(或先张)、后扭性质,矿化好。有些矿体,如云南澜沧老厂(据李文桦,1988 年)主矿体产于次级褶皱轴部。又如辽宁红透山矿区的向斜轴部可见块状银铜矿石分布(彩图 2),在层间破碎或张扭性复合断裂带以及陡缓倾角交替部位及褶皱轴部,有色金属伴生银矿体厚而富。

矿体银含量随产状而变化,在产状要素变化部位,银矿化强度发生变化,通常陡贫缓富,侧伏端比翘起端富,下贫上富,边部贫中部富,构造交汇部位矿体厚度增大银品位高。

以海相火山岩有关的青海锡铁山(银)铅锌矿为例,说明矿石产状与银矿化的关系(见表 2-3)[34]。

表 2-3 青海锡铁山银铅锌矿矿石类型、产状与含银量[34] (g/t)

矿石产状 矿石名称	矿体底板	矿体中心	矿体顶板	断层部位
闪锌方铅矿石	336.3(3)	235.9(2)		361.8(1)
黄铁方铅矿石	370.6(1)	991.7(3)		303.0(1)
闪锌黄铁矿石	24.7(5)	30.7(7)	119.4(2)	201.4(3)
方铅闪锌矿石	139.4(1)			
黄铁闪锌矿石	35.4(4)	23.6(4)		
方铅黄铁矿石	183.5(3)	123.7(1)	135.3(1)	
小　计	137.4(17)	228.3(16)	124.7(3)	253.8(5)

注:括号中为样品数。

表 2-3 可知,锡铁山不同类型矿石银含量差别明显,以黄铁方铅矿石含银最高,平均 803.9g/t(5 件样品平均值,下同);闪锌方铅矿石含银较高,为 307.1g/t(6);方铅黄铁矿石与方铅闪锌矿石含银居中,分别为 161.9g/t(5)和 139.4g/t(1);闪锌黄铁矿石与黄铁闪锌矿石含银较低,分别为 70.4g/t(17)和 29.5g/t(8)。

锡铁山不同产状矿石银含量显示,矿体中心矿石含银较高,平均 228.3g/t(16 件);矿体底板矿石含银略高于矿体顶板矿石,分别为 137.4g/t(17)与 124.7g/t(3);产在断层部位的矿石含银最高,平均 253.8g/t(5)。说明位于矿体中心与构造活跃部位矿石银矿化更为有利。

又如河北牛圈(铅锌)银矿,矿体富集在压扭性断裂转折部位内侧,隐爆贯入角砾岩前缘。矿体的中上部富银，亦是复式熔浆岩（晶）屑角砾发育地段及黄铁矿-（细粒）方铅矿-闪锌矿组合发育地段。银金矿与淡紫色石英、深蓝色萤石等矿物密切相关（曾恒芳，1992年）。

2.2.3.4　隐爆角砾岩与银矿化

银的成矿作用与隐爆角砾岩密切相关，空间关系最密切的是状如熔岩流，与围岩呈侵入接触，呈线形或蛛网状-复式线、环交织贯入的角砾岩，特别是那些发生两次以上隐爆贯入作用，发育复式角砾状构造和各种炸裂结构的角砾岩，银含量高。隐爆角砾岩的形态、产状和成分直接影响银矿体的产出特征。银矿多富集于角砾岩侵入前锋的凝灰质熔浆岩（晶）屑角砾岩内，如牛圈、大岭口。

又如山西支家地铅锌银矿，矿体呈脉状、透镜状，产在燕山期石英斑岩体边部的隐爆角砾岩中，受隐爆角砾岩及其下部的断裂构造控制。

2.2.3.5　石英脉、石英与银矿化

石英的颜色，形状与结构特征与银矿化强弱有关。如湖北银洞沟矿石中的辉铜银矿和螺状硫银矿[10]，多集中在石英脉的边部，可见与脉壁平行的条带，有时呈云雾状、浸染状分布于矿石中。在石英脉中心，银矿化变弱。在粗粒状石英和烟灰色块状石英的节理上，有片状自然银与金银互化物分布，银品位可达$300 \sim 500 g/t$。

通常糖粒状石英银矿化最好，粗粒状石英次之，块状石英最差，而硅质条带中的银矿化强度仅次于糖粒状石英，如长汉卜罗铅锌银矿（彩图3、4)[35]，近矿围岩中，特别是当其中含有矿细脉穿插或围岩硅化强烈，几乎为石英团块时，含矿性较好，反之几乎不含矿。铅锌银矿化基本上赋存于糖粒状石英脉中，多成浸染状分布，富集地段可形成块状矿石，有时呈细脉状产出。

陆相火山岩伴生银矿中，银矿化与淡紫色石英和深蓝色萤石相关，黑色玉髓状石英与银矿化关系较为密切，如大岭口。

2.2.3.6　围岩蚀变与银矿化

火山岩型伴生银矿一般围岩蚀变范围大。在矿化带下盘，为高岭土-绢云母-绿泥石化带；矿化带中部，为硅化-水云母-蒙脱石-萤石化带；上盘为硅化-黄铁矿化-碳酸盐化带。有些矿区出现一些特殊的蚀变，如澜沧老厂矿区，近矿围岩蚀变，有沸石化、硅化、钾化、碳酸盐化；矿体底板蚀变有透辉石化、透闪石化、阳起石化、绿帘石化、金云母化；矿体上、下盘蚀变有青磐岩化、叶蜡石化等。

该类矿床银矿化与蚀变强度有密切关系，海相火山岩矿床中表现更为明显。在矿床硅化强烈部位可达到次生石英岩，或有的矿区强蚀变部位钡冰长石脉发

育，银矿化强烈，如四川呷村。在弱硅化、钡冰长石化，弱碳酸盐化、白云母化与高岭石化部位，银矿化明显减弱。

陆相火山岩型伴生银矿，矿化蚀变的早期，呈现面型绿泥石化、叶蜡石化，伴随黄铁矿化；中期以面型绢云母化、线型绢云母化、面型硅化、线型硅化，伴随较强烈的铅锌银矿化和弱的黄铁矿化；晚期出现线型绿泥石化、石墨化、重晶石化、萤石化、碳酸盐化，仅伴随黄铁矿化。

2.2.3.7　银的空间分布

火山岩型伴生银矿，在垂向上，矿体自下而上矿化组合呈现：硫铜组合→银铅锌组合→金砷（铅锌银）组合→铁锰组合。有的矿床矿化组合不很丰富，只有铅锌银组合，则显示出下部富铅锌上部富银的特点。

如海相火山岩型小铁山多金属银矿床，自矿体下部至上部，铜铅锌银矿石银含量的变化是：三中段矿石含 Ag 116.0g/t→二中段矿石含 Ag 190.0g/t→一中段矿石含 Ag 290.0g/t，矿体上部矿石含银明显增高。

又如陆相火山岩型大岭口银铅锌矿床，1 号矿体垂向上自下而上显示银矿化增强的规律，银含量变化，从深部 -200 ~ 300m 处含 Ag19.4g/t，至浅部 300 ~ 400m 处含 Ag171.7g/t[10]。

再如湖北银洞沟铅锌银矿，矿体主要赋存在变石英角斑质凝灰岩（$Ptwd_3^{1b}$ 层）中，硅化后成石英岩，矿体厚 24 ~ 139m，矿体垂向上，下部为铅锌矿带，中部为铅锌-银金矿带，上部为银金矿带（见图 2-12）。

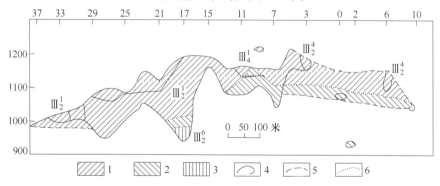

图 2-12　湖北银洞沟铅锌银矿体垂直分带纵投影

（据湖北省第五地质大队，1985 年）

1—银金矿带；2—铅锌-银金矿带；3—铅锌矿带；4—工程控制的矿体界线；

5—推测矿体界线；6—垂直分带界线

海相火山岩型的四川呷村银多金属矿[36]，分为下矿带和上矿带，下矿带产在英安质流纹质角砾熔岩中，由 11 层铅锌银矿体组成；上矿带位于流纹质岩中，由四个亚带组成，矿体深部下矿带和下亚带为铅锌矿化，中亚带的铜铅锌银金矿化增强，上亚带矿化持续增强，上亚带银、金含量最高，至顶亚带铜、铅、锌矿化最强。矿带矿化变化特征（见表2-4）。

表 2-4　四川呷村银多金属矿床矿带矿化特征[36]

矿带		元素含量/%				
		Cu	Pb	Zn	Ag/g·t⁻¹	Au/g·t⁻¹
上矿带	顶亚带	1.16	6.92	10.40	155.08	0.41
	上亚带	0.60	3.82	5.08	225.96	0.49
	中亚带	0.27	2.22	3.29	82.74	0.19
	下亚带	0.05	0.57	1.61	16.87	0.13
下矿带		0.11	0.91	1.75	16.01	0.13

表 2-4 表明，呷村矿床深部为铅锌矿化，中下部和中上部为铅锌银矿化，上部与顶部为铜铅锌银矿化。

云南澜沧老厂铅锌银矿，北部矿体全部赋存于下石炭统火山岩建造中，赋矿岩性为熔岩-凝灰岩，矿体与围岩之间往往以黄铁矿化带过渡，矿体上部以银铅锌矿化为主，向下黄铁矿逐渐增加，甚至被黄铁矿体所取代，再深部为铜矿体。南部矿体直接沿灰岩裂隙产出，呈陡倾斜的脉状矿体，分布于主断裂两侧100~200m 范围，特别是主断裂带的碳酸盐岩部位铅锌银矿化强烈[37]（见图2-13）。

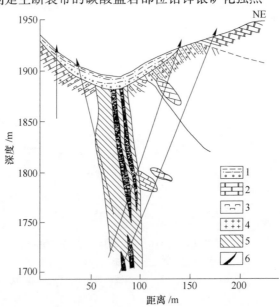

图 2-13　云南澜沧老厂矿区 9 号勘探线剖面图

（据怒江澜沧江金沙江区域矿产志，1984 年）

1—坡积、残积、洪积；2—白云岩-石灰岩层；3—中基性熔岩；
4—火山角砾岩及凝灰岩；5—银铅锌矿体；6—黄铁矿体

　　李峰（2009年）认为澜沧老厂成因是火山喷流沉积成矿作用及斑岩成矿作用有关的综合产物。

　　江西银山铅锌铜金银矿，矿体在空间上与火山口、次火山岩体密切伴生，蚀变矿化分带明显（见图2-14）[18]。

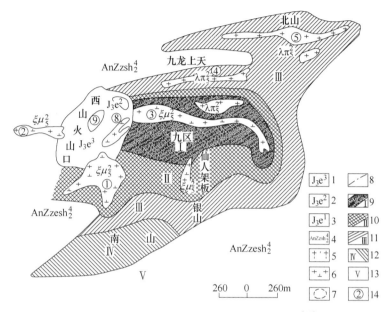

图2-14　江西银山矿区蚀变矿化分带示意图[18]

1—上侏罗统上部火山熔岩、火山碎屑岩；2—上侏罗统中部集块角砾岩；3—上侏罗统下部
千枚质砾岩夹砂岩；4—前震旦系双桥山群千枚岩；5—石英斑岩；6—英安斑岩；
7—矿带界线；8—无矿边界线；9—石英绢云母化-铜硫金矿化带；10—石英绢云母化
绿泥石化-铜铅锌矿化重叠带；11—绢云母化绿泥石化-铅锌银矿化带；12—绿泥石碳酸盐
矿物组合、方铅矿碳酸盐化-铅锌矿化带；13—无矿带；14—岩体编号

　　银山矿区以 F_7 断层和3号英安斑岩体为中心向外依次分为4个带，即铜硫金带（矿石含 Cu 0.3%~1.2%，Au 0.1~2.5g/t，Pb 小于0.2%，Zn 小于0.4%，Ag 5~20g/t）→铜硫金铅锌银重叠带→铅锌银带（矿石含 Cu 小于0.1%，Au 小于0.1g/t，Pb 0.5%~3.0%，Zn 1.0%~3.0%，Ag 50~100g/t）→银铅锌带（矿石含 Cu 小于0.1%，Au 小于0.1g/t，Pb 1.0%~3.0%，Zn 1.0%~2.0%，Ag 100~300g/t）。外带银矿化明显增强。沿垂向上，由深部至浅部，也可划分为4个带，即铜硫金带（黄铁绢英岩化为主）→铜硫金铅锌银重叠带（黄铁绢英岩化、绿泥石化为主）→铅锌银带（绿泥石化为主）→（铅锌）银带（碳酸盐化为主）（韦天设，1992年）。矿化浅部中低温成矿条件下的银矿化最强烈。

　　在矿区的地质体中，铅锌铜银矿化，通常距矿体越远，含矿性越差。如浙江局下银铅锌矿床，矿体、矿化带与围岩的含矿性是逐渐降低的（见表2-5）。

表 2-5　浙江局下银铅锌矿不同地质体含矿性

地质体	元素含量/%				样品数
	Ag/g·t⁻¹	Pb	Zn	Cu	
矿体	108.33	3.333	0.300	0.0367	2
矿化带	14.67	1.167	0.167	0.030	3
围岩	3.50	0.700	0.125	0.015	3

注：浙江省地矿局，1989 年。

2.2.4　矽卡岩型

矽卡岩型伴生银矿涉及多种有色金属矿床，有铅锌银矿、铜金银矿、银铜铁多金属矿、银锑铜矿、银锌锡矿、钼银矿、锌铜银矿等。

2.2.4.1　主要控矿因素

矽卡岩型有色金属伴生银矿，矿体受岩体、断裂构造与地层产状控制。矿体产在岩体（多为燕山期）与围岩（特别是不纯碳酸盐、泥质岩岩层）的接触带部位（见图 2-15），或岩体内的构造破碎带中，或围岩层间裂隙中（见图 2-16）。

2.2.4.2　成矿物质来源

矽卡岩型有色金属伴生银矿的成矿物质来自于深源岩浆，与围岩不同源。如湖南铜山岭银多金属矿，矿石硫化物的硫同位素值 $\delta^{34}S$ 为 $-0.6‰ \sim +3.8‰$，接近陨石硫，而围岩灰岩的 $\delta^{34}S$ 为 $+7.93‰$，偏离 0 线较远，两者硫不同源（欧超人，1988 年）。又如湖南黄沙坪（银）铅锌矿[12]，矿石的 $\delta^{34}S$ 为 $4.86‰ \sim 17.5‰$，平均 12.37‰（102 件），石英斑岩 $\delta^{34}S$

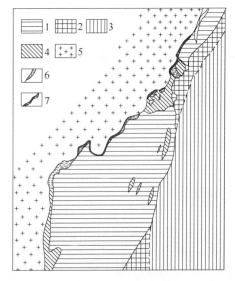

图 2-15　广东阳春芒饿岭矿区地质图
（据广东省七〇四地质队）

1—上泥盆统天子岭组大理岩；

2—上泥盆统帽子峰组石英细粉砂岩；

3—寒武系八村群云母石英片岩；

4—矽卡岩；5—燕山第二期侵入体花岗闪长岩；6—花岗闪长岩脉；7—矿体

为 $4.22‰ \sim 9.04‰$，说明（银）铅锌矿体中硫的主要来源是壳源重熔型岩浆，但有部分围岩硫的加入。

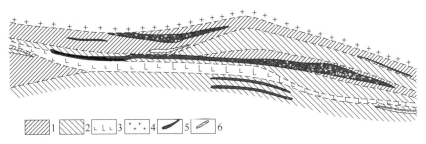

图 2-16　甘肃花牛山矿区 I - VI 勘探线层面简图
（据甘肃省花牛山地质队）

1—灰白色灰岩；2—灰白色千枚岩；3—长石石英斑岩；4—燕山期花岗岩；5—铅银矿体；6—锌矿体

2.2.4.3　赋矿地层与银矿化

大部分矽卡岩型银铅锌铜矿体，赋存于暗灰色（风化后为灰色至黄褐色）-青灰色、浅灰色-深灰色薄层-页片状石灰岩夹中厚层状石灰岩中，常见薄层（≤5cm）页岩和燧石层或含石膏假晶的白云岩和白云质灰岩。矿区内既或有碎屑岩层出露，也往往位于矿体上盘而不构成直接的赋矿围岩。页岩与燧石层，往往成为热液流体不透水的屏障，使矿化在较为封闭的环境中进行。由于褶皱作用引起的石灰岩变形与碎裂，增强了容矿岩石的透水性，有助于交代变质作用及其所伴随的金、银、硫化物矿化的进行。地层与侵入接触带，对于矽卡岩型矿体的矿化定位起到重要的控制作用。

2.2.4.4　侵入体与银矿化

侵入体一般规模较小，多为岩株、岩枝、岩墙，产于构造交汇处，在区域上可断续构成构造岩浆岩带。这些小岩体常具有浅成岩特征，斑状结构发育，并分布于大断裂所控制的活动带中。矿体在岩体的一定部位生成，如岩枝、岩舌、岩体弯曲凹陷部位（而且具有细小岩枝发育则矿化较好），或舌状突出部位上、下接触带的矽卡岩中，或附近的层间构造带中。如康家湾、铜山岭等矿区。有的矿区则距离岩体一定距离对银矿化有利，如辽宁八家子铅锌银矿，距离岩体 50～300m 的构造断裂中银矿化好。

2.2.4.5　成矿岩体岩性与银矿化

利于成矿的岩体，岩石化学成分属钙碱性系列，岩石组合系数（δ）小于 4，SiO_2 含量较高，岩浆具有同化硅铝壳，或硅铝壳深熔（岩浆）的特点。岩体微量元素含量丰度和它自身的分异演化程度有关，在高度演化的成矿岩体中 Sr、Ba

含量很低，低于地壳平均值，矿化剂元素 F、Rb、Li 普遍高于地壳平均值。成矿元素 Pb 和 Zn 含量略低于或接近地壳平均值，Cu 含量高于地壳平均值，Ag 含量与地壳平均值相当。当岩体岩石具微弱蚀变，如黄铁矿化或/与绢英岩化时，Ag 含量则成倍增长，说明岩浆期后热液作用可以使 Ag 相对富集。

2.2.4.6　矿体产状与银矿化

矽卡岩型矿体形态复杂，多为透镜状、扁豆状，或沿层分布的似层状，沿裂隙分布的脉状，在裂隙交叉处也可见到囊状、柱状矿体。

产于接触带附近的层间构造带中的矿体，产状与围岩基本一致，倾角较缓；产在岩体构造断裂中的矿体产状较陡。在岩体岩舌与顶部构造接触带，往往是银矿化的有利部位。通常，产于外接触带的矿体银矿化更为强烈，脉状矿体、柱状矿体和囊状矿体银矿化更好。

如安徽鸡冠石铅锌金银矿床，矿区银品位 990.3g/t（1991 年全国地质储量表）。其中 1 号矿体产于石英闪长岩内之东西向构造破碎带中，受断裂裂隙控制，产状较陡（75°～90°），围岩主要为破裂蚀变闪长岩。上部硫铁矿体中含银（金）低，下部为银（金）多金属矿体，向下延伸 160m，尖灭于接触带之上。银的垂向富集地段为标高 −45～85m，平均含银 2836.88g/t，含金 10.4g/t。金矿体最高含银可达 18089g/t，最低含银 5.1g/t，一般为 60～1800g/t，银品位变化系数为 207%；铅品位最高为 40.84%，平均 7.95%；锌最高品位 35.85%，平均 5.69%。2 号矿体受接触带构造及层间裂隙控制，位于 1 号矿体下部，倾角较缓，矿体最高含银 957.08g/t，最低 3.08g/t，平均 165.2g/t；含金最高 21.3g/t，最低 0.2g/t，平均 3.2g/t；含铜 0.89%，硫 23.77%，铅 1.95%，锌 1.87%（安徽 321 队，1989 年）。从整体上看，上部矿体较下部矿体银等矿化更强（见图 2-17）。

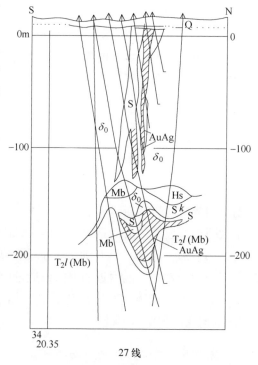

图 2-17　安徽鸡冠石矿区 27 线剖面图

（据安徽省 321 地质队科研所）

又如西藏昂青多金属银矿，与西藏冈底斯成矿带的斑岩-矽卡岩成矿系统相似，为与莽总斑岩铜矿体毗邻的矽卡岩型矿床。以银为主，伴生铜铅锌。矿床平均含 Ag 222.37g/t，Pb 2.92%，Zn 3.89%。其中铅银矿体赋存 4600m 标高以上，矿体含银 84.51~332.02g/t，为氧化矿石；铅矿体产在 4430~4553m，矿体含 Pb 9.70%；锌矿体位于银矿体下部，4600m 以下，也为氧化矿石；铜矿体在银铅矿体之下，锌矿体之上，为硫化矿石。总体上显示上部富含银铅，下部以铜、锌为主（见图 2-18）[38]。

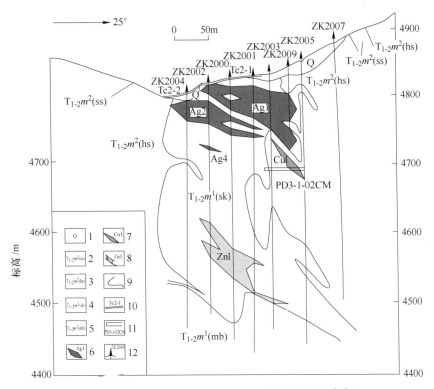

图 2-18 西藏昂青多金属银矿区 2 勘探线剖面图[38]

1—第四系残坡积物；2—三叠系下-中统马拉松多组第二岩性段砂岩；3—三叠系下-中统马拉松
多组第二岩性段角岩；4—三叠系下-中统马拉松多组第一岩性段矽卡岩；5—三叠系下-中统马拉松多组
第一岩性段大理岩；6—银矿体及编号；7—铜矿体及编号；8—锌矿体及编号；
9—地质界限；10—探槽及编号；11—平硐及编号；12—钻孔及编号

矽卡岩型伴生银矿，按矿体产状可分为三种类型，其银矿化明显不同。

（1）接触带不规则矿体。接触带不规则矿体含银较低，一般在 40~50g/t 以下。成矿温度较高，脉石矿物以矽卡岩矿物占绝对优势，产于接触带中近岩体部位。

（2）碳酸盐地层中的矿体。产在碳酸盐围岩中的似层状、层状或透镜状矿体，一般为顺层分布，或与围岩有些小的交角，局部穿切岩层。含银中等，在

80~100g/t，个别矿体含银达 150~160g/t。

（3）脉状矿体。脉状矿体成矿时间较晚，成矿温度较低，距离接触带较远，银含量最高，一般可达 100g/t 以上。

如湖南江永铜山岭银多金属矿，产于接触带不规则状矿体含银 44.3g/t，金 0.42~0.61g/t；层状矿体含银 81.2g/t，金 0.32~0.34g/t；脉状矿体含银达 117.7g/t，金 0.36~0.42g/t。个别脉状矿体可形成（金）银矿脉[15]。

2.2.4.7　围岩蚀变与银矿化

矽卡岩型伴生银矿体，蚀变类型丰富，自矿化初期至晚期，从岩体内至外，具有明显分带：即矽卡岩化→硅化、绿泥石化、碳酸盐化→绢云母化、硅化、黄铁矿化。在中期蚀变过程中，即产生硅化、绿泥石化与碳酸盐化时，开始出现银矿化。矽卡岩化阶段，锡、钨、铜矿化较强，随着矿化温度降低，铅、锌等开始沉淀，锑、碲、铋、钼及银矿物大量晶出于中-低温阶段，与矽卡岩矿物并非同期产物。如美国莱德维尔多金属银矿，银矿化与白云石化、高岭石化、绿脱石化、绢云母化和蒙脱石化有关，均属中-低温蚀变。

围岩的银矿化强度显示，自近矿围岩至远矿围岩的变化趋势是银含量逐渐减少，如黄沙坪（见表2-6）[22]。

表 2-6　湖南黄沙坪（银）铅锌矿体与围岩银含量[22]　（g/t）

样品编号	1	2	3	4	5	6	7	矿体编号
与矿体距离/m	10	1	0	矿体中心	0	1	10	
取样标高/m 237	1	2	56	288	2	6	2	
取样标高/m 200	2	2	7	288	11	2	1	I_{1-1}
取样标高/m 165	2	14	43	56	2	3	2	

以黄沙坪 237 中段为例，紧邻矿体的围岩含银 29g/t（2 件样品平均值，下同），距矿体 1m 的围岩含银 4g/t（2），距矿体 10m 的围岩含银 1.5g/t（2）；黄沙坪 I_{1-1} 矿体，165m 含银较低，为 56g/t，200~237m 含银较高，为 288g/t。

2.2.4.8　热液叠加作用与银矿化

似层状和脉状矽卡岩型矿体同时存在的情况下，中-低温热液蚀变作用和与之相伴随的银、铅、锌、锑、碲、铋、钼等矿化，通常优先选择构造接触带-断裂破碎带中的脉状矿体，断裂带为溶液的渗滤和矿质的沉淀提供了更好的空间。当中-低温矿化作用强度超过矽卡岩矿化强度，在同一矿区内就可以同时形成多种成因类型的矿体，称之为"多位一体"的成矿模式，银的矿化强度可超过单纯矽卡岩化，或以矽卡岩化为主的矿化，形成银品位高、储量大的共生银矿体

（或矿段）。如湖南铜山岭矿田庵堂岭矿段，热液交代型铅锌银矿品位：Pb 3.36%、Zn 5.30%、Ag 188.3g/t，银储量达中型；铜山岭的矽卡岩型铅锌铜银矿品位：Pb 1.50%、Zn 0.79%、Cu 1.24%、Ag 117g/t。前者铅锌银品位较高，后者含铜较高，银储量为小型。

2.2.4.9 银的空间分布规律

（1）矿化分带。随着距侵入体接触带由近而远，总的矿化分带是：Cu-Fe→Cu-Zn-(Ag)→Zn-Pb-Ag。从岩体至接触带，又可依次形成 Cu-W→W-Sn→Mo-(Cu)→Cu→Sb-Ag 的矿化分带形式。在铜矿带中有的矿床可夹有铜铅锌银矿体，特别是有多期成矿作用叠加的矿区，出现矿体交替变换和叠加复合现象，使矿化分带形式更加复杂。

铅锌锡锑银矿，由于矿化组合与金属元素之间相关性的变化，矿体垂向分带又有所不同，如大厂锡锑铅锌银矿，成矿过程非常复杂。历经沉积作用初始成矿—构造作用使成矿元素活化—岩体侵入接触交代作用形成铜锌矿—花岗斑岩侵入的含矿热液交代和热水变质作用形成锡石—硫化物矿及晚期的钨—锑矿，是多种成矿作用叠生的多金属矿床。据广西有色地质 215 队（1987 年）研究，矿体围绕着龙箱盖黑云母花岗岩体分布，距离岩体远近，具有明显的分带性。水平分带：从岩体向外，锌铜矿→锌矿→锡石硫化物矿→锑汞矿。垂直分带：矿体与构造结合，形成五层分带模式，自上而下：大脉型（裂隙脉型锡石硫化物矿体）—细脉带（细脉充填交代型锡石硫化物矿体）—似层状（细脉网脉浸染交代型锡石硫化物矿体）—层状似层状（交代型锌矿体）—透镜状似层状（矽卡岩型锌铜矿体）（见图 2-19）。

（2）矿体垂向上银的分布。沿着矿体垂向上银矿化强度变化的总趋势是，自矿体下部至上部，银矿化逐渐增强，但也有些矿区的某些地段出现一些异常情况，与矿液活动期次、叠加部位有关，和总的垂向上银的变化规律并不矛盾。

如江苏遇里铅锌银矿，下部矿体含 Ag 70g/t，中部矿体含 Ag 200g/t，上部矿体含 Ag 308g/t。

又如内蒙古白音诺（银）铅锌矿，矿床垂向上银含量变化是下低上高，但在 450m 处，铅与银含量有明显增高，可能是晚期热液叠加所致（见表 2-7）。

表 2-7 内蒙古白音诺铅锌含银矿床矿体垂向铅银变化特征

标高/m	样品数	Pb/%	$Ag/g \cdot t^{-1}$
583	10	2.715	271.7
542	13	2.540	175.3
501	9	2.143	178.6
450	7	3.186	250.3

注：据内蒙古地矿局，1988 年。

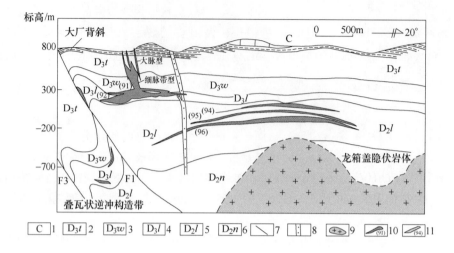

图 2-19　广西大厂铜坑矿床矿体分布剖面图[39]

1—石炭系；2—上泥盆统同车江组泥岩、页岩夹泥灰岩；3—上泥盆统五指山组扁豆灰岩及条带灰岩；

4—上泥盆统榴江组硅质岩；5—中泥盆统罗富组泥灰岩、钙质泥岩及粉砂岩；

6—中泥盆统纳标组泥岩、页岩、泥灰岩及礁灰岩；7—断层；8—花岗斑岩脉；

9—龙箱盖岩体；10—锡多金属矿体及编号；11—锌铜矿体及编号

由于矿区成矿因素的叠合及矿化序列的差异，银在矿区中的分布也有些例外，如广西大厂（银）锡锑铅锌矿，银矿物与含锰的脆硫锑铅矿有关，后者在矿体深部增加，使矿体中银的含量自下而上，从高到低（见表 2-8）。

表 2-8　广西大厂（银）锡锑铅锌矿区银含量的垂向变化

采样标高/m	矿石件数	Ag/g·t⁻¹			相对值
		最高值	最低值	平均值	
400	10	811.20	60.10	455.09	19
300	10	908.85	331.73	513.63	21
200	26	1134.62	379.81	567.75	24
0	22	1108.17	633.41	870.79	36

注：据大厂矿务局，1991 年。

（3）矿体垂向上银矿物组分的变化。虽然各矿区银矿物种类差别较大，沿矿体垂向方向矿物组成变化，主要体现在从矿体深部至浅部，从（含银）方铅矿、银铋硫盐→含银黝铜矿、硫锑铜银矿→深红银矿、螺状硫银矿。即由矿体深部至浅部，含银低的矿物逐渐被含银高的矿物代替，如江苏谭山（银）硫铅锌矿。

2.2.5 沉积岩型

2.2.5.1 赋矿地层与银矿化

矿体严格受层位控制，跨越赋存伴生银矿地层则铅、锌、铜、银等矿化消失。此类型中有多种矿床产出，铅-锌-银、铅-锌-铜-银、铜-银、铜-铀-银、铜-钒-银、铜-硒-银矿等总是相伴生。不同的构造单元，赋矿层位不同。华南沉积（热液改造）型铅锌伴生银矿，主要赋存于中泥盆统棋梓桥组、上泥盆统天子岭的中段与下段层位中，而下石炭统大塘阶石磴子组的下段为另一重要含矿层，如广东凡口铅锌银矿；西北地区，该类矿床赋矿层位主要是中泥盆统海相碳酸盐、黏土岩、碎屑岩建造，如银洞子、铅硐山、锡铜沟、厂坝、邓家山等铅锌伴生银矿；以及二叠系中的铜峪沟（银）铜矿，新近系、古近系碎屑岩、碳酸盐岩中的嘎其哥洛德铜银矿等。

砂岩型（银）铜矿均产在一套陆相碎屑沉积建造中，赋矿层位为白垩系或侏罗系砂砾岩、砾岩与砂岩。如四川大铜厂（银）铜矿产于白垩系下统的小坝组、中侏罗统的陆相红层建造中。

钒银矿，主要赋存于时代较早的地层中，如鄂西白果园银钒矿，产在上震旦统陡山沱组黑色泥岩与泥晶云岩互层的岩系中，湘西钒银矿（点）产在下寒武统底部牛蹄塘组中。

沉积岩型伴生银矿的赋矿层银含量较高，为地壳克拉克值的几倍至几十倍。岩性以海相不纯碳酸盐岩为主，其次为浅海相泥岩、粉砂岩、含碳酸盐质细碎屑岩。其中赋存在泥质-细碎屑岩（如千枚岩）向碳酸盐岩的过渡部位的矿体有色金属伴生银矿化好。

2.2.5.2 构造与银矿化

矿田构造活动主要表现在褶皱，短轴背斜翼部转折端。受应力作用，两种岩性接触部位，易发生滑脱，可为矿液沉淀提供良好空间，有较好的银矿化。在断裂构造上盘的赋矿层位的层间破碎带、次级断裂的交汇部位，有色金属伴生银矿体变厚变富。构造活动提供了将深源物质导向浅部的有利动力条件。

有些矿体产于不整合面上。如广西融安泗顶（银）铅锌矿（矿床银品位80.26g/t，Pb 1.727%，Zn 10.596%），位于江南雪峰山褶皱南端，泗顶-古丹构造凹陷内。区内泥盆系与寒武系呈角度不整合，矿体主要分布在泗顶-古丹断裂两侧1~2km范围，垂向上矿体分布在不整合面上，距离不整合面一般不远，似层状矿体主要产在距不整合面0~50m范围内，脉状矿体距不整合面可达70~80m，甚至100m。脉状矿体受裂隙控制，规模小，品位高。

2.2.5.3　沉积环境与银矿化

由于深大断裂的影响（可以是间接的），沉积环境的变迁，造成沉积建造的差异而形成一些海底深陷的洼地-海盆，构成的还原-弱还原沉积环境，对银等多金属成矿有利。有深大断裂提供的银等金属物质，海盆或洼地的古地理环境，致使赋矿岩层加厚，并受到褶皱及断裂活动的改造，构造活动产生的热效应促进了地下热流循环及元素萃取，促使或加剧了成矿物质的迁移富集。

2.2.5.4　岩相与银矿化

沉积岩型伴生银矿赋矿地层的岩相变化，对矿化类型和强度有重要影响。如陕西银洞子银铅多金属矿，在 $D_2d_2^{3-b}$ 含矿层下部泥质地层中，当铁镁质碳酸盐增多时出现菱铁矿；当重晶石、似碧玉岩或钠长岩增多时，出现铜或铜银矿；当有机质、钙质及重晶石增多时，则出现铅（锌）或银铅矿。一般情况下，重晶石发育地段，银矿化增强。

通常，沉积岩型矿石中，白云岩型矿石含银较低，一般 $n\sim<50g/t$；黄铁矿型块状硫化物矿石含银较高，由 $n\times10\sim100g/t$；萤石型含银较高，$n\times10\sim150g/t$；石英型较低，$10\sim n\times10g/t$；后生石英脉及次生石英岩中的块状铜矿也富含银，如大姚六苴（据薛步高，1988 年）含银可达 $1000\sim3000g/t$。

当赋矿地层岩性为砂岩的伴生银矿床，主金属以铜为主，银主要分布在浅色砂粒之间钙镁质为主的泥质胶结物中，如云南六苴（银）铜矿；但也有一部分矿床是以铅锌或铅铜银矿化组合为特点，如云南白羊厂银铅铜矿。

云南白羊厂银铅铜矿床，矿体产在白垩系含铜砂岩中（见图 2-20）。在具有韵律的砂泥岩赋矿岩层中，当砂岩出现斜层理、泥碳夹层，砂岩相对增厚，含碳性好，含矿性好。当泥岩相对变厚，夹层多为紫红色，含矿性差。东矿带的含矿地层，位于虎头寺组砂岩的中上部，矿体主要赋存在帚状构造带、张扭性断裂带及砥柱中，含银数十克每吨，最高可达 $100\sim200g/t$。西矿带含矿地层为景星组下段顶部的 $K_{1j}^{1-3\,C-2}$ 和 $K_{1j}^{1-3\,C-3}$ 两个亚层，矿体含银一般 $80\sim90g/t$，其中 ⅩⅩⅡ 号矿体平均含银 $204g/t$，Pb 1.83%，Cu 0.10%（据云南第三地质队，1988 年）。

2.2.5.5　围岩蚀变与银矿化

本类型矿体围岩蚀变不强烈，蚀变带规模较小，蚀变类型简单。个别矿区蚀变强者出现矽卡岩化、角岩化。一般矿区早期为硅化、碳酸盐化，晚期为碳酸盐化、硅化、绿泥石化、白云石化、绢云母化、泥化等。蚀变早期伴随铜铅矿化，中晚期为较强的银矿化。矿床中若中低温蚀变不发育，则银矿化弱。蚀变是热液叠加改造作用的证据，没有这种热液叠加作用，就没有富银矿化产生。区域变质

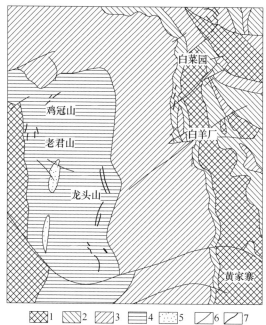

图 2-20 云南白羊厂矿区地质图

（据云南地矿局第三地质队）

1—云龙组粉砂岩、泥岩夹膏岩和砾岩；2—虎头寺组石英砂岩；3—南新组砂岩、泥岩、砾岩；
4—景星组砂岩、泥岩夹砾岩；5—坝注路组钙质粉砂质泥岩；6—断裂；7—矿体

作用对银矿化无明显作用。重晶石化是含银较富的标志。

2.2.5.6 后期改造作用与银矿化

对于沉积岩型伴生银矿，后期改造（再造）作用是银矿化富集的重要过程，改造作用的强度对银的富集有较大影响。改造因素主要是构造营力与热液叠加，使银、铜、铅、锌等矿质活化、叠加而进一步富集，也导致了自岩体向外或矿体垂向上的矿化分带。一般改造作用强的矿区或矿石，银含量高。例如滇东北的金沙、茂租两个（银）铅锌矿区[40]，相距 60km，含矿地层均为震旦系灯影组白云岩，均具有顶部和中部两个含矿层位。金沙矿区再造作用强烈，矿区平均含银 52.6g/t。中部主矿体（占全区储量 80%）赋存于似层状、沿层的透镜状产出的石英-重晶石、萤石，或穿层的石英脉中，具后成特征，其含银较高，为 18.8~380g/t，平均 59.0~77.1g/t；其顶部矿为产于含磷层之下的碳泥质白云岩中，形态规则，为改造较弱的层状矿体，含银 10.0~60.7g/t，平均 15.4~35.7g/t。茂租矿区改造作用极弱，平均含银 13.3g/t。顶部矿也为产于磷矿层之下的砂泥质白云岩中的缓倾层状矿（占全区储量 84%），含银 3.5~25.0g/t，平均 12.0g/t；

中部为赋存于结晶（硅化）白云岩中的陡倾矿，后期的矿化方解石白云石石英脉发育，含银 2.5~47.5g/t，平均 15.1g/t。

2.2.5.7　银的空间分布规律

矿体垂向上，自下而上为铜铅锌组合→铅锌组合→银铅锌组合。银主要分布在矿体上部。

沿矿体走向上，矿化具有分带性。如陕西银洞子银铅多金属矿[10]，纵向（沿矿化带走向）分带，从东向西为：铁铜银组合→铜银铋锑组合→铅锌银钡组合→铅锌银组合→铅锌钡组合。横向（垂直矿化带）分带，沿倾向上从南至北：铜银砷组合→铅锌银砷组合→铅锌组合。

成矿晚阶段，银硫盐类矿物晶出，银矿化增强，并与晚期方铅矿共生。

次生富集带中富含银。

对于砂岩型铜铅银矿，矿体垂向上，自下而上：黄铁矿为主→黄铜矿为主→斑铜矿为主→辉铜矿与方铅矿为主。银矿物主要分布在斑铜矿→辉铜矿与方铅矿的过渡带中。

2.2.5.8　成矿物质来源

以广东凡口银铅锌矿为例，矿体围岩和矿体的硫同位素值 $\delta^{34}S$ 从 10.28‰~23.80‰，总体分布宽且呈塔状分布，硫来源于海水硫酸盐。铅同位素组成：$^{206}Pb/^{204}Pb = 18.11~19.44$，$^{207}Pb/^{204}Pb = 15.32~16.76$，$^{208}Pb/^{204}Pb = 38.35~40.93$。三个比值标准差 $\delta_x = 0.38$，$\delta_y = 0.35$，$\delta_z = 0.73$，$u = 9.87$，$\omega = 44.50$，均高于陨石铅。铅同位素组成不稳定，属于异常铅，多数来自围岩，少数来自陆源基底和岩浆热液，具多阶段多来源特点。氢氧同位素组成：$\delta D‰ -142.98~-53.30$，$\delta^{18}O‰ -13.42~+0.04$，说明含矿流体水的来源既有海水、雨水，又有岩浆水。矿石均一温度 110~250℃[16]，属于中低温成矿。

沉积改造型铅锌银矿床的成矿温度，经包裹体爆裂法测定，在 90~420℃ 之间，最佳温度范围在 200~300℃。柞水银洞子银铅多金属矿成矿温度，均一法测定为 305.8~331.7℃，硫同位素平衡温度为 326~361℃[41]；也有的报道成矿温度为 178~296℃（高元龙），硫同位素平衡温度为 303℃。看来其成矿温度不甚一致，但仍属于中温而偏高（涂光炽）。四川天宝山测温结果为 160~290℃，温度变化梯度为每 100m 上升 50℃，具正向分带特点，说明矿质来自深部，矿床形成于中温阶段[10]。

2.2.6　变质岩型

变质岩型有色金属伴生银矿，矿化组合类型主要有（Pb-Zn）-Ag，（Pb-Zn）-

Au-Ag 和 Cu-Ag。其中伴生 Pb、Zn、Au 的银矿是最重要的类型。一般 Pb、Zn、Cu 品位较低，Au、Ag 品位较高，银矿化规模较大。

2.2.6.1 变质热液作用与银矿化

矿质来源以原岩为主。区域构造运动引起的变质作用，使银从原始状态下解体迁移，在区域变质作用的晚期，银矿化增强。有的矿区，变质岩体本身可构成工业品位的矿石，银有时就富集在变质岩的片理面上，说明银的沉淀作用与变质作用应是同期构造活动的产物。有的矿区赋矿地层发育海相细碧-角斑岩系火山岩，但矿体并不产在变质火山岩中，而是产在变质沉积岩中，可见银矿与变质作用有最密切的因果关系。

如山东栖霞和尚庄、寨山夼、虎鹿夼银铅锌矿体，均赋存于角闪岩相变质岩的构造破碎带中，特别是退化变质破碎带，是银矿化的最有利部位。

又如浙江银坑山治岭头银金矿（品位 Ag 305.85g/t，Au 12.1g/t），产于陈蔡群黑云斜长片麻岩中，变质程度属于高角闪岩相，在其外围的变质岩中，存在一定规模的混合岩化作用，在燕山期火山作用之前，部分矿体已出露地表，受到古风化剥蚀作用。据王华田、袁旭音报道[42]，矿体硫同位素值 $\delta^{34}S‰$，黄铁矿 +5.49‰（35 件样品），闪锌矿 +3.96‰（5 件样品），方铅矿 +1.22‰（4 件样品），均为不高的正值；铅的模式年龄为 438.8~703.1Ma，和赋矿围岩的铷锶等时线年龄 674Ma（变质年龄）相近，说明与金银共生的铅来自变质岩；黑云母斜长片麻岩和变质岩中石英包裹体的氢氧同位素组成，$\delta^{18}O‰$ 分别为 +8.37‰ 和 +5.84‰，$\delta D‰$ 为 -60.4‰ 和 -53.4‰；金银脉体石英包裹体的 $\delta^{18}O‰$ 为 +1.81‰~ +4.33‰，$\delta D‰$ 为 -68.3‰~-57.8‰，在 $\delta^{18}O$-δD 图解投影上落在变质水或接近变质水的范围内，成矿溶液主要为变质水（见图 2-21）。

变质热液叠加改造作用形成的有色金属和金、银矿，经历了变质期和变质后热液叠加期。变质成矿作用发生在区域变质作用的晚期，围岩发生了重结晶等变质作用，矿石出现变质条纹结构、变胶状结构、斑状变晶结构及破碎重结晶结构，银矿化主要发生在变质作用后期中温热液叠加阶段，富含银矿石形成了一系列的交代结构与构造。银矿物以微细脉状或浸染状、或充填状，交代前期硫化物或充填在硫化物矿物隙间，银矿物可与晚期铅、锌、铜等硫化物连生产出。

2.2.6.2 赋矿地层与银矿化

矿体产出具有严格的层位性。如河南桐柏破山铅锌（金）银矿（品位 Ag 278g/t，Pb 1.03%，Zn 1.72%，Au 0.48g/t），产在元古代二郎坪群下部歪头山组，赋矿岩性为绢云石英片岩、绿泥石英片岩、白云石大理岩、云母变粒岩。又如河南商县铁炉子道岔沟（银）铅锌矿（品位 Ag 72.54g/t，Pb 3.59%，

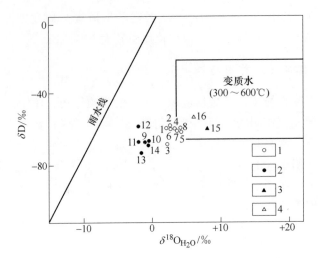

图 2-21　浙江银坑山冶岭头银金矿不同成因石英中流体包裹体氢氧同位素[42]
1—早期石英中包裹体；2—晚期石英中包裹体；3—片麻岩中
石英包裹体；4—变质成因脉状石英中包裹体

Zn 3.75%)，赋矿地层为长城系陶湾群中厚层大理岩。再如洛南县铁源铅锌银矿
（矿区含 Ag 418.46g/t，Pb 19.42%，Zn 2.34%)，矿体产在下寒武统白云岩、白
云质大理岩与长城系陶湾群断层接触带附近，后者岩性为绿泥石英片岩夹含砾大
理岩。可见赋矿岩性均为中浅变质岩系。含碳质岩石银矿化好，如破山矿区碳质
绢云石英片岩，可作为该区的主要找矿标志，该岩层自身含银 0.36~6.48g/t（据
河南地质三队，1988 年)，可作为银的矿源层。

2.2.6.3　构造与银矿化

变质岩型有色金属银矿床产于区域性构造活动频繁地带，如褶皱带或褶皱
束中。矿体主要赋存在次级断裂附近的张性裂隙和剪切带内，或挤压破碎带
中。压扭性构造中的矿体银矿化好。有些矿体产于层间剥离带与断裂接触带附
近，如陕西商县道岔沟、洛南县铁源矿区，一般褶皱不很发育，但断裂，特别
是顺层断裂较为发育。构造交错复杂部位银矿化好，如铁源矿区已知矿体主要
分布在弧形构造部位中，富矿体处于 NW 向和近 EW 向的两组构造交叉或复合
部位上。

2.2.6.4　围岩蚀变与银矿化

变质岩型伴生银矿的围岩蚀变较弱。常见的围岩蚀变类型为硅化、绢云母化
和碳酸盐化。硅化与银矿化关系最为密切，强硅化带和硅化碳酸盐化带银矿化
好。如江西铁砂街（银）铜矿，矿区含银 61.69g/t，金 0.57g/t。产出部位岩性

复杂，有基性熔岩、碳酸盐岩、石英角斑岩以及火山碎屑岩。其围岩蚀变，以矿体为中心向两侧有硅化、绿泥石化→金云母化、阳起石化→菱铁矿化，并由强变弱。

2.2.6.5 银的空间分布规律

变质岩型伴生银矿体，多沿层间断裂顺层分布，矿体呈似层状、透镜状、脉状。有膨缩、分支复合、平行斜列、尖灭再现特征。银在矿体中部膨大部位含量高，在矿体边部较薄部位变贫。破山铅锌银矿（甘幼鸣，1988 年）在沿倾向延伸的缓倾地段，沿走向拐折区间，矿体有加宽变富现象（见图 2-22）。

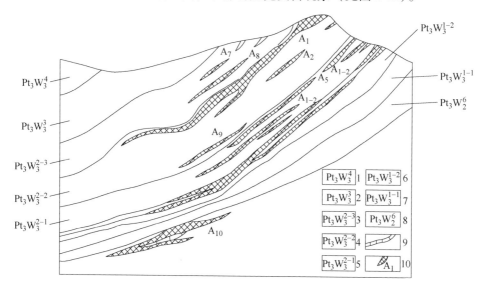

图 2-22　河南破山矿区矿体分布剖面示意图
（据河南省地矿局五队）

1—上元古界歪头山组上部第四岩性段；2—上元古界歪头山组上部第三岩性段；3—上元古歪头山组上部第二岩性段第三层；4—上元古界歪头山组上部第二岩性段第二层；5—上元古界歪头山组上部第二岩性段第一层；6—上元古界歪头山组上部第一岩性段第二层；7—上元古界歪头山组上部第一岩性段第一层；8—上元古界歪头山组中部第六岩性段；9—云煌岩脉；10—银矿体及编号

2.2.7 岩浆岩型

2.2.7.1 矿床的含银性

岩浆岩型伴生银矿，以硫化铜镍矿床为代表，矿床银品位低，属于含银矿床。我国岩浆岩型硫化铜镍矿含银 0.4~12.27g/t，12 个矿区平均 2.0g/t；含金 0.07~1.43g/t，平均 0.4g/t。各矿区不同类型岩石、矿石 Ni、Cu、Ag、Au 含量不同（见表 2-9）。

表 2-9　中国某些岩浆岩型铜镍矿床赋矿岩石、矿石银、金含量[10,43]

矿床名称	赋矿岩石类型	矿石类型	Ni	Cu	Au	Ag	Ag 最高/10^{-9}
			%		10^{-9}		
甘肃金川	二辉-含辉橄榄岩	海绵状富矿石	2.50	1.10	200	3200	6100
	纯橄岩	浸染状贫矿石	0.56	0.34	100	2000	
吉林红旗岭	橄榄岩、橄辉岩	海绵状矿石	0.70	0.20	470	800	
四川力马河	橄榄岩	陨铁状矿石	2.80	1.50	300	700	
		浸染状矿石	2.10	1.01	100		
内蒙古黄花滩	变辉长岩	块状矿石	3.52	3.78	1400	6600	20700
		浸染状矿石	0.22	1.22	200	2400	
内蒙古小南山	变辉长岩	底部层状矿石	0.746	0.564	130	1360※	
吉林赤柏松	含长一辉石橄榄岩	浸染状矿石	0.50	0.30	70	3500	
四川杨柳坪	二辉橄榄岩	浸染状矿石	0.50	0.20	200	900	33000
云南朱布	橄榄岩、辉石岩	浸染状矿石	0.30	0.20	120	2040	
云南白马寨	橄榄岩、辉石岩	浸染状矿石	1.23	0.75	200	2400	
四川核桃树	单辉橄榄岩、辉石岩	浸染状矿石	0.57	0.61	860	1200	
陕西煎茶岭	蚀变斜长橄榄岩	富矿石	1.50	0.060	200	2000	3000
	纯橄榄岩	贫矿石	0.50	0.044	100	400	
新疆喀拉通克	橄榄苏长岩、辉长岩	浸染状富矿石	1.38	2.01	297	12270	163600
	辉绿辉长岩	浸染状贫矿石	0.37	0.56	150	3400	

注：※为矿区品位。

岩浆岩型硫化铜镍矿床，矿石的银含量低于其他伴生银矿类型。矿石中银与金的含量类似，都比较分散。如甘肃金川铜镍矿，含 Ag 3~4g/t，Au 0.2~0.25g/t；基性-超基性岩体中非矿化岩石的含辉橄榄岩，含 Ag 为 0.15~0.25g/t，Au 0.024~0.030g/t；纯橄榄岩中 Ag 为 0.024~2.0g/t，Au 0.010g/t。新疆喀拉通克铜镍矿，含 Ag 5.2g/t。矿区中银含量低但并不均匀，最高和最低之差为几倍至几十倍。又如内蒙古黄花滩，含 Ag 2.4~6.6g/t，最高 20.7g/t，Au 0.2~1.4g/t；四川杨柳坪，含 Ag 0.9g/t，最高 33.0g/t，Au 0.2g/t；陕西煎茶岭，含 Ag 0.4~2.0g/t，最高 3g/t，Au 0.1~0.2g/t；云南朱布，含 Ag 2.04g/t，Au 0.12g/t。

2.2.7.2　矿体与银矿化

矿床中银品位变化趋势：（1）氧化矿体大于硫化矿体；（2）交代型矿体大于超基性岩矿体；（3）富铜镍矿石大于贫铜镍矿石，贫矿石大于表外矿石；（4）矿石中铜镍比值大于 1 时，银含量有所增高。

如新疆喀拉通克铜镍矿床，银与金含量在矿区中的不同地段和不同的矿体中有明显差异：（1）在矿体膨大的 24~32 线，银金富集程度最高；（2）银金主要富集于特富铜镍矿体中，特别是富镍高铜块状特富矿体含 Ag 银最高，可达 139.57g/t，含 Au 5.38g/t；致密块状特富铜镍矿体 Ag、Au 含量急剧下降，Ag 仅 18.14g/t，Au 为 0.48g/t；而富铜贫镍矿体中 Ag 含量更低，为 12.9g/t，含 Au 0.21g/t；贫铜贫镍矿体 Ag 含量最低，为 5.2g/t，Au 含量仅 0.09g/t。（3）各种矿体的银、金含量随着铜含量，即黄铜矿含量的变化而变化：富镍高铜块状特富矿体含 Cu 20%~25%，含黄铜矿 30%~50%，而贫铜贫镍矿体含 Cu 仅 0.54%，黄铜矿 3%~5%，前者 Ag、Au 含量分别是后者的 27 倍和 60 倍（见表 2-10）[40]。

表 2-10 新疆喀拉通克铜镍矿床各种矿体银等元素含量

组分含量＼矿体	富镍高铜块状特富矿体	致密块状特富铜镍矿体	富铜贫镍矿体	贫铜贫镍矿体
Ag/g·t^{-1}	139.57	18.14	12.9	5.2
Au/g·t^{-1}	5.38	0.48	0.21	0.09
Cu/%	20~25	6.11	1.40	0.54
黄铜矿/%	30~50	20~30	5~15	3~5
Cu/Ni	10.5:1	1.73:1	1.70:1	1.34:1

注：据新疆地质矿产局第四地质大队，1988 年资料整理。

显然，矿体中银、金含量最高的是富镍高铜块状特富矿体，其次是致密块状特富铜镍矿体，而富铜贫镍矿体、贫铜贫镍矿体的银、金含量显著降低。即矿体中银、金含量随着 Cu 含量的降低（黄铜矿的减少）而降低。

矿体的 Cu/Ni 比值与 Ag 含量的变化：Cu/Ni 为 1.34:1 时，矿体含 Ag 5.2g/t；当 Cu/Ni 为 1.70:1 时，Ag 12.9g/t；Cu/Ni 为 1.73:1 时，Ag 18.14g/t；当 Cu/Ni 为 10.5:1 时，Ag 139.57g/t。矿体中 Au 含量的变化与 Ag 类似。说明矿体中 Ag、Au 含量随着铜矿化的增强而增高。

2.2.7.3 矿体产状与银矿化

基性-超基性岩型矿体常产于岩体中下部或底部，甚至有的整个岩体就是矿体。大多数矿体受岩体形态的控制，多呈似层状或透镜状、似盘状、岩墙状、不规则的扁豆状、囊状和脉状。在不同的矿床中，往往还出现数量不等的由硫化物组成的块状矿石，成为一种重要的铜镍矿体，产于含矿岩体中，或贯入岩体上下盘的围岩中[43]。岩浆岩型铜镍含银矿床，银形成于岩浆熔离作用后期和较晚的热液期。银富集在岩体的膨胀部位。矿体垂向上，银品位自下而上由低变高。

矿体中银（金）富集部位主要有：（1）矿体底盘形成下凹的底槽地段；（2）矿体岩石厚度膨大地段；（3）邻近或接触交代型矿体的地段；（4）晚期热液活

动发育使铜矿化显著增加的地段；（5）矿体底盘边部，有石英脉分布的近矿围岩地段。

2.2.7.4　矿石与银矿化

不同类型的矿石，银等金属元素含量有明显差异（见表 2-11）。

表 2-11　新疆喀拉通克铜镍矿床各种矿石银等金属含量[10]

矿石类型		元素含量/%									
		Cu	Ni	Co	S	Au	Ag	Pt	Pd	Se	Te
富镍高铜致密块状矿石		16.42	1.82	0.033	30.60	10.09	163.60	0.70	0.92	0.017	0.0057
致密块状铜镍矿石		4.09	3.93	0.099	32.08	0.22	18.02	0.23	0.196	0.0065	0.0016
富铜贫镍矿石	稠密浸染状	2.01	1.38	0.044	10.36	0.297	12.27	0.15	0.26	0.0019	—
	中等浸染状	1.84	1.21	0.041	10.72	0.30	19.13	0.14	0.18	0.0049	0.0008
	细脉浸染状	3.91	1.15	0.038	10.88	2.81	103.80	2.26	0.46	0.0063	0.0064
稀疏浸染贫铜贫镍矿石		0.56	0.37	0.028	2.80	0.15	3.40	0.049	0.12	0.0006	0.0002

注：Au、Ag、Pt、Pd 单位为 g/t。

受热液成矿作用影响明显的富镍高铜致密块状矿石，铜、镍矿化强烈，银、金与铂族元素、稀散元素含量最高；岩浆晚期深部熔离贯入形成的致密块状铜镍矿石，镍、钴、硫元素含量最高；熔离成矿与热液交代叠加形成的中等-稠密浸染状矿石，含 Cu 1.84%～2.01%，Ni 1.21%～1.38%，属于富铜贫镍矿石，银、金、铂、钯、硒、碲含量中等；成矿的晚期热液活动发育形成的细脉浸染状矿石，Cu 含量 3.91%，略低于致密块状矿石，而银、金、钯含量仅低于富镍高铜致密块状矿石，达到 103.80g/t、2.81g/t、0.46g/t，而 Pt 和 Te 含量最高；熔离成矿形成的贫铜贫镍矿石，未受热液等作用影响，各种金属矿化最弱，银、金等含量最低。

2.2.7.5　银与主金属的关系

如上所述，矿体的银含量与铜有更密切的关系，即矿体中银、金含量随铜含量的降低（黄铜矿的减少）而降低，随着 Cu/Ni 比值的增高而增加。

矿物组合为黄铜矿（方黄铜矿）-黄铁矿（磁黄铁矿）-磁铁矿，并以黄铜矿（方黄铜矿）为主，银含量较高。银与铜、铅、硫相关性显著，银与金也有较明显的相关，而金与铁、铜密切相关。

从新疆喀拉通克铜镍矿各类型矿石元素含量可以看出，随着铜含量增高，矿石中的银与金、铂、钯、硒、碲均有增高。对于富铜贫镍的细脉浸染状矿石，随着铜含量的增高，银、金、铂和钯较富集，仅低于富镍高铜致密块状矿石，甚至硒、碲也有所升高。当镍含量增高时，钴、硫矿化有所增强。显然，矿石中银与金、铂、钯、硒、碲为正相关，镍与钴为正相关。总之，银与金、铂、钯一起，随铜矿的富集而富集；高铜矿石银的含量最高，并形成许多独立的银矿物，如银金矿、碲银矿、碲金银矿、银碲铋钯矿、银碲钯矿等[10,44]。

2.2.8 铁锰帽型

2.2.8.1 铁锰帽型伴生银矿的成矿条件

铁锰帽型银矿银的富集程度，既取决于铅、锌、铜、铁、砷等原生有色金属矿的含银性，也受区域地理地貌、气候、地下循环水系性质、表生地球化学作用特征、次生富集作用的深度与强度的综合影响。对于区内地势陡峻，高山深谷落差大，特别是那些处于运动上升的造山带构造环境，矿床易遭受地表水的侵蚀，侵蚀愈久，氧化作用愈久，矿床氧化愈完全（受切割的速度应远小于受侵蚀的速度），更易于形成发育成熟的矿床次生富集带乃至氧化带，如位于滇东北的会泽矿山厂矿区，氧化带深达 800 余米（见图 2-23）。

通常热而干燥的气候次生硫化富集带较发育，热而潮湿的气候淋蚀作用剧烈，氧化带发育。矿床次生富集带和氧化带的发育程度，还取决于围岩性质、矿体产状、矿物成分与矿石结构构造特征。

矿体上部围岩是透水性好，成分复杂的脉岩、斑岩、火山沉积岩、杂砂岩类，是形成氧化矿的有利条件，如个旧竹林-竹叶山矿区的氧化矿。在地势相对平缓，风化产物易于保留，可使氧化分解作用在构造的配合下向纵深发展，并形成形态稳定规模较大的风化壳矿产，在长江中下游就分布有十余个铁锰帽型银（金）矿。

例如河北相广锰银矿，围岩是渗透性较强的流纹质熔结凝灰岩、凝灰质杂砂岩及花岗斑岩。围岩蚀变主要有硅化、泥化、褐铁矿化和青盘岩化，前者与成矿关系密切（见图 2-24）。

原生矿石为细粒黄铁矿硅化泥化交代型锰银矿石，地表为褐铁矿化与锰氧化物共生的氧化矿石，局部延深可达 200m。据相广锰银矿石的 7 件硫化物铅同位素测试，组成差别较大[46,47]：其中 $^{206}Pb/^{204}Pb$ 比值为 15.985 ~ 18.289，极差 2.304；$^{207}Pb/^{204}Pb$ 比值为 14.681 ~ 16.542，极差 1.681；$^{208}Pb/^{204}Pb$ 比值为 36.139 ~ 40.122，极差 3.973；其方差分别是 0.813、0.609 和 2.966（见图 2-25）。

矿石的铅是在开放系统中演化的，经历多次放射成因铅的污染，属于 B 型铅

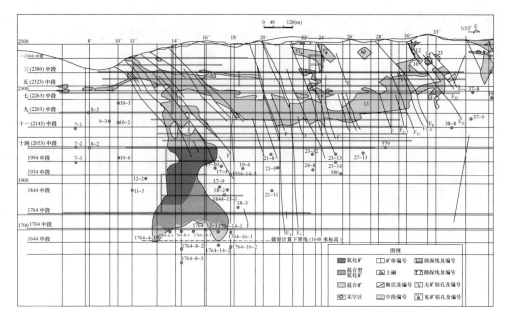

图 2-23 会泽矿山厂铅锌矿纵投影图[45]

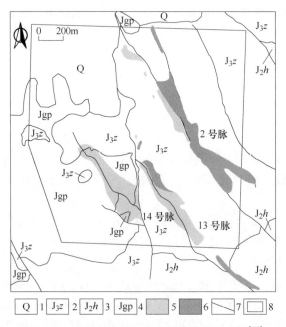

图 2-24 河北相广锰银矿床蚀变分带示意图[46]

1—第四系；2—上侏罗统张家口组；3—中侏罗统后城组；4—花岗斑岩；5—硅化-泥化-
褐铁矿化蚀变带；6—青盘岩化蚀变带；7—断层；8—矿区边界

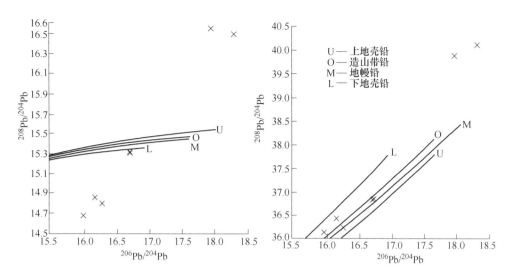

图 2-25 河北相广锰银矿床铅同位素构造模式[46]

（异常铅），其单阶段铅模式年龄（801~1378Ma）变化范围较大，且主要集中在800~1000Ma内，反映了成矿物质部分来源于矿床下伏地层，同时还有深部物质参与。围岩的火山岩、次火山岩 Mn、Ag 含量较高，Mn 平均 1729.99g/t，Ag 0.48g/t，分别是地壳的 1.3 倍和 6 倍。围岩蚀变特征及蚀变带空间分布特征均显示矿床深部存在高中温热液多金属矿床。可见，地质地理环境、构造、赋矿岩性以及深部（或附近-异位成矿）存在一定规模的热液多金属矿床，是形成厚大氧化矿的必要条件。

2.2.8.2 矿化分带与银矿化

大多数铁锰帽与原生硫化矿床关系密切，硫化矿床氧化带的矿化分带特征在一定程度上能反映这类矿床的矿化特点。自上而下可分为：氧化矿石亚带、淋滤亚带、富含氧化矿石的亚带（可有少量硫化物残留），下面位于次生硫化物带顶部。

（1）氧化矿石亚带。氧化矿石亚带，位于铁锰帽型矿体的最上部。为矿石中富含铁、锰氧化物和化学性质较稳定的铜、铅、锌氧盐类。由于大量的游离氧存在，水的酸度较高，$Fe_2(SO_4)_3$ 比较丰富，氧化作用异常强烈，不易分解的银的卤化物往往在这个带中富集。在干旱少雨地区，硫酸铁不易水解形成氢氧化铁，而常常停留在硫酸盐阶段，以黄钾铁矾存在，甚至形成以黄钾铁矾为主的铁帽，如青海锡铁山沟。这个带内，银也会在一定条件下得到富集。

（2）淋滤亚带。淋滤亚带，由于该带淋滤作用发育，大量物质被流失，是有色金属及银含量最低的部位。

（3）富含氧化矿石的亚带。富含氧化矿石的亚带，是由原生带金属氧化后随着地下流体运移，以及上部氧化矿石带中分解后渗滤的金属也往往在此聚集。当潜水面缓慢下降，地壳稳步上升时，经过长时间氧化作用而形成的。它位于次生硫化物带的氧化顶部。在该带上部，水的酸度和含氧度大大降低，自然银大量出现；在该带下部，靠近次生硫化物亚带，辉银矿、螺状硫银矿、自然银同时出现；在潜水面之下，银锑酸盐和银砷酸盐较发育，除有一部分残留的硫化物外，氧化矿石得到富集，并可直接形成富矿段。

例如，锡铁山沟北西铁锰帽型银矿的分带与银含量特征（见表2-12）。

表 2-12　青海锡铁山沟北西铁锰帽型铅锌银矿分带与银含量

氧化带类型	亚带	颜色	矿物组合	一般厚度	矿石品位/g·t⁻¹		样品数
					Au	Ag	
生成氧化带	铁锰质染色带	褐、灰、黑	铁锰质浸染	0~数米			
	菱锌矿带	棕	菱锌矿、褐铁矿，少量硬锰矿	0~数米	0.11	5.0	3
	铁锰帽带	黑、褐、黄、红	硬锰矿、纤铁矿、水赤铁矿、星叶石、副氯铜矿、石英	0~数米	0.36	38.9	5
	褐铁矿-铅铁矾带	黄	褐铁矿、铅铁矾、黄钾铁矾	0~数米	2.03	166.56	4
	白铅矿带	灰、褐	白铅矿、褐铁矿、铅矾	0~数米	1.48	200.6	10
	氧化的硫化物带	变暗的硫化物本色	方铅矿、闪锌矿、黄铁矿		0.40	126.20	4

注：据修泽雷等人，1990年。

锡铁山沟北西铁锰帽型铅锌银矿体自上而下，顶部的铁锰质染色带不含银、金；菱锌矿带的银、金含量很低，仅5.0g/t与0.11g/t；铁锰帽带，银、金含量有所增高，分别为38.9g/t与0.36g/t；而褐铁矿-铅铁矾带，银、金矿化增强，为166.56g/t与2.03g/t；白铅矿带，银含量最高，为200.6g/t，金含量1.48g/t；最底部的氧化的硫化物带，银、金矿化强度低于上述两个带，为126.20g/t与0.40g/t。说明形成铁锰帽的过程中，在中部、中深部某些矿化带，银、金得到明显富集。

2.2.8.3　矿石类型与银的分布

铁锰帽型伴生银矿的矿石种类复杂多样，银在矿石中的分布有明显的选择性。这既与银原生赋存特征有关，又与氧化过程中银的地球化学习性有关。如云南矿山厂氧化矿床各类型矿石的银含量（见表2-13，彩图5~14）。

表 2-13 云南矿山厂氧化（银）铅锌矿矿石类型与银含量

大类代号	矿物组成特点	亚类代号	矿石类型	平均含银 /g·t^{-1}	最高含银 /g·t^{-1}	矿石个数
I	以铁氧化物、氢氧化物为主	I-1	异极矿-褐铁矿矿石	2.77	12.0	44
		I-2	赤铁矿矿石	13.2	28.0	4
		I-3	黄钾铁矾矿石	2.7	9.7	6
		I-4	纤铁矾矿石	10.0	10.0	1
II	以锌氧化矿物为主	II-1	（水锌矿）-褐铁矿-异极矿矿石	1.43	14.0	32
		II-2	硅锌矿矿石	14.0	14.0	1
		II-3	（异极矿）-菱锌矿矿石	0.85	1.7	2
III	含铅氧化矿物	III-1	含白铅矿-褐铁矿矿石	35.43	52.0	7
		III-2	含白铅矿-黄钾铁矾矿石	62.0	68.0	2
IV	铅氧化矿物为次要组分	IV-1	白铅矿-褐铁矿-异极矿矿石	124.5	155.0	4
		IV-2	铅铁矾-异极矿矿石	102.0	130.0	3
		IV-3	水白铅矿-硅锌矿矿石	203.0	266.0	4
		IV-4	铅矾-黏土矿石	86.0	86.0	1
V	铅氧化矿物为主要组分	V-1	（异极矿）-白铅矿矿石	297.0	370.0	3
		V-2	钒铅矿-白铅矿矿石	256.0	256.0	1
		V-3	异极矿-硅锌矿-铅矾矿石	434.0	434.0	1
VI	残留方铅矿	VI-1	方铅矿-铅矾-异极矿-白云岩	234.5	266.0	2
		VI-2	块状方铅矿矿石	483.0	802.0	3
VII	白云石为主		白云岩	1.31	11.0	15
VIII	黏土为主		黏土岩	5.14	16.0	14

通过156件矿石的银含量分析，发现银含量的差异主要取决于矿石矿物组成，其次是矿石的结构构造。含铅氧化矿物矿石的银含量高于含锌氧化矿物和铁氧化矿物的矿石。

对于氧化带和原生带都很发育的矿床，银的垂向分带更加明显。例如，宝山西铅锌银矿，自上而下，发育有氧化矿石带→混合矿石带→原生矿石带。银矿物在各带中的分布各不相同：氧化矿石带为自然银；混合矿石带（即次生富集带）为辉银矿、螺状硫银矿、硫铜银矿；原生矿石带为硫锑铜银矿、银黝铜矿、深红银矿和硫银锡矿。显示了由原生矿石带到氧化矿石带，银矿物组分由复杂到简单，由含银较少到富含银的演化规律[10,48]。

2.2.8.4 矿物组合是判断氧化带深度的重要标志

发育完整的铁帽，可依褐铁矿矿物成分判断氧化深度，自下而上呈现：棕褐色针铁矿与水针铁矿混合物→水赤铁矿→黄色水针铁矿的分带特点。

铁锰帽分带的矿物学标志，可依据锰的价态：自下而上，锰的矿物由低价锰向高价锰过渡，出现的矿物序列依次为硬锰矿（钡硬锰矿）→偏酸锰矿→软锰矿（$\beta\text{-MnO}_2$）、水锰矿（$\gamma\text{-MnOOH}$）。实际上分带的界面是不很清楚的，但从矿物种类和含量在锰帽剖面上的变化，能够反映出它所具有的分带倾向和氧化深度。锰帽中软锰矿的大量存在，标志着深程度的氧化，并且是铁锰帽中近地表的位置。

银的卤化物出现，同样标志着深程度的氧化，并且是铁锰帽中近地表的位置。

如果铁锰帽中出现铜银的简单硫化物或氧化物以及自然元素矿物，如辉铜矿（Cu_2S）、辉银矿、螺状硫银矿（Ag_2S）、自然铜（Cu）等，其所在部位应为次生氧化富集带[10,49]。

3 有色金属伴生银矿石特征

3.1 伴生银矿石矿物组成

按照矿石成因类型，对 87 个伴生银矿区矿石矿物组成分类列出，各类型矿区矿石矿物组成及特征简述如下。

3.1.1 矿石类型与矿物组成

3.1.1.1 脉型伴生银矿石

脉型伴生银矿石矿物组成见表 3-1。

脉型铅锌伴生银矿石，主金属矿物多以方铅矿、闪锌矿、黄铁矿为主，黄铜矿、毒砂、磁黄铁矿为次；铅锌金伴生银矿石，则以黄铁矿、闪锌矿为主，黝铜矿、黝锡矿、方铅矿为次；钨锡锌伴生银矿石，以黑钨矿、锡石、铁闪锌矿为主，磁黄铁矿、黄铁矿、毒砂、磁铁矿、铅锑硫盐为次；锑伴生银矿石，以方铅矿、闪锌矿、辉锑矿为主，黄铜矿、黄铁矿、锑铋钼等硫化物为次；碲伴生金银矿石，以辉碲铋矿、磁黄铁矿、黄铜矿、黄铁矿为主，叶碲铋矿、菱铁矿、菱镁矿、钛铁矿、磁铁矿为次。

3.1.1.2 火山岩型伴生银矿石

火山岩型伴生银矿石矿物组成见表 3-2。

火山岩型铅锌伴生银矿石以方铅矿、闪锌矿、黄铁矿为主，黄铜矿、黝铜矿、铁锰碳酸盐为次；铜多金属矿伴生银矿石，则以黄铜矿、闪锌矿、黄铁矿、磁黄铁矿为主，黝铜矿、辉铜矿、毒砂为次；铜伴生银矿石，以黄铜矿、闪锌矿、黄铁矿为主，黝铜矿、磁铁矿、铜铋硫化物为次；铜锡多金属伴生银矿石，以黄铜矿、斑铜矿为主，方铅矿、闪锌矿、锡石为次；含铅锌金银矿石，以黄铁矿、黄铜矿为主，闪锌矿、方铅矿、黝铜矿、辉铜矿、斑铜矿为次或少量。

3.1.1.3 斑岩型伴生银矿石

斑岩型伴生银矿石矿物组成见表 3-3。

斑岩型铅锌伴生银矿石，以方铅矿、闪锌矿、黄铁矿为主，黄铜矿、磁黄铁矿、菱铁矿、黝铜矿为次；铜钼矿含银矿石，以黄铁矿、黄铜矿、辉钼矿为主，

表 3-1　脉型伴生银矿石矿物组分与丰度[10, 16, 23, 26, 27, 50-57]

矿区名称 \ 矿物丰度	主要	次要	少-微量	脉石矿物
辽宁高家堡子（铅锌）银矿	闪锌矿、方铅矿	黄铜矿、白铁矿、毒砂、黝铜矿	辉铜矿	石英为主，次为方解石、白云石、绢云母少量
吉林山门（铅锌金）银矿	黄铁矿	闪锌矿、方铅矿	黄铜矿、辉锑矿、蓝铜矿、铁矿、孔雀石、褐铁矿等	石英为主，次为方解石、绢云母等
河北牛圈（铅锌）金银矿	黄铁矿、闪锌矿	方铅矿、黝铜矿	黄铜矿等	石英为主，次为铁白云石、萤石、玉髓、水云母
山东十里堡（铅锌金）银矿	闪锌矿	黄铁矿	方铅矿、黄铜矿、辉铜矿、斑铜矿、白铅矿、铅矾、菱锌矿、萤石、孔雀石、褐铁矿、异极矿等	石英为主，次为绢云母、重晶石、长石、萤石、少量方解石、地开石、玉髓等
江西虎家尖（铅锌金）银矿	黄铁矿、铁闪锌矿、毒砂	方铅矿、黄铜矿、磁黄铁矿	硫锑铅矿、车轮矿、辉锑矿、菱锰矿、锡石、白钨矿、黑钨矿、菱铁矿、软锰矿、铅华、锑华、臭葱石等	石英、方解石为主，次为白云石、绢云母、绿泥石、长石、地开石等
广西望天洞（铅锌）金银矿	黄铁矿、毒砂	闪锌矿、方铅矿、褐铁矿	黄铜矿、辉铜矿	石英、绢云母、黑云母为主，次为碳酸盐、高岭石等
广东廉江（铅锌金）银矿	闪锌矿、黄铁矿	方铅矿、白铅矿	黄铜矿、黝铜矿、辉铜矿、磁铁矿、褐铁矿等	石英、长石为主，次为方解石、绿泥石、角闪石、磷灰石、石榴石、电气石等
河南铁炉坪铅锌银铅矿	方铅矿、闪锌矿、黄铁矿	黝铜矿、辉铜矿、硫锑铅矿、硫锡铅矿、砷铅矿、铅矾	黄铜矿、斑铜矿、赤铁矿、褐铁矿、水锰铝铅、菱铁矿、黑锰锰矿、水铅锰矿、孔雀石、硬锰矿、锌铁钼矿、软锰矿、锑矿等	石英、白云石为主，次为方解石、绢云母、绿泥石、少黑云母、高岭石、伊利石、角闪石、斜长石、钾长石、萤石、微量重晶石、金红石、重磷灰石、锆石、锐钛矿等

续表3-1

矿物丰度 矿区名称	主要	次要	少-微量	脉石矿物
河南龙门店(多金属)银矿	黄铁矿、方铅矿	黄铜矿、磁铁矿、褐铁矿	磁黄铁矿、孔雀石、白铅矿等	石英、方解石、长石、云母、角闪石、绿泥石等
江苏栖霞山(银)铅锌矿	方铅矿、闪锌矿、黄铁矿	磁黄铁矿、磁铁矿	黄铜矿、毒砂、黝铜矿、辉铜矿、硫锑铅矿、菱锰矿等	石英为主,次为方解石、白云石、少量长石、重晶石、萤石、滑石等
广东大尖山(银)铅锌矿	方铅矿、闪锌矿、黄铁矿	磁黄铁矿、白铁矿、毒砂	黝铜矿、辉铜矿、硫锑铅矿、磁铁矿、黝锡矿等	石英为主,次为白云石、绢云母、绿泥石、少量重晶石、高岭石、石榴石、萤石等
云南白牛厂铅锌(锡)银矿	方铅矿、闪锌矿、黄铁矿	黄铜矿、白铁矿、硫锑铅矿、脆硫锑铅矿、黝锡矿、磁铁矿、车轮矿	辉锑矿、硫铋铅矿、辉钼矿、微量黑钨铅矾、褐铁矿等	石英、方解石为主,次为白云石、高岭石、闪石、少量硅灰石、微量萤石、电气石等
内蒙古潘家沟铅锌银矿	方铅矿、黄铁矿	闪锌矿	黄铜矿、黝铜矿、斑铜矿、微量铜蓝、白铅矿、赤铜矿、纤锌矿、孔雀石等	石英为主,次为方解石、长石、萤石、少量高岭石等
广东金子窝锡铅锌银矿	方铅矿、闪锌矿、黄铁矿	磁黄铁矿、白铁矿、毒砂、锡石	黄铜矿、黝锡矿、辉砷镍矿等	方解石、白云石为主,次为石英等
湖南香花岭锡铅锌银矿	方铅矿、闪锌矿、黄铁矿	黄铜矿、磁黄铁矿、磁铁矿、毒砂	白铁矿、黝铜矿、硫锑铅矿、黝锡矿、褐铁矿、赤铁矿、车轮矿、锡石等	方解石、石榴石为主,次为石英、绢云母、绿泥石、少量符石、阳起石等

续表 3-1

矿物丰度 / 矿区名称	主要	次要	少~微量	脉石矿物
广东厚婆坳锡铅锌银矿	方铅矿、闪锌矿、黄铁矿	磁黄铁矿、毒砂、锡石、赤铁矿、白铅矿、褐铁矿	黄铜矿、白铁矿、蓝辉铜矿、斑铜矿、脆硫锑铅矿、微量辉锑矿、黝锑矿、自然铋、方黄铜矿、白钨矿等	石英为主、次为方解石、绢云母、绿泥石、萤石、黑鳞云母、锂云母、电气石、磷灰石等
广东长甫（银）锡铅锌矿	黄铁矿、锡石、方铅矿、闪锌矿	磁黄铁矿、辉钼矿、毒砂、白钨矿、磁铁矿、菱铁矿	黄铜矿、白铁矿、黝铜矿、辉铜矿、锡矿、自然铋、针铋矿等	石英为主、次为方解石、少量绢云母、白云母、绿泥石、萤石、电气石、黄玉、透辉石、磷灰石等
内蒙古双尖子山多金属银矿	方铅矿、闪锌矿	黄铁矿	锡石、黑钨矿	石英为主、方解石少量
广东银岩坑锡钨银锡多金属矿	黑钨矿、白钨矿、锡石、闪锌矿、方铅矿、黄铁矿	黄铜矿、毒砂	磁黄铁矿、辉钼矿、辉铋矿、白铁矿、方黄铜矿等	石英为主、次为黄玉、黑鳞云母、萤石、绿柱石、绢云母、磷灰石等
广西镇龙山（铅锌）锑银矿	方铅矿、闪锌矿	黄铜矿、黄铁矿、辉锑矿、磁铁矿	硫铋铅矿、辉钼矿、自然铋、白铁矿、毒砂、孔雀石等	石英为主、次为方解石、绿泥石、少量电气石、重晶石、绢云母、微量锑灰石等
四川大水沟（金银）碲矿	辉碲铋矿、磁黄铁矿、黄铁矿、黄铜矿	叶碲铋矿、菱铁矿、菱铁矿、磁铁矿、赤铁矿、褐铁矿、自然金、钛铁矿、镜铁矿	方铅矿、闪锌矿、碲铋矿、硫碲铋矿、碲金矿、次生碲华、铋华、软碲铜矿等	（铁）白云石、石英为主、次为（铁）方解石、角闪石、绿泥石、斜长石、钾长石、少量白云母、黑云母、绢云母、电气石、石榴石、磷灰石、绿帘石、金红石等

表 3-2 火山岩型伴生银矿石矿物组分与丰度[10, 18, 31, 32, 34-37, 52, 58]

矿区名称 \ 矿物丰度	主要	次要	少—微量	脉石矿物
山西支家地铅锌银矿	方铅矿、闪锌矿、黄铜矿、黝铜矿	黄铜矿	菱锰矿、斑铜矿、蓝辉铜矿、硬锰矿、硫铜矿等、微量铁	石英为主，次为绢云母、绿泥石、少量高岭石、叶蜡石、金红石等
内蒙古长汉卜罗（银）铅锌矿	闪锌矿、方铅矿、黄铜矿、黄铁矿	毒砂、磁铁矿、碲铋矿、铁锑黝铜矿、砷锑黝铜矿、锌砷黝铜矿	锑铅辉铋矿、柱辉铋铅矿、车轮矿、针铁矿等	石英、长石、绢云母为主，高岭石次之，萤石、金红石少量
浙江大岭口银铅锌矿	方铅矿、闪锌矿、黄铁矿	黄铜矿、白铁矿、菱锰矿、铅矾、褐铁矿	毒砂、赤铁矿、斑铜矿、辉钼矿、磁铁矿、铜蓝、微量磁铁矿、硬锰矿、铁锰矿	石英、（白）泥石、长石、绢云母为主，次为绿泥石、萤石、少量方解石、重晶石、高岭石、玉髓、微量磷灰石、金红石等
青海锡铁山（银）铅锌矿	方铅矿、闪锌矿、黄铁矿	胶黄铁矿、毒砂、铅砷黝铜矿、菱锰矿、白铁矿	黄铜矿、铜蓝、斑铜矿、白钨矿、锡石、微量铬铁矿、黄、赤铁矿、偶见硫锰矿等	白云石、方解石为主，次为石英、长石、石膏、绢云母、高岭石、菱镁矿、金红石等
江西银山 铅锌银矿	方铅矿、闪锌矿、黄铁矿	黄铁矿、黝铜矿、砷黝铜矿、菱铁矿	胶黄铁矿、磁黄铁矿、板钛矿、赤铁矿、白铁矿、脆硫铜蓝、铜蓝、微量褐铁矿、车轮矿等	石英、绿泥石为主，次为方解石、重晶石、铁白云石、少量绢云母（白）、迪开石、磷灰石等
江西银山 （银）铜铜硫金矿	黄铁矿、黄铜矿	方铅矿、闪锌矿、砷黝铜矿、硫砷铜矿、黑钨矿、菱铁矿	铜蓝、斑铜矿、硫铜铋矿、硫砷铜矿、自然铋、辉锑铋矿、硫铋铜矿、硫铜铋矿、针碲金矿、碲铋金矿等	石英、绢云母、铁方解石为主，次为绿泥石、高岭石、少量石榴石、磷灰石、金红石、锆石等
江西银山 （银）铜铅锌矿	黄铁矿、黄铜矿、闪锌矿、方铅矿	硫砷铜矿、砷铜矿、黝铜矿、菱铁矿	毒砂、白铁矿、斑铜矿、车轮矿、水磷铝矿、钛铁矿、铋铅矿等	石英、绢云母为主，次为绿泥石、方解石、少量重晶石等

续表3-2

矿物丰度　矿区名称	主要	次要	少-微量	脉石矿物
云南澜沧老厂银铜铅锌矿	方铅矿、黄铜矿、磁黄铁矿	铁闪锌矿、黝铜矿、白铁矿、方黄铜矿	车轮矿、硫锑铅矿、砷黝铜矿、雄黄、水铝硫矿、板铁矾、铅铁矾、铜蓝、黄铁矾等	石英、方解石、白云石、长石为主、绿泥石、萤石、黏土等
四川呷村铜铅锌银矿	闪锌矿、黄铁矿	黝铜矿	磁黄铁矿、斑铜矿、硫砷铜矿、蓝辉铜矿、斜辉锑铅矿等	重晶石为主、次为绢云母、(钡)冰长石、少量方解石、绿泥石、高岭石
甘肃小铁山银多金属矿	方铅矿、闪锌矿、黄铁矿	白铁矿、毒砂、黝铜矿、辉铜矿、斑铜矿、铜蓝、铅矾、磁铁矿	磁黄铁矿、脆硫锑铅矿、硫砷铜矿、菱锌矿等	石英、绢云母、次为方解石、白云石、重晶石、玉髓、高岭石等
辽宁红透山(银)锌铜矿	黄铜矿、黄铁矿	铁闪锌矿、磁黄铜矿、黝铜矿、白铁矿、胶黄铁矿	方铅矿、辉铜矿、铜蓝、锡石、赤铁矿、菱锌矿、自然铜等	石英为主、次为长石、黑云母、砂线石、少量铁绿泥石、方解石、榴石、辉石等
浙江裘菜含银铜矿	黄铜矿、闪锌矿、黄铁矿	磁铁矿	赤铁矿等	石英为主、次为绢云母、重晶石等
江西枫林含银铜矿	黄铁矿、胶黄铁矿、黄铜矿	斑铜矿、白铁矿、黝铜矿、辉铋矿、硫铋铜矿	毒砂、辉铜矿、钨铋矿、墨铜矿、自然铋、磁黄铁矿、赤铁矿、针铁矿、自然铜等	石英为主、次为方解石、铁白云石等
内蒙古孛山林场铜银锡铅多金属矿	黄铜矿、斑铜矿	黄铜矿、闪锌矿、锡石	褐铁矿、次生白铅矿、孔雀石、异极矿、赤铜矿、黄钾铁矾、蓝铜矿等	石英、绿泥石、高岭石、叶蜡石、少量萤石等
湖北银洞沟(铅锌)银金矿	方铅矿、闪锌矿、黄铁矿、黄铜矿	黝铜矿、锌黝铜矿	锌砷黝铜矿、辉铜矿、褐锡铜、异极铜、自然铜、铅矾、水砷铜矾、黄钾铁矾、磷氯铅矿等	石英为主、次为白云石、少量微晶灰岩、金红石、石榴石、白铁矿、绿泥石、方解石、钠长石、金云母、萤石、重晶石等

表 3-3 斑岩型伴生银矿石矿物组分与丰度[10, 26, 28, 29, 59-61, 63]

矿物丰度/矿区名称	丰富	常见	少见	脉石矿物
江西冷水坑铅锌银矿	方铅矿、闪锌矿、黄铁矿	黄铜矿、毒砂、磁黄铁矿、褐铁矿	斑铜矿、黝铜矿等	绢云母、绿泥石、钾长石、铁锰碳酸盐为主，次为方解石、铁白云石、叶蜡石等
内蒙古拜仁达坝铅锌银矿	方铅矿、铁闪锌矿、黄铁矿、磁铁矿	黄铜矿、黝铜矿、砷黝铜矿、硫砷铜矿、菱铁矿	毒砂、辉锑矿、硫锑铅矿等	白云石、绿帘石、石英、绢云母、萤石、阳起石、白云母为主，少量榍石、重晶石等
内蒙古甲乌拉查干布拉根铅锌银矿	黄铁矿、方铅矿、闪锌矿、黄铜矿	硫砷铜矿、黝铜矿、菱铁矿	斑铜矿、黝铜矿、车轮矿等	石英为主，次为绢云母、绿泥石、少量玉髓、方解石、重晶石等
广东莲花山钨铜银矿	黑钨矿、白钨矿、锡石、镜铁矿、辉钼矿	磁黄铁矿、黄铁矿、毒砂、方铅矿、闪锌矿、黄铜矿、斜方砷钴矿、砷铁矿	辉铋矿、辉钴矿、圆柱锡矿、硫硒铋矿、赫黄铋矿、自然铋等	绢云母、石榴石、绿柱石、方解石、电气石、黑云母、红柱石、石英、萤石、赛黄晶等
江西富家坞铜钼矿	黄铁矿、黄铜矿、辉钼矿	方铅矿、闪锌矿、斑铜矿	镜铁矿、赤铁矿、磁铁矿、磁黄铁矿、砷黝铜矿、硫钴矿、辉砷镍矿等	钾长石、石英、绢云母、水白云母、伊利石、绿泥石、绿帘石、辉石等
吉林小西南岔金铜银矿	黄铜矿、黄铁矿、磁黄铁矿	毒砂、辉铋矿、闪锌矿、方铅矿、泡铜矿	斜方硫铅铋矿、褐铁矿、碲铋矿、黄铜铋矿、自然铋、孔雀石、铜蓝、臭葱石、黄铜铁矿等	石英、方解石、绿泥石、绢云母、黑云母等
湖南宝山含银铜钼矿	黄铜矿、黄铁矿、方铅矿、白铁矿	赤铁矿、闪锌矿、黝铜矿、黝铜铜矿	辉钼矿、磁黄铁矿、毒砂、车轮矿、斑铜矿少量、蓝辉铜矿、辉碲铋矿微量	长石、石英、绢云母、绿泥石、石榴石、方解石、绿帘石、透闪石、萤石等

磁黄铁矿、闪锌矿、斑铜矿为次；钨伴生银矿石，以黑钨矿、白钨矿、锡石、辉钼矿为主，黄铜矿、磁黄铁矿、毒砂为次；含银金铜矿石，以黄铜矿、黄铁矿、磁黄铁矿为主，毒砂、辉钼矿、闪锌矿、方铅矿为次。

3.1.1.4　矽卡岩型伴生银矿石

矽卡岩型伴生银矿石矿物组成见表 3-4。

矽卡岩型铅锌伴生银矿石，除以方铅矿、闪锌矿为主之外，黄铁矿、磁黄铁矿各占一半，显然磁黄铁矿含量高于前述矿石类型。黄铜矿、磁铁矿、黝铜矿及黝锡矿为次，有的矿区有一定量的白钨矿；铜多金属伴生银矿，以黄铜矿、黄铁矿、闪锌矿、磁铁矿为主，方铅矿、磁黄铁矿、黝铜矿、钼铋硫化物及铅铋硫盐为次；锌铜锡矿伴生银矿石，以闪锌矿、锡石、黄铜矿、黄铁矿为主，毒砂、磁黄铁矿为次；锡多金属矿伴生银矿石，以方铅矿、铁闪锌矿、磁黄铁矿为主，毒砂、黄铜矿、磁铁矿为次，黝锡矿、自然铋、铅锑铋硫化物及硫盐少量；铁多金属伴生银矿石，以方铅矿、闪锌矿、黄铜矿、磁铁矿为主，磁黄铁矿、斑铜矿、毒砂、白钨矿、锡石为次；铜金伴生银矿石，以黄铁矿、黄铜矿、菱铁矿、磁铁矿为主，胶黄铁矿、胶黄铜矿、白铁矿、斑铜矿为次，自然铜、自然铋、红硒铜矿、辉硒铜矿有少量产出。

3.1.1.5　沉积岩型伴生银矿石

沉积岩型伴生银矿石矿物组成见表 3-5。

沉积岩型铅锌伴生银矿石的金属矿物，以方铅矿、闪锌矿、黄铁矿为主，黄铜矿、白铁矿、毒砂、黝铜矿为次或少量，部分矿区含少-微量磁黄铁矿、锑铅硫化物与硫盐等；砂岩型铜伴生银矿石，以黄铁矿、黄铜矿或辉铜矿为主，闪锌矿、斑铜矿为次，部分矿区有富硒矿物硒化物与硒酸盐产出。钒伴生银矿石，以黄铁矿为主，白铁矿为次，脉石矿物以黏土矿物、白云石为主，含钒水云母、石英为次。

3.1.1.6　变质岩型伴生银矿石

变质岩型伴生银矿石矿物组成见表 3-6。

变质岩型伴生铅锌银矿石，多以闪锌矿、黄铁矿为主，方铅矿、黄铜矿、磁黄铁矿为次；铜矿伴生银矿石，以黄铜矿、闪锌矿、黄铁矿为主，黝铜矿、辉铜矿、斑铜矿为次；铜钨伴生银矿石，以黄铁矿、黄铜矿、胶黄铁矿为主，磁黄铁矿、黑钨矿、白钨矿、方铅矿、闪锌矿为次；含铅锌金银矿石，以黄铁矿为主，方铅矿、闪锌矿、黄铜矿、菱锰矿为次。

3.1.1.7　岩浆岩型含银矿石

岩浆岩型铜镍含银矿石矿物组成见表 3-7。

表 3-4　矽卡岩型伴生银矿石矿物组分与丰度[10, 14, 15, 21, 22, 26, 38, 64~74]

矿区名称	矿物丰度			
	主要	次要	少-微量	脉石矿物
湖南铜山岭含银铜多金属矿	方铅矿、闪锌矿、黄铜矿	磁黄铁矿、毒砂、黝铜矿、砷黝铜矿、硫铋铅矿	辉铋矿、辉钼矿、白钨矿、磁铁矿、铜蓝	石英、方解石、石榴石、透辉石为主，次为硅灰石、阳起石、长石、符山石、绿泥石等
江西城门山含银铜硫铁矿	黄铜矿、黄铁矿、闪锌矿、磁铁矿	方铅矿、辉钼矿、砷黝铜矿、辉铋矿	赤铁矿、磁黄铁矿、褐铁矿、菱铁矿等	石英、长石、方解石、绢云母、石榴石、磷灰石等
安徽鸡冠石（铜金）铅锌银矿	方铅矿、闪锌矿、黄铁矿、黝铜矿	黄铜矿、砷黝铜矿、毒砂、白钨矿、菱铁矿等	辉钼矿、碲铋铅矿、黝锡矿等	石英、方解石、绢云母、石榴石、透辉石、透闪石等
内蒙白音诺（银）铅锌矿	方铅矿、闪锌矿、磁黄铁矿	黄铜矿、砷黝铜矿、蓝铜矿、白铁矿、毒砂、磁铁矿	斑铜矿、黝铜矿、铅铋硫盐、硫铋锡铜矿、自然铋、红砷镍矿、白铁矿等	石榴石、绿帘石、透辉石、钙铁榴石、钠黝帘石、符山石、石英、黑柱石、硅灰石、锰钙辉石、方解石、透闪石等
江西宝山银钨铅锌矿	方铅矿、闪锌矿、磁黄铁矿	黄铜矿、黄铁矿	黝铜矿、毒砂、辉铋矿等	石英、方解石、透辉石、透闪石、萤石等
广西佛子冲（银）铅锌矿	方铅矿、闪锌矿、黄铁矿、磁黄铁矿	黄铁矿	黄铜矿、白铁矿、菱铁矿、铜蓝等	透辉石、钙铁辉石、阳起石、绿泥石、石英、方解石为主，石榴石、萤石少量
湖南黄沙坪（银）铅锌矿	方铅矿、铁闪锌矿、黄铁矿	磁黄铁矿、白铁矿、毒砂、磁铁矿、褐铁矿、赤铁矿等	黄铜矿、黝锡矿、黝铜矿、砷黝铜矿、锡石、辉铋矿、自然铋、白钨矿、黑钨矿、菱锰矿、软锰矿、硬锰矿、菱锌矿、铁明矾、水绿矾等	石榴石、透辉石、钙铁辉石、石英、萤石、阳起石、绿泥石、方解石、白云石、重晶石、长石、绢云母、滑石、绿帘石、斜黝帘石、角闪石、石膏等

续表 3-4

矿区名称 \ 矿物丰度	主　要	次　要	少·微量	脉石矿物
湖南水口山（银）铅锌矿	方铅矿、闪锌矿、黄铁矿	黄铜矿、磁铁矿、白铁矿、黝铜矿、砷黝铜矿、毒砂、斑铜矿、赤铁矿	硫锑铅矿、白钨矿、异极矿、辰砂、沥青铀矿物针铁矿、辉铜矿、蓝铜矿、白铅矿、菱锌矿、硫镉矿、软锰矿等、辉铋矿、纤锌矿、铜蓝、孔雀石等	方解石、石英为主，次为萤石、辉石、石榴石、硅灰石、清灰石、石膏等，少量重晶石髓
湖南康家湾（银、金）铅锌矿	方铅矿、闪锌矿、黄铁矿	黄铜矿、毒砂、辉铜矿、斑铜矿	磁黄铁矿、白铁矿、车轮矿、硒铅矿、黝锡矿、辉砷镍矿等、磁铁矿、铝矾、菱锌矿等	石英为主，次为方解石、绢云母、绿泥石、萤石
辽宁八家子铅锌银矿	方铅矿、闪锌矿、磁黄铁矿、黝铜矿	黄铜矿、磁铁矿	毒砂、白铁矿、锰菱铁矿、铁菱锰矿、辉钼矿、白钨矿、硫等	绿泥石、透闪石为主，次为石榴石、钙铁辉石、石英、重晶石、橄榄石等、少量白云石
甘肃安西花牛山铅锌银矿	方铅矿、闪锌矿	黄铁矿、白铁矿	黄铜矿、毒砂、硫锑铅矿、硫锑铜铅矿、灰硫锑铅矿	方解石、石英为主，次为透辉石、钙铁辉石、透闪石、绢云母等
广东大麦山（银）铜铅锌矿	方铅矿、闪锌矿、黄铜矿	黄铁矿、磁黄铁矿、毒砂、白铁矿	黝铜矿、黝锡矿、白铅矿、褐铁矿、磁铁矿、车轮矿、软锰矿等	石英、方解石、矽卡岩矿物等
湖南柿竹园（银）锡多金属矿	方铅矿、闪锌矿、铁闪锌矿、磁黄铁矿	黄铁矿、黄铜矿、毒砂、磁铁矿	黝铜矿、黝锡矿、斑铜矿、赤铁矿、褐铁矿、方黄铜矿、硫锑铜铅矿、脆硫锑铅矿、锡石、辉铋矿、自然铋等	石英、方解石、萤石为主，次为白云母、绢云母、石榴石、钙铁辉石、绿泥石、斜长石、透辉石、少量绿帘石、透闪石、葡萄石等

续表3-4

矿区名称	矿物丰度	主要	次要	少微量	脉石矿物
广西大厂（银）锌铜锡矿	铜坑	闪锌矿、黄铁矿	磁黄铁矿、黄铜矿、白铁矿、毒砂、脆硫锑铅矿、锡石	方铅矿、黝铜矿、硫锑铅矿、辉铋矿、黝锡矿、自然铋、辉砷镍矿等	石英、方解石、（钠）冰长石为主，次为白云石、电气石、少量长石、磷灰石等
	92号	闪锌矿、黄铁矿	毒砂、锡石	方铅矿、黄铜矿、磁黄铁矿、白铁矿、菱铁矿、车轮矿、辉砷镍矿等	石英、方解石为主，少量重晶石、电气石、长石、萤石、磷灰石、金红石等
	100号	方铅矿、闪锌矿、黄铁矿	黄铜矿、白铁矿、毒砂、菱铁矿	黄铜矿、辉铜矿、蓝辉铜矿、铜蓝、黝铜矿、黝锡矿、车轮矿、微量黝铜铋、自然铋、赤铁矿、辉钴矿等	绢云母、绿泥石为主，次为方解石、少量萤石等
江西永平（银）钨铜矿		黄铜矿、黄铁矿、胶黄铁矿	磁黄铁矿、方铅矿、黑钨矿、闪锌矿、白钨矿、黝铜矿、辉铜矿	斑铜矿、辉钼矿等	石英、方解石为主，次为透辉石、钙铁榴石、绿泥石、绿帘石、石榴石、阳起石、硬石膏等
黑龙江二股西山银铅多金属矿		方铅矿、闪锌矿、黄铜矿、磁铁矿	磁黄铁矿、毒砂、辉钼矿、白钨矿、锡石、蓝辉铜、孔雀石、褐铁矿	黄铁矿、白铁矿、黝铜矿、赤铁矿、软锰矿、水锌矿、铅华、白铅矿等	方解石、白云石为主，次为石英、透闪石、绢云母、黑云母、橄榄石、水镁石、符山石、帘石、少量石棉、方佛石等
西藏昌青多金属银矿		方铅矿、闪锌矿、黄铜矿、白铅矿	镜铁矿、褐铁矿、磁铁矿	水锌矿、铅铁矾、车轮矿、辉铋铅矿、砷铋铅铜、铋华、自然铜等	石榴石为主，石英为次，绿泥石、高岭石、滑石、白云石、伊利石、硅灰石、透闪石、绿帘石、石膏、斜长石、绿云母、钾长石、绢云母、黑云母、少量磷灰石、金红石等微量
湖北鸡冠咀含银铜金矿		黄铜矿、黄铁矿、菱铁矿、磁铁矿	胶黄铁矿、白铁矿、斑铜矿、辉铜矿、蓝闪锌矿、褐铁矿	赤铁矿、碲铋矿、辉硒铋矿、黝铜矿、辉碲铜、方钴矿、辉铋矿、黝铜铋、辉硒铜、赤黄铜矿、硒铅铋、自然铜、叶碲铋矿、硫铜铅铋、红硒铜、方黄铜矿、孔雀石等	方解石、石英为主，次为绢云母、白云石、石榴石、金云母、绿帘石、透闪石、水云母、萤石、高岭石、蒙脱石、绿泥石、少量阳起石、帘石、锆石、绢石、金红石等

表 3-5　沉积岩型伴生银矿石矿物组分与丰度[4,10,75-81]

矿区名称	主要	次要	少-微量	脉石矿物
广东凡口银铅锌矿	方铅矿、闪锌矿、黄铁矿	黄铜矿、毒砂、车轮矿、菱铁矿	磁黄铁矿、白铁矿、辉锑矿、硫铅铋矿、脆硫锑铅矿、辰砂、辉铜矿、褐铁矿等	方解石、白云石、石英、重晶石、电气石、铅石、硬石膏、萤石、泥质等
四川天宝山铅锌矿（银）	闪锌矿、方铅矿、黄铁矿	黄铜矿、毒砂	磁铁矿、褐铁矿、微量铜蓝等	方解石、白云石、石英等
云南麒麟厂铅锌矿（银）	方铅矿、闪锌矿、黄铁矿	黄铜矿、白铁矿、毒砂、硫锑铅矿	辉锑矿、板硫锑铅矿、自然铋、灰铜矿、黝铜矿、菱铁矿、磁黄铁矿等、偶见铜蓝等	方解石为主、少量白云石、石英、微量透闪石、泥质等
甘肃厂坝-李家沟含银铅锌矿	方铅矿、闪锌矿、黄铁矿	磁黄铁矿、白铁矿、毒砂	灰硫砷铝矿、黝铜矿等	石英、方解石、重晶石等
甘肃邓家山含银铅锌矿	闪锌矿、方铅矿	黄铁矿、白铁矿、黄铜矿	毒砂、黝铜矿、硫锑铅矿、硫砷铜矿、车轮矿、辉砷镍矿等	石英、方解石为主、（铁）白云石、绢云母为次、绿泥石、高岭石、钠长石、电气石少-微量
陕西铅硐山铅锌矿（银）	闪锌矿、方铅矿	黄铁矿、毒砂、黝铜矿	辉硫锑铅矿	铁白云石、石英、绢云母、钠长石、方解石、绿泥石、叶蜡石、碧玉等
陕西银洞子银铅多金属矿	方铅矿、闪锌矿	黄铁矿、毒砂、磁铁矿	磁黄铁矿、黝铜矿等	重晶石、方解石、石英、云母、碧玉石等
四川鹿厂铜（银）矿	黄铁矿、辉铜矿、赤铜矿	闪锌矿、斑铜矿、铁铜矿、铜蓝、硒铜矿、褐铜矿	磁黄铁矿、铜蓝、孔雀石、蓝辉铜矿、钛汞矿、微量墨铜矿、红铜矿、辉硒铜矿、蓝硒铜矿等	石英、方解石为主、次为长石、少量金红石等
云南六直含银铜矿	辉铜矿、黄铁矿、斑铜矿	赤铁矿、斑铜矿、黝铜矿	方铅矿、闪锌矿、蓝铜矿、铜蓝、孔雀石、毒砂等	石英为主、方解石为次
湖北白果园钒矿	黄铁矿	白铁矿		白云石、黏土矿物为主、次为（含钒）水云母、石英、钾长石、玉髓、重晶石脱石、方解石、少量胶磷矿、有机沥青、臭层石等
湖南张家仓（银）钒钒矿	黄铁矿		蓝铜矿等	伊利石、高岭石、绢云母为主、玉髓、石膏、电气石、少量胶磷矿石、磷结核、有机碳等

表 3-6 变质岩型伴生银矿石矿物组分与丰度[10, 66, 82]

矿区名称	主要	次要	少—微量	脉石矿物
河南破山铅锌银矿	黄铁矿、闪锌矿	方铅矿、黄铜矿、磁黄铁矿、软锰矿	褐铁矿、铅铁矾、磁铁矿、赤铁矿、白铅矿、毒砂、菱铁矿、孔雀石等	石英为主，次为绢云母、碳质、方解石、碳泥石、绿泥石、黑云母等
江西铁砂街(银)铜矿	黄铜矿、黄铁矿、辉铜矿	闪锌矿、磁黄铁矿、方铅矿、白铁矿、斑铜矿	磁铁矿、赤铁矿、菱铁矿等、自然铋	石英、阳起石、透闪石、方解石、绿泥石、绿帘石、绢云母等
云南滥泥坪含银铜矿	黄铜矿、辉铜矿	斑铜矿、黝铜矿	砷黝铜矿、赤铁矿、孔雀石、蓝铜矿、硅孔雀石等	白云石、方解石、文石等
浙江银坑山金银矿	黄铁矿	方铅矿、闪锌矿、黄铜矿、菱锰矿	辉钼矿、赤铁矿、磁铁矿、硫铁铜矿等、褐铁矿	石英为主，次为蔷薇辉石、萤石、少量玉石、绢云母、方解石、磷灰石、石墨等、绿泥石

表 3-7 岩浆岩型矿石金属矿物组成与丰度[10, 43, 83, 84]

矿区名称	丰富	常见	少—微量	偶见
甘肃金川含铜镍银矿	磁黄铁矿(六方、单斜)、镍黄铁矿、黄铁矿、紫硫镍铁矿	白铁矿、方黄铜矿、四方硫铁矿、墨铜矿、钛铁矿、针硫镍矿、红砷镍矿、斑铜矿	马基诺矿、碲铋钯矿、碲镍矿、毒砂、方铅矿、碲锑钯矿、闪锌矿等	硫锑铅矿、斜方辉钴矿、陨铜硫矿、辉铜矿等
新疆喀拉通克含银铜镍矿	磁黄铁矿、镍黄铁矿、黄铜矿、黄铁矿	磁铁矿、钛铁矿、白铁矿、方黄铜矿、针镍矿、红砷镍矿、马基诺矿、墨铜矿、斑铜矿	碲镍矿、硫铁矿、毒砂、镍辉铋矿、金红石、孔雀石等、含钴黄铁矿、红锑镍矿、闪铁镍矿、方铅矿、钴镍黄铁矿、辉铋矿、赤铁矿、铜蓝等	自然铜、自然铅、铁、自然锌、自然铁、锰磁铁矿、铅铋矿、楚碲铋钯矿、自然锑等、自然铬、自然铋、碲铅铋矿、金红石等
云南铜厂铂钯含银铅铜矿	黄铁矿、白铁矿、针镍矿、磁铁矿	黄铁矿、白铁矿、针镍矿、磁铁矿	钛铁镍矿、辉砷镍矿等	辉砷钴矿等

　　岩浆岩型硫化铜镍含银矿石矿物组成，以磁黄铁矿（六方、单斜）、镍黄铁矿、黄铜矿、黄铁矿、紫硫镍铁矿为主，白铁矿、方黄铜矿、四方硫铁矿、墨铜矿、针镍矿、磁铁矿、铬铁矿、钛铁矿、红砷镍矿、斑铜矿为次，方铅矿、闪锌矿、PGE 矿物微量。

3.1.1.8　铁锰帽型伴生银矿石

　　铁锰帽型伴生银矿石矿物组成见表 3-8。

　　铁锰帽型伴生银矿石矿物组成，其中铅锌伴生银矿石，以铅锌铁锰的氧化物、氢氧化物、碳酸盐、硫酸盐、砷酸盐、钼酸盐、钒酸盐等为主，还有次生硫化物及残存的原生硫化物；硫化矿床氧化带及次生富集带矿石，既有氧化矿石复杂的矿物成分，次生的硫化物也比较常见；锰伴生银矿石，以锰、铁、铅氧化物和氢氧化物为主，铅、锌硫酸盐和碳酸盐为次，少量残留的原生硫化物。

3.1.2　矿石矿化组合与矿物分布

3.1.2.1　矿石矿化组合

　　以矿石成因类型为基础，按伴生银矿石（包含伴生有色金属的金银矿石）矿化组合可划分为若干亚类。不同矿化组合矿石金属矿物组成有一定差异。除岩浆岩型仅有 Cu-Ni-PGE-Ag 矿化组合外，各类型矿石均有 Pb-Zn-Ag 矿化组合。其中脉型矿石还包括 W-Sn-（Pb-Zn）-Ag、Cu-Zn-Ag、Sn-Sb-（Pb-Zn）-Ag 与（Pb-Zn）-Au-Ag 组合，以及 Te-Bi-Ag 等组合，但因为矿床稀少，未能一一列出；斑岩型矿石还包括 Cu-Mo-Ag 与 Sn-W-Ag 组合，矽卡岩型还有 Cu/Fe-多金属-Ag、Cu-Au-Ag 与 Sn-Zn-Ag 组合；火山岩型还有 Pb-Zn-Cu-Ag 与（Pb-Zn）-Au-Ag 组合；变质岩型还有 Cu-（W）-Ag 与 Au-Ag 组合；沉积岩型还有 Cu-Ag 与 V-Ag 组合；铁锰帽型还有 Mn-Ag 矿化组合等。

3.1.2.2　矿石矿物分布

　　从表 3-1～表 3-8 可知，各类型矿床矿石主要由金属矿物组成，既有相似之处，也因矿化组合不同而存在差异。各类型矿石中，方铅矿、闪锌矿、黄铜矿、黄铁矿多有出现。磁铁矿可算作常见矿物，出现在各类矿床中。

　　有些矿物种类则出现在一定的矿化组合，如斑铜矿、辉铜矿、蓝辉铜矿产在与铜多金属银矿有关的矿石中，在火山岩型、矽卡岩型多金属银矿中常见，在低温热水沉积矿床中也可以主要工业矿物产出，如紫金（银）金铜矿。

　　黑钨矿、锡石或辉砷镍矿等多产在与岩浆热液有关的中-高温钨、锡、镍

表 3-8　铁锰帽型矿石矿物组成与丰度[10, 46, 48, 78, 85, 86]

矿物丰度 矿区名称	主要	次要	少~微量	脉石矿物
湖北阳新银山(银)铅锌矿	硬锰矿、软锰矿、锰黑、菱锌矿、铁菱锰矿、硬菱锰矿、闪锌矿、胶黄铁矿、褐铁矿、白铁矿	菱铁矿、菱锰矿、磁铁矿、赤铁矿、锰土、纤维锰矿、黄铜矿、白铝矿、纤锌矿、针铁矿、褐铁矿、硅铁矿、铝铁矾	水锰矿、黑锰矿、钒铝矿、角铅矿、黝铜矿、雌黄、红锰矿、砷铝矿、斑铜矿、铜蓝、辰砂、孔雀石、水砷锌矿、春砂、黄钾铁矾	方解石、白云石、高岭土、石英、斜长石为主，次为钾长石、角闪石、黑云母、绿泥石、碳质物、泥质物、白云母、铁白云母、锆石、微重晶石，少量玉髓、磷灰石、锆灰石、黝帘石
云南会泽矿山厂(银)铅锌矿	褐铁矿、水针铁矿、针铁矿、赤铁矿、菱锌矿、硅锌矿、铝铅矿、异极矿、白铅矿、砷铅矿、水锌矿	白铅矿、砷铅矿、钒铅矿、氢氧化锰、水锌矿	铝矾、钒铅矿、砷铅矿、硫锑铅矿、硅铁矿、毒砂、黄钾铁矾、磷钒酸铅矿、羟砷铅矿、红砷铅矿、密陀僧、铅黄、自然铅、红铁锌矿、轻铅锌矿、铁菱锌矿、方铅矿、闪锌矿、硅酸铅矿、灰硫锑铅矿、自然锑、锰铅矿、赤铁矾、锌铁矾、纤铁矾、汞石、雄黄、雌黄	白云石、方解石为主，次为石英、蛋白石、绢云母、白云母、高岭石、蒙脱石、重晶石、孔雀石、绿泥石、硬石膏、石膏、泥质及褐土状粘土矿物和昆虫化石，少量碳质氢氧有机物
湖南宝山西铅锌银矿(硫化带及次生富集带)	黄铁矿、方铅矿、闪锌矿、白铅矿、铁矿、褐铁矿、针铁矿、铁矿	毒砂、砷黝铜矿、黝锡铜矿、硫砷铜矿、块硫砷铜矿、铜蓝、铝矾、铝铅矿、斑铜矿、砷铜矿、铝矿	硫铜铁矿、辉铜矿、车轮矿、辉锑矿、硫锑铅矿、硫镉	方解石、白云石、石英为主
河北相广锰银矿	褐铁矿、赤铁矿、磁铁矿、硬锰矿、软锰矿、菱锰矿	毒砂、方铅矿、白铅矿、铝矾、闪锌矿、水锌矿、黄甲铁矾	黄铜矿、斑铜矿、黝铜矿、辉铜矿、铜蓝、黄钾铁矾、钛铁矿等	石英、长石、白云母为主，次为绢云母、蛇纹石、方解石、石中还有白重晶石、黑云母、磷灰石、金红石等
内蒙古额仁陶勒盖锰银矿	硬锰矿	软锰矿	褐铁矿、菱锰矿	石英为主，次为绢云母、菱锰矿石、绿泥石、冰长石
青海锡铁山沟北西锰银矿	磁铁矿、硬锰矿、褐铁矿、软锰矿	白铅矿、黄铁矿、胶黄铁矿-黄铁矿、方铅矿、针铁矿	褐锰矿、黑锰矿、黝铜矿、自然硫	方解石、白云石、绿泥石、石英、玉髓

伴生银矿石中。

辉锑矿、硫锑铅矿等主要出现在中-低温伴生银矿石中，后者有时也在高温钨锡矿床中产出。

辉铋矿在高-中温脉型或矽卡岩型伴生银矿石中分布较广，可与辉钼矿、白钨矿共生。

车轮矿广泛分布于中温与低温脉型铅锌及多金属矿床中，与脆硫锑铅矿和硫锑铅矿共生。

黝铜矿是与高、中、低温热液有关的较常见矿物，在脉型矿床中的 Pb-Zn-Ag 及 Cu-Zn-Ag 矿化组合矿石，沉积岩型的 Pb-Zn-Ag 组合，斑岩型的 Cu-Mo-Ag 和 Cu-多金属-Ag 组合，火山岩型的 Pb-Zn-Cu-Ag 组合矿石中均有产出。特别是在矽卡岩型伴生银矿中，产出几率达 95%，斑岩型的在 71%，火山岩型的在 64%，脉型的在 50%。

硫砷铜矿为中温热液的产物，在火山岩型铅锌铜伴生银矿，如甘肃小铁山、四川呷村、江西银山的硫金矿区伴生银矿石中均有产出。

磁黄铁矿仅在硫化物铜镍伴生银矿石中为主要矿物，其他类型矿石中仅作为次要金属矿物。磁黄铁矿在各类矿石中出现几率占 69%，磁黄铁矿含量丰富的矿床可占矿石矿物总量的 8%。毒砂在多数矿床中含量少于磁黄铁矿，仅在少数矿床中超过磁黄铁矿，如岩浆期后高、中温热液成矿的脉型钨锡伴生银矿、矽卡岩型铅锌铜银矿，低温热液形成的锑铅伴生银矿等。

锰矿物及含锰矿物多出现于硫化矿床氧化带或铁锰帽型银矿中。与热液作用有关的火山岩型、变质岩型和脉型矿石中，可见少量锰菱铁矿、锰方解石，与银矿化关系密切，其本身含银并不高，通常小于 10g/t，但对于银矿化可以起到"沉淀剂"作用。

矿石中的钼、铋、锑矿物，在 Pb-Zn-Ag 组合矿石中为少量或微量，而在钨、锡、锑矿化组合中较为常见。

矿石中的脉石矿物，石英分布最为普遍，方解石、白云石、绢云母、绿泥石及长石类常见，重晶石、萤石在部分矿床中分布较多，是伴共生银矿石，也是脉型矿石中有代表性的脉石矿物；斑岩型矿石，以绢云母、绿泥石比较多见；矽卡岩型矿石，除含有矽卡岩类矿物外，石英、方解石、白云石也较常见；变质岩型矿石，脉石以石英、方解石、绿泥石、绢云母为主；沉积岩型，以石英、方解石、绢云母、长石多见；岩浆岩型，以辉石、橄榄石、角闪石、黑云母、斜长石、辉石等为代表；铁锰帽型矿石，脉石以方解石、白云石、石英、高岭石/绿泥石为主。

3.2 伴生银矿石化学组分

笔者从矿石综合研究大样和典型矿区采集的标本两个方面进行了系统研究，以真实展现伴生银矿石的化学组分特点。

3.2.1 矿石综合研究大样化学成分

伴生银矿石综合研究大样（或矿石组合样）的采取，既可与选矿样品同步进行，也可根据矿床总体矿石特点采集，依据生产需要，在不同矿段、层位采取，使矿石样品性质更能贴近生产实际。

为系统研究有色金属伴共生银矿石化学组分特点，列出了 31 个矿区矿石综合研究大样的硅酸盐分析与 45 个矿区矿石综合研究大样多元素含量（见表 3-9、表 3-10）。并按矿床类型对伴生银矿石（大样）硅酸盐及微量元素含量进行了综合统计（见表 3-11、表 3-12，图 3-1、图 3-2）。

从表 3-11 和表 3-12 及图 3-1 和图 3-2 反映了各类型伴生银矿石的综合研究大样硅酸盐以及微量元素含量总体特征。

综合研究大样的元素含量尽管不能等同于地质品位，但可以代表矿区研究区段的矿石性质，从生产层面真实反映矿石的矿物与元素组成，这类样品通常作为选矿试验研究的基本样品。矿石组合样品，是在不具备采取综合大样的情况下，选取研究区段内有代表性的不同矿石类型的样品组合而成，也能基本反映矿区或矿段的矿石性质。

3.2.1.1 伴生银矿石综合研究大样常量组分组成特点

伴生银矿石综合研究大样常量组分组成特点如下：

（1）SiO_2、Al_2O_3。不同类型矿石 SiO_2 平均含量有一定差别。总体上变质岩型矿石 SiO_2 含量高，为 62.36%；斑岩型、脉型、火山岩型矿石 SiO_2 含量较高，分别为 44.54%（2 个矿区平均值，下同）、47.01%（6）与 35.41%（6）；矽卡岩型、岩浆岩型矿石 SiO_2 含量中等，为 30.46%（8）与 27.80%（1）；沉积岩型、铁锰帽型矿石 SiO_2 含量较低，为 15.65%（6）与 11.25%（1）。不同矿区矿石的 SiO_2 含量存在的差异，主要取决于赋矿岩性。如大厂 92 号矿体赋存于硅质岩中，而大厂 100 号矿体赋存于生物礁岩中，前者 SiO_2 含量（67.06%）是后者（3.69%）的 18.2 倍。又如廉江矿体主要产在破碎带蚀变岩中，SiO_2 与 AlO_2 含量均较高，分别达到 77.12% 与 9.28%。AlO_2 含量，脉型矿石最高，平均为 9.86%（4）；斑岩型、变质岩型、火山岩型较高，分别为 6.81%（2）、6.30%（1）与 6.17%（6）；矽卡岩型、沉积岩型较低，为 2.44%（7）和 2.39%（6）；铁锰帽型、岩浆岩型最低，仅分别为 1.69%（1）与 1.578%（1）。

表 3-9　伴生银矿石综合研究大样硅酸盐分析

矿区名称	硅酸盐含量/%													资料来源
	SiO_2	TiO_2	Al_2O_3	CaO	MgO	MnO	TFe	K_2O	Na_2O	P_2O_5	CO_2	有机碳	H_2O^+	
大麦山	30.84		0.84	15.52	8.95	0.19	17.96		0.0045	0.0179	5.72			广东有色地质所
黄沙坪	7.74	0.080	0.97	4.66	1.39	1.34	26.00	0.16					(H_2O^-)0.34	文献[22]
康家湾	52.13		2.30	0.46	0.37		15.20							北京矿冶研究总院
湖南宝山	13.34			($CaCO_3$)25.44	1.75		11.65					0.36		陈安平
都龙	26.95		4.45	9.47	7.80	0.21	(Fe_2O_3)35.24	1.03	0.09					文献[72]（13号矿）
大厂100号	3.69		0.23	1.37	0.21	0.47	33.40							北京矿冶研究总院
大厂92号	67.06	0.068	2.33	2.30	0.32	0.17	8.22	0.39	0.007					北京矿冶研究总院
铜坑	41.89	0.23	5.97	7.25	0.28	0.34	10.04	1.54	0.044	0.05			1.50	北京矿冶研究总院
鲍家	70.46		11.27	0.20	0.28	0.65	4.44	3.11	1.80	0.05	(灼失)14.32			江西902队（4号选矿样）
宝山铜矿	18.62		2.35	17.84	0.87	0.41	25.33	0.065	0.13		C2.62		(H_2O^-)0.29	文献[63]
红透山	22.08	0.078	4.35	1.62	1.53	0.13	30.12	0.42	0.46	0.0093				文献[58]
长汉卜罗	55.85	0.135	7.59	0.83	0.20	0.26	8.46	2.18	0.076	0.36	0.79	(灼失)9.19		文献[35]
孟恩陶勒盖	67.45		13.30	0.56	0.34	0.83	3.10							内蒙古地矿局
岬村	44.96	0.24	5.50	1.26	1.17	0.04	6.06	1.33	0.03	0.002				四川地矿局（10块矿石）
小铁山	14.48		3.96	0.19~2.22	0.12~2.86	0.12~2.86								北京矿冶研究总院

续表 3-9

矿区名称	硅酸盐含量/%													资料来源
	SiO_2	TiO_2	Al_2O_3	CaO	MgO	MnO	TFe	K_2O	Na_2O	P_2O_5	CO_2	有机碳	H_2O^+	
锡铁山	7.63		2.32	10.42	1.80		25.57	1.163	0.055					文献[34]
青城子	27.74			5.17	20.60	4.23	6.41					5.54		应瑞良
大尖山	50.26			8.18	1.66		9.01							广州有色金属研究院
廉江	77.12	0.22	9.28	0.11	0.39	0.12	1.65				0.51			文献[54]
大井子(PbZn)	41.63		9.40	0.40	1.40	0.54	13.80	2.84	0.035					北京矿冶研究总院
大井子(CuSn)	43.60		18.40	0.36	1.06	0.67	16.35							北京矿冶研究总院
茶山	41.70		2.35	8.60		1.92	7.19							广西地矿局
金川龙首	27.80	0.1322	1.578	1.113	24.28		17.16	0.078	0.6588					文献[87]
铝硐山	25.53		1.94	18.96	2.48	0.496	10.20				24.82	0.11 (6.88)	0.82	西北有色所
厂坝	25.50	0.06	2.65	4.80	0.40	0.08	(Fe_2O_3) 30.04	0.50	0.38				0.58	文献[88]
四川天宝山	24.66	0.29	4.60	14.18	11.74	0.03	2.13	0.62	0.33	0.301	14.94	5.89	0.38	文献[76]
凡口	15.14	0.18	2.68	10.30	0.71		16.48			0.053				凡口铅锌矿山
麒麟厂	2.19	0.03	2.05	10.93	1.39	0.12	18.62	0.24	0.006	0.10				桂林矿产地质研究院
麒麟厂6号矿	0.85	0.04	0.42	5.03	0.59	0.068	14.12	0.091	0.008	0.017			0.88	文献[77]
破山	62.36	0.28	6.30	2.41	1.33	0.49	6.07	1.79	0.05	0.15	3.04	0.74 (16)	1.32	河南三队 (18块矿石)
矿山厂	11.25		1.69	4.68	0.78	<0.06	(Fe_2O_3) 29.87		(FeO) 0.16	0.069	(烧失) 15.07	(V_2O_5) 0.15		文献[85]

表 3-10　伴生银矿石综合研究大样多元素分析

矿区名称	元素含量/%															资料来源
	Pb	Zn	Cu	Sn	As	Sb	TFe	S	Ag	Au	Co	Ni	Mo	Mn	V	
白音诺				0.0137		0.00058	10.25	12.05	31.36		0.00167	0.0013	0.004	1.56		张德全（6个矿体）
香盂				0.0020		0.0150			13.76	<90		0.0012	0.0015			文献[10]
铜山岭	1.50	0.79	1.24	0.0017~0.042	0.08				117		0.0002~0.0016	<0.001~0.005	0.0009	最小值<0.5 最大值>1		文献[10]（3个矿体）
湖南宝山	0.82	8.396	0.13		0.69	0.18	11.65	14.99	181	0.75			0.001		(CaF) 0.0593	陈安平
大麦山	4.86	6.29	0.93		0.014		17.96	9.36	83.0	0.036					<0.001~0.005	广东有色地质所
佛子冲					0.534	0.19	9.59	5.52	51.7	0.016	0.0050	0.0300		0.03		文献[10]
黄沙坪	7.15	12.86	0.47	0.20	1.887	0.0161	26.31	26.77	98.4	0.0185		0.001~0.01①	0.0011	1.11		文献[22]（165~309m）
康家湾	3.80	5.00	0.072		0.67		15.20	17.91	105.0	2.30						北京矿冶研究总院
柿竹园	4.33	3.42	0.02	0.085	0.022		10.25	6.34	160.0	0.10			0.00033			文献[13]
都龙	0.0102	7.00	0.08	0.21	0.21		25.44	10.33	11.62	0.037	0.0011		0.00019			文献[72]
大厂100号	4.13	11.10	0.055	1.32	2.61	3.89	33.40	29.36	128.0	0.34		(Cl) 0.052	(F) 0.045			北京矿冶研究总院
大厂92号	0.37	2.35	0.045	0.75	1.21	0.54	8.22	9.05	25.0	0.003						北京矿冶研究总院
铜坑	0.41	3.25	0.036	0.87	0.52	0.64	10.04	13.13	56.0	<0.001						北京矿冶研究总院
鲍家	0.46	0.74	0.004	0.005	0.077		4.44	1.81	133.66	0.00	0.0004	0.0003				江西九〇二队（4号选矿样）
甲乌拉	3.24		0.22			0.0075			251.0		0.0028					黑龙江七〇六队（5个矿体）

续表 3-10

矿区名称	元素含量/%															资料来源
	Pb	Zn	Cu	Sn	As	Sb	TFe	S	Ag	Au	Co	Ni	Mo	Mn	V	
宝山铜矿	0.38	0.124	1.39		0.2243		25.33	14.52	12.90	0.609	0.018	0.0095				文献[63]
红透山	0.011	2.62	2.09	0.0056	0.0011		30.12		39.88	1.380	0.00739	0.00047	0.00038			文献[58]
长汉卜罗	3.39	3.14	0.18		0.357	0.0278	8.46	12.34	128	0.98	0.0005	0.0006	0.0082			文献[35]
孟恩陶勒盖	1.37	1.80	0.04	0.016			3.10	1.28	117.0	<0.05	0.0025					内蒙古地矿局
甲村	6.80	10.19	1.21		0.199(0.477)		6.06	12.75	272.2	0.38	0.0002	0.0004	(0.0058)			四川地矿局（10）
嘎衣穷	1.65	12.37	1.07		0.0127	0.0013		15.61	42.80	0.05				0.72		陈全才
大岭口	1.54	2.15	0.02~2.36		0.28		2.61	2.65	106~265	4.63				0.38		浙江有色二队北京所
小铁山	3.30	5.17	1.13			0.04		19.50	126.15	2.28						北京矿冶研究总院
锡铁山	5.68	6.92	0.0189	0.020	0.1909	0.00498	25.57	21.86	85.93	0.53	0.001585					文献[34]
澜沧老厂	3.82	3.51	0.10	0.001~0.01				19.8	113.2	0.13						文献[37]
高家堡子	1.58	4.27	0.025	0.0175	>0.01	0.034(2)	(Fe_2O_3)12.68	12.52	325.7	1.61	0.018	0.005	(F)0.227		(TiO_2)0.07	辽宁一○三队（3种矿石）
青城子	1.96	1.50	0.043	0.0005	0.15	0.07	6.41	4.89	50.00				0.007			应瑞良
长铺	2.556	0.891		1.315			24.935	17.50	344.73							广州有色金属研究院
大尖山	1.76	2.16	0.045	0.0175	0.44	0.18	9.01	6.32	70.0	0.50	0.0003		(F)0.13			文献[89]
廉江	1.39	1.06	0.11	0.0005	<0.005	0.045	1.65	1.36	672.0	0.71		0.0010	0.0010			北京矿冶研究总院
大井子（PbZn）	3.22	4.08	0.95	0.31	0.31	0.026	13.80	8.37	210.0	0.04					0.0100	文献[54]
大井子（CuSn）	0.57	0.97	2.40	0.79	0.26	0.02	16.35	8.96	187.5	0.06						北京矿冶研究总院

续表 3-10

矿区名称	元素含量/%															资料来源
	Pb	Zn	Cu	Sn	As	Sb	TFe	S	Ag	Au	Co	Ni	Mo	Mn	V	
杉树林	1.32	8.00		0.0120		0.0070	8.70	12.51	<15	0.044				0.27		文献[90]
茶山		1.18	0.16	<0.01	3.54	8.57	7.19	10.87	99.0	0.28						广西地矿局
金川龙首	0.0165	0.0358	3.1253	0.00073			17.16	17.84	15.50	1.04	0.454	2.4611	0.0001		0.0056	文献[87]
栖霞山					0.1210		18.61	23.00	<130	<0.57				6.43		浙江地质八队
铅硐山	1.50	7.00	0.016		0.031	0.011	10.20	4.76	17.0	0.16						西北有色所
厂坝	4.60	18.40	0.02	(Cr)0.00055	0.0426	0.0438	(Fe₂O₃)30.04	9.82	66.0	0.20	0.00083	0.00127	0.00015		0.00085	文献[88]
四川天宝山	2.44	10.02	0.45			0.0100	2.13	4.58	96.2	0.0288						文献[76]
凡口	5.11	11.96	0.19		0.13		16.48	25.22	110.0	0.28			(F)0.031			凡口铅锌矿山
麒麟厂	7.93	17.84	0.14		0.082	0.0095	18.62	31.01	99.0	0.004	0.0035					桂林地质矿研究院
麒麟厂6号矿	14.55	26.45	0.026		0.074	0.066	14.12	30.12	142.0	0.047						文献[77]
破山	2.48	3.11			0.029		6.07	6.05	2172	0.15(8)		(Cl)0.012	(F)0.064			河南地质三队(18块矿石)
铁砂街	0.63	1.40	1.53		2.74		23.14	12.23	97.81	1.16				1.28		江西有色地质所
矿山厂①	3.92	20.40	0.077		0.18	0.0057	(Fe₂O₃)29.87	0.48	38.4	0.002	0.00022	<0.0132	0.00032			文献[85]

续表 3-10

矿区名称	元素含量/%													资料来源
	W	Ba	Bi	Hg	Nb	Ta	Cd	Ga	Ge	In	Tl	Se	Te	
白音诺		0.0011	0.0006				0.0613	0.00058		0.00035				张德全（6个矿体）
香垡							0.0120	0.0017	0.0020	0.0008	0.0004			文献[10]
铜山岭		<0.0003	0.117				0.0061	0~0.005	0.0006~0.02	0.00012		0.0022		文献[10]（3个矿体）
湖南宝山														陈安平
大麦山														广东有色地质所
佛子冲							0.049							文献[10]
黄沙坪	0.1174		0.0199	0.227										文献[22]
康家湾	0.0043		0.0110				0.0340	0.0001		0.0035				（165~309m）北京矿冶研究总院
柿竹园							0.0240	0.0014		0.0078				文献[13]
都龙					0.00031	0.00004	0.1000	0.0004	0.00031	0.0320				文献[72]
大厂100号			<0.01				0.0103							
大厂92号			0.007	0.00002			0.0235			0.039		0.002	0.00007	北京矿冶研究总院
铜坑			0.0085	0.000088						0.008		0.00035	0.00018	北京矿冶研究总院
鲍家				(0.0177)			0.006	0.0015	0.00018	0.0000				北京矿冶研究总院
甲乌拉							0.022	0.00014	0.00014	0.0013	0.0004	0.00046		江西冶九二队（4号选矿样）
宝山铜矿								0.001032	0.000189	0.000284		0.00564	0.00145	黑龙江七○六队（5个矿体）
红透山	0.00040	（Cr）0.00093	0.00118				0.00870			0.00592				文献[63]
长汉卜罗	0.0011	0.1347	0.0052				0.0190	0.0027	0.00043	0.0019	0.00036	0.00014	0.0051	文献[58]
孟恩陶勒盖		4.01	<0.005				0.0085	0.0021						文献[35]
甲村			0.0007				0.056	0.00188	0.0031	<0.0001	0.00019	0.00057	<0.0001	内蒙古地矿局
嘎衣劳		0.0366	0.0007				0.1014	0.0049	0.0020	0.0079				四川地矿局（10）陈全才
大岭口							0.0084	0.0015		0.0001				浙江有色二队北京所
							0.0030	0.0012						
小铁山							0.035	0.023		0.0007				北京矿冶研究总院
锡铁山	（Cr）0.0048	0.0424				0.0000	0.0517	0.000929	0.000425	0.003577	0.000316	0.0000		文献[34]

续表 3-10

元素含量/%

矿区名称	W	Ba	Bi	Hg	Nb	Ta	Cd	Ga	Ge	In	Tl	Se	Te	资料来源
澜沧老厂							0.0190	0.0020		0.0029				文献[37]
高家堡子				0.0008			0.027							辽宁一〇三队(3种矿石)
青城子			0.01											应瑞良
大尖山							0.0200	0.0010		0.0050				广州有色金属研究院
廉江	(Cr)0.0150	0.3000					0.0120	0.0015					Be0.0003	文献[54]
大井子(PbZn)			0.0113				0.0130							北京矿冶研究总院
大井子(CuSn)			0.0163				0.006							北京矿冶研究总院
杉树林							0.0160	0.00124	0.0024					文献[90]
长铺														文献[89]
茶山														广西地矿局
金川龙首	0.00098	0.00484	(Sr)0.0022	(Sc)0.0037	0.00014	0.00082		0.00739	<0.0005×10⁻⁶					文献[87]
栖霞山							0.063	0.0036		0.00099	0.0003			浙江地质八队
铝硐山				0.0081			0.026	0.0004	0.0003					西北有色所
厂坝								0.0025	0.0006					文献[88]
四川天宝山							0.030	0.0068	0.0018					文献[76]
凡口			0.00003				0.033	0.0005	0.0034					凡口铅锌矿山
麒麟厂							0.058		0.0086			0.00008	<0.00001	桂林地质研究院
麒麟厂6号矿														文献[77]
破山							0.041							河南地质三队
铁砂街														江西地质所
矿山厂	0.00082	<0.0328		0.0009		0.000044	0.024	0.0005	0.0021	0.0001		0.0000132		文献[85],北京矿冶研究总院(18块矿石)

注：Ag、Au单位：g/t。

① 其中微量元素为中子活化分析。

表 3-11 各类型矿床伴生银矿石（大样）硅酸盐含量

矿床类型	项目	元素组分含量/%														
		SiO₂	TiO₂	Al₂O₃	CaO	MgO	MnO	TFe	K₂O	Na₂O	P₂O₅	CO₂	有机碳	H₂O⁻	F	Cl
矽卡岩型	最高	67.06	0.23	5.97	15.52	8.95	1.34	33.40	1.54	0.09	0.050					
	最低	3.69	0.068	0.23	0.46	0.21	0.17	8.22	0.16	0.0045	0.0179					
	平均	30.46	0.0126	2.44	6.91	6.86	0.45	18.34	0.78	0.036	0.034	5.72	0.36	0.34	(H₂O⁺)1.5	
	矿区数	8	3	7	7	7	6	8	4	4	2	1	1	1	1	
斑岩型	最高	70.46		11.27	17.84	0.87		25.33	3.11	1.80						
	最低	18.62		2.35	0.20	3.28		4.44	0.065	0.13						
	平均	44.54	0.425	6.81	9.02	3.58	0.41	14.89	1.59	0.97	0.05		(C)2.62	0.29		
	矿区数	2	1	2	2	2	1	2	2	2	1		1	1		
火山岩型	最高	67.45	0.24	13.30	10.42	1.80	1.44	30.12	2.18	0.46	0.36					
	最低	7.63	0.078	2.32	0.56	0.20	0.04	3.10	0.42	0.03	0.002					
	平均	35.41	0.151	6.17	2.65	1.09	0.54	14.66	1.27	0.155	0.124		(烧失)9.19			
	矿区数	6	3	6	6	6	5	5	4	4	3		1			
脉型	最高	77.12		18.40	8.60	20.60	4.23	16.35								
	最低	27.74		2.35	0.11	0.39	0.12	1.65								
	平均	47.01	0.22	9.86	3.80	2.84	1.54	9.07	2.84	0.035		0.51	5.54			
	矿区数	6	1	4	6	5	5	6	1	1		1	1			

续表 3-11

矿床类型	项目	元素组分含量/%														
		SiO₂	TiO₂	Al₂O₃	CaO	MgO	MnO	TFe	K₂O	Na₂O	P₂O₅	CO₂	有机碳	H₂O⁻	F	Cl
岩浆岩型	最高															
	最低															
	平均	27.80	0.1322	1.578	1.113	24.28		17.16	0.078	0.659						
	矿区数	1	1	1	1	1		1	1	1						
沉积岩型	最高	25.53	0.29	4.60	18.96	11.74	0.496	18.62	0.62	0.38	0.301	24.82	5.89	0.88		
	最低	2.19	0.03	0.42	5.03	0.40	0.03	2.13	0.091	0.006	0.017	14.94	0.11	0.39		
	平均	15.65	0.12	2.39	11.70	2.89	0.159	13.76	0.36	0.181	0.118	19.88	3.00	0.67	0.031	
	矿区数	6	5	6	6	6	5	6	4	4	4	2	2	4	1	
变质岩型	最高							23.14								
	最低							6.07								
	平均	62.36	0.28	6.30	2.41	1.33	0.49	14.61	1.79	0.05	0.15	3.04	0.74	1.32	0.064	0.912
	矿区数	1	1	1	1	1	1	2	1	1	1	1	1	1	1	1
铁锰帽型	最高															
	最低															
	平均	11.25		1.69	4.68	0.78	<0.06	20.65			0.069	(烧失) 15.07		(V₂O₅) 0.15		
	矿区数	1		1	1	1	1	1			1	1		1		

表 3-12　各类型矿床伴生银矿石大样微量元素含量

矿床类型	项目	元素含量/%													
		Ag	Au	Sb	Bi	Sn	As	Mo	Cd	Se	Ga	Ge	In	Te	Tl
矽卡岩型	最高	181	2.300	3.8900	0.1170	1.3200	2.61	0.00110	0.0613	0.0022	0.0017	0.01030	0.0390	0.00018	
	最低	11.62	0.001	0.00058	0.0006	0.0020	0.014	0.00019	0.0061	0.00035	0.0001	0.00031	0.00012	0.00007	
	平均	87.55	0.360	0.6839	0.0249	0.3860	0.768	0.00070	0.0356	0.00152	0.0012	0.00420	0.01145	0.000125	0.0004
	矿区数	13	10	8	7	9	11	5	9	3	6	3	8	2	1
斑岩型	最高	251					0.2243		0.022	0.00564	0.0015	0.00018	0.0013		
	最低	12.90	0.609	0.0075		0.005	0.077		0.006	0.00046	0.00014	0.00014	0		
	平均	131.95					0.1507		0.014	0.00305	0.0008	0.00016	0.00065	0.00145	0.0004
	矿区数	2	1	1		1	2		2	2	2	2	2	1	1
火山岩型	最高	272.20	4.630	0.4770	0.0352	0.0200	0.357	0.0082	0.1014	0.00057	0.0230	0.00310	0.0079	0.00051	0.00036
	最低	39.88	0.050	0.0013	0.0307	0.0056	0.0011	0.00038	0.0057	0.00000	0.000929	0.000189	<0.0001	<0.0001	0.00019
	平均	123.41	1.157	0.1158	0.00302	0.0105	0.1735	0.0048	0.0339	0.00024	0.00443	0.001639	0.0026	<0.00031	0.000289
	矿区数	9	9	5	4	4	6	3	9	3	9	5	9	2	3
脉型	最高	672.0	1.610	8.57	0.0163	1.315	3.54	0.0070	0.027		0.00150				
	最低	<15	0.044	0.007	0.0100	0.0005	<0.005	0.0010	0.006		0.0010				
	平均	219.33	0.463	1.1190	0.0125	0.3507	0.6736	0.0040	0.0148		0.00125	0.0024	0.0050		
	矿区数	9	7	8	3	7	7	2	6		3	1	1		

续表 3-12

矿床类型	项目	元素含量/%													
		Ag	Au	Sb	Bi	Sn	As	Mo	Cd	Se	Ga	Ge	In	Te	Tl
岩浆岩型	最高														
	最低														
	平均	15.50	1.04			0.00073		0.00011			0.00739	<0.0005			
	矿区数	1	1			1		1			1	1			
沉积岩型	最高	142.0	0.570	0.0660			0.1300		0.063		0.0068	0.0086			
	最低	17.0	0.004	0.0095			0.0310		0.026		0.0004	0.0003			
	平均	92.89	0.184	0.0281	0.00003		0.0801	0.00015	0.042	0.00008	0.0028	0.00294	0.00099	<0.00001	0.0003
	矿区数	7	7	5	1		6	1	5	1	5	5	1	1	1
变质岩型	最高	2172	1.16				2.74								
	最低	97.81	0.15				0.029								
	平均	1134.9	0.66				1.385		0.041						
	矿区数	2	2				2		1						
铁锰帽型	最高														
	最低														
	平均	38.40	0.002	0.0057			0.18	0.00032	0.024	0.0000132	0.0005	0.0021	0.0001	<0.001	
	矿区数	1	1	1			1	1	1	1	1	1	1	1	

续表 3-12

矿床类型	项目	元素含量/%												
		Mn	Co	Ni	Hg	Ba	Cr	V	Pb	Zn	Cu	S	TFe	W
砂卡岩型	最高	1.56	0.0050	0.0300	0.227	0.0011			7.15	12.86	1.24	29.36	26.00	0.1174
	最低	0.03	0.0009	0.0013	0.00002	<0.0003		0.003	0.0102	0.79	0.02	5.52	8.22	0.0043
	平均	0.860	0.0020	0.0084	0.0758	0.0007			2.74	6.05	0.31	14.05	16.18	0.0609
	矿区数	4	5	5	3	2		1	10	10	10	12	11	2
斑岩型	最高		0.018	0.0095			0.0048		3.24	0.74	1.39	14.52	25.33	
	最低		0.0004	0.0003			0.00093		0.38	0.124	0.004	1.81	4.44	
	平均	0.50	0.0071	0.0049			0.00287		1.36	0.432	0.54	8.17	14.89	
	矿区数	1	3	2			2		3	2	3	2	2	
火山岩型	最高	10.72	0.00739	0.0006		4.01			6.80	10.19	2.09	21.86	30.12	
	最低	0.38	0.00020	0.0004		0.0366			0.011	1.80	0.0189	1.28	2.61	
	平均	5.55	0.00244	0.00049	0.3177	1.05590			3.06	5.32	0.78	13.22	12.65	
	矿区数	2	5	3	1	4			9	9	9	8	6	
脉型	最高	0.27	0.018	0.001		0.30	0.0150	0.010	3.22	4.27	2.40	17.50	24.94	
	最低		0.0003	0.005	0.0008				0.57	0.891	0.025	1.36	1.65	
	平均	0.27	0.0092	0.003					1.80	2.68	0.59	9.26	10.80	(Be)0.0003
	矿区数	1	2	2	1	1	1	1	8	9	7	9	9	1

续表3-12

矿床类型	项目	元素含量/%												
		Mn	Co	Ni	Hg	Ba	Cr	V	Pb	Zn	Cu	S	TFe	W
岩浆岩型	最高													
	最低													
	平均	0.130	0.0454	2.4611		0.0048	0.3011	0.0056	0.0165	0.0358	3.1253	7.84	17.16	0.00098
	矿区数	1	1	1		1	1	1	1	1	1	1	1	1
沉积岩型	最高		0.0035						14.55	26.45	0.45	31.01	21.03	
	最低		0.00083						1.50	7.00	0.016	4.58	2.13	
	平均	6.43	0.00217	0.00127	0.0081		0.00055	0.00085	6.02	15.28	0.140	18.36	14.46	
	矿区数	1	2	1	1		1	1	6	6	6	7	7	
变质岩型	最高	2.74							2.48	3.11		12.23		
	最低	0.029							0.63	1.40		6.05		
	平均	1.39	1.28						1.56	2.26	1.53	9.14	6.07	
	矿区数	2	1						2	2	1	2	1	
铁锰帽型	最高													
	最低													
	平均	<0.047	0.00022	<0.0132	0.0009	<0.0328		(V₂O₅) 0.15	3.92	20.40	0.077	0.48	(Fe₂O₃) 29.87	(FeO) 0.16
	矿区数	1	1	1	1	1		1	1	1	1	1	1	1

注：Ag、Au 为 g/t。

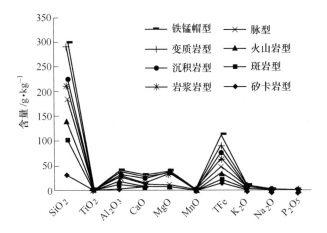

图 3-1 各类型矿石综合研究大样硅酸盐含量折线图

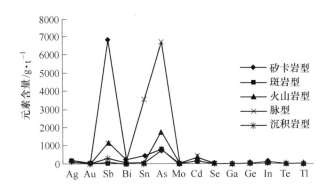

图 3-2 各类型矿石综合研究大样微量元素含量折线图

（2）CaO、MgO、TFe。各类型矿石的 CaO 含量，以沉积岩型最高，平均 11.70%（6），说明富含钙质的岩层利于银矿化；矽卡岩型矿石的 CaO、MgO、TFe 含量较高，分别为 6.91%（7）、6.86%（7）和 18.34%（8），说明钙镁质、钙铁质矽卡岩与银矿化有密切关系；斑岩型矿石的 CaO、TFe 含量也较高，分别为 9.02%（2）、14.89%（2），而 MgO 含量最低，仅 0.58%（2）；岩浆岩型矿石赋存在镁铁质基性、超级性岩中，其 MgO、TFe 含量很高，分别为 24.28% 与 17.16%，而 CaO 含量却很低，仅 1.113%；铁锰帽型矿石 TFe 含量最高，为 20.65%。脉型、火山岩型、变质岩型矿石的 CaO、MgO 含量较低，CaO 分别在 3.80%（6）、2.65%（6）与 2.41%（1），MgO 分别为 2.84%（5）、1.09%（6）与 1.33%（1）。

（3）K_2O、Na_2O 与 K_2O/Na_2O。矿石中 K_2O、Na_2O 含量与 Ag 有一定关系。

绝大部分有色金属伴生银矿石的 K_2O 含量较高，Na_2O 含量较低，$K_2O>Na_2O$。矿石中 K_2O 最高达 3.11%（鲍家），最低为 0.39%（大厂 92 号脉）；Na_2O 最高达 1.80%（鲍家），最低为 0.007%（大厂 92 号脉）。K_2O/Na_2O 比值，沉积岩型矿石一般小于 22，而火山岩型、变质岩型和脉型矿石 K_2O/Na_2O 比值一般大于 30。

（4）CO_2 与有机碳。沉积岩型矿石，CO_2 与有机碳含量较高，CO_2 在 14.94%~24.83%，平均 19.88%（2），有机碳平均在 3.0%（2），富含碳质的赋矿围岩，利于银的沉淀，通常低碳地层贫银。

3.2.1.2　矿石综合研究大样多元素含量

（1）Ag、Au。各类型矿石综合研究大样的银含量自高而低的排序是：变质岩型矿石（平均 1134.9g/t，2 个矿区矿石平均，下同）→脉型矿石（219.33g/t，9）→斑岩型矿石（131.95g/t，2）→火山岩型矿石（123.41g/t，9）→沉积岩型矿石（92.89g/t，7）→矽卡岩型矿石（87.55g/t，13）→铁锰帽型（Ag38.40g/t，1）→岩浆岩型（Ag15.50g/t，1）。

矿石综合研究大样的金含量自高而低是：火山岩型矿石（1.157g/t，9）→岩浆岩型（1.04g/t，1）→变质岩型矿石（0.66g/t，2）→斑岩型（0.609g/t，1）→脉型矿石（0.463g/t，7）→矽卡岩型矿石（0.360g/t，10）→沉积岩型矿石（0.184g/t，7）→铁锰帽型（0.002g/t，1）。

矿石中的 Ag 与 Au 有一定的相关性。一般情况下，在伴生银的矿石中，金有较高含量时，银含量也较高。当 $w(Au)>1g/t$ 时，含 Ag 通常可大于 100g/t；当 $w(Au)<0.05g/t$ 时，含 Ag 通常小于 100g/t。

（2）Sb、Bi、Sn。综合研究大样矿石中 Sb、Bi、Sn 含量与 Ag 有同消长趋势，特别是脉型、矽卡岩型、斑岩型和火山岩型，Sb、Bi、Sn 含量多数达到综合评价指标，有的达到矿床伴生有益组分评价指标。

（3）As。气成热液成因的矿石，砷含量较高。如高温热液锡（铅锌）银矿石，中温热液含硫化物伴共生银矿石。砷进入毒砂、黝铜矿、砷黝铜矿，或与镍、钴结合形成红砷镍矿、砷钴矿、砷镍矿、辉砷镍矿等。有的矿区，如秘鲁莫洛科查（Morococha）矿区，含 Pb 1.8%、Zn 3.0%、Cu 0.3%、Ag 155g/t，在三个不同矿带矿石中有不同组分的砷矿物产出。中心带，由斑岩型和矽卡岩型铜矿组成，有硫砷铜矿和少量黝铜矿产出；中间带，由交代型及脉型铜铅锌矿石组成，有黝铜矿和砷黝铜矿产出；边缘带，由脉型铅锌银矿石组成，有较多的银黝铜矿产出。从中心带向外，矿石由富砷过渡到富锑、银。

变质岩型大样矿石含 As 最高，在变质成矿作用中，毒砂与黄铁矿同期沉淀，而赤铁矿可使砷流失。变质岩型铅锌铜银矿石中常有较多黄铁矿产出，也有一定量的毒砂共生，使其矿石中砷含量达到 1.85%（2）；矽卡岩型、脉型矿石大样含 As 较高，分别为 0.768%（11）、0.674%（7）；铁锰帽型、火山岩型、斑岩型矿石含 As 较低，分别为 0.18%（1）、0.1735%（6）和 0.1507%（1）；沉积岩型最低，在 0.0801%（6）。

特别是大厂 100 号脉、92 号脉、铜坑、茶山等铅锌锡锑伴共生银矿，含有较高的 As，在 0.52%～3.54%；含 Sb 8.57%～0.54%，含银 25.0～128.0g/t，银与砷、锑呈正消长趋势。砷主要以毒砂、黝铜矿产出。锑主要以金属互化物、硫化物和黝铜矿等硫盐产出。

（4）Co、Ni。矿石大样中的 Co、Ni 含量以岩浆岩型最高，综合研究大样含 Co、Ni 分别为 0.0454% 与 2.4611%。因为 Co、Ni 均属于地幔型元素，其矿化与超基性岩、基性岩有密切的成因关系，硫化铜镍矿床为钴、镍矿产的主要工业类型；与深源热液有关的脉型、矽卡岩型矿石含 Co、Ni 较高，如高家堡子矿石含 Co 0.018%，佛子冲矿石含 Ni 0.030%；与中酸性热液有关的斑岩型、火山岩型矿石的 Co、Ni 含量明显偏低；沉积岩型矿石 Co、Ni 含量最低。Co、Ni 含量与矿石中的 Pb、Zn 不存在直接关系，与 Cu 为显著正相关关系。

（5）Mn、Fe。综合研究大样中，岩浆岩型矿石的 Fe 含量仅次于铁锰帽型，Mn 却很低，两者不呈同步消长。在内生成矿作用中的火山岩型、矽卡岩型和斑岩型矿石的 Mn 含量较高，因为 Mn 易于聚集在成矿温度较高的气成-热液期的残余热液里，而与中低温热液成矿关系密切的脉型矿石的 Mn、Fe 含量偏低。沉积成矿作用利于 Mn、Fe 的富集，富硫缺氧的环境及生物作用可导致 Mn、Fe 的分离和沉淀。

（6）稀散元素。矿石大样中 Cd 含量为 0.014%～0.042%。其中变质岩型、沉积岩型较高，矽卡岩型、火山岩型为次，铁锰帽型、脉型和斑岩型较低。Se、Te 含量斑岩型最高，火山岩型、矽卡岩型较高。In、Tl 含量，矽卡岩型含量最高，尤其是大厂矿田 92 号和 100 号矿区矿石含 In 达 0.032%～0.039%，都龙矿区含 In 也较高，达到 0.0078%，是我国重要的铟矿产地。斑岩型、火山岩型较高，沉积岩型较低。Ga、Ge 含量，在以交代作用为主的矿床中得到富集，火山岩型含 Ga 最高（0.00443%，9），矽卡岩型含 Ge 最高（0.0042%，3），如铜山岭矿石含 Ge 0.0006%～0.02%，沉积岩型含 Ge 较高（0.00294%，5），如麒麟厂 6 号矿矿石含 Ge 0.0086%，与矿石中的 Zn 有正消长趋势。Se、Te 含量，斑岩型矿石含 Se 最高（0.00305%，2），斑岩型矿石含 Te 最高（0.00145%，1）。

3.2.2 典型矿区伴生银矿石与围岩化学成分

为探讨有色金属伴生银矿成矿机制，对多个重要矿区矿石与围岩进行现场系统采样、统一制样与测试，并予以对比研究（见表 3-13～表 3-15）。

3.2.2.1　矿石成矿元素含量

从表 3-13～表 3-15 中获悉，矿石的成矿元素含量，在不同类型矿床不同矿化组合矿石中有明显不同。

在脉型矿床中，Pb-Zn-Ag 组合矿石，铅、锌、铜、锰含量均居其他矿化组合矿石之首，银、金含量低于独立银矿而高于其他类型矿化组合矿石。脉型矿石 12 件矿石标本测定，平均含 Ag 2161.96g/t，Au 1.131g/t，Pb 5.39%，Zn 8.91%，Cu 0.308%，Mn 0.028%。

火山岩型与脉型矿石含银均较高。据江西银山、湖北银洞沟、河北营房火山岩型矿床 27 件矿石标本测定，平均含 Ag 达 892.2g/t，Au 11.64g/t，Pb 6.32%，Zn 3.84%，Cu 0.782%，Mn 0.27%。

矽卡岩型矿石平均含 Ag 322.19g/t（21 件矿石平均值，下同），Au 0.671g/t，Pb 13.88%，Zn 16.90%，Cu 0.668%，Mn 0.375%，Fe 含量居各类型矿石之首，FeO 26.80%，Fe_2O_3 2.59%。

斑岩型矿石平均含 Ag 324.88g/t（21），Au 0.48g/t，Pb 3.52%，Zn 6.78%，Cu 0.044%，Mn 1.80%。斑岩型矿石银含量低于脉型、火山岩型、矽卡岩型矿石。

沉积岩型矿石含 Ag 134.031g/t（10），Au 0.080g/t，Pb 2.09%，Zn 0.178%，Cu 0.161%，Mn 0.62%。沉积岩型矿石银、金、铅、锌含量低于上述类型，铜含量与脉型接近，锰含量高于脉型和斑岩型。

显然，脉型矿石含银最高，含金仅次于火山岩型；火山岩型矿石含金最高，含银仅低于脉型；矽卡岩型矿石含铅、锌、铜最高，银、金含量居中；斑岩型矿石银、金含量仅高于沉积岩型。

3.2.2.2　矿石微量元素含量

矿石的微量元素含量，脉型中的 Pb-Zn-Ag 组合矿石，Ba、Cd、Li 含量高于其他矿化组合矿石；Sb-Pb-Ag 矿化组合矿石含 Ni、Ti 较高；Sn-Pb-Ag 矿化组合矿石含 Cr、Ni 最高。脉型矿石平均含 Ba 0.0332%（22）、Cd 0.04592%、Cr 0.02272%、Li 0.0051%、Sr 0.0042%；火山岩型矿石平均含 Ba 0.01442%（27）、Cd 0.01444%、Cr 0.0080%、Li 0.0024%、Sc 0.00499%；矽卡岩型矿石平均含 Ba 0.521g/t（21）、Cd 0.0531%、Cr 0.0105%、Li 0.0017%、Sc 0.0014%；斑岩型矿石平均含 Ba 0.0049%（21）、Cd 0.0264%、Cr 0.0054%、Li 0.0023%、Sc 0.0011%；沉积岩型矿石 Ba 0.0241%（10）、Cd 0.0090%、Cr 0.0061%、Li 0.0005%、Sc 0.0013%。显然，脉型矿石除了含银最高，含钡也最高，沉积岩型矿石中钡含量较高，钡在银矿化中起到矿化剂作用；镉、锂含多在中-低温热液和热液交代作用中富集，意味着这种中-低温热液成矿环境，利于银矿化的进行。

表 3-13 典型矿区伴生银矿石与围岩多金属和常量元素含量

矿床名称	岩性	元素含量/%													样品数
		Pb	Zn	Cu	Al_2O_3	CaO	MgO	K_2O	Na_2O	P_2O_5	Mn	FeO	Ag	Au	
江西冷水坑银路岭	铅锌银矿石	4.51	9.908	0.052	7.222	0.121	0.301	1.678	0.048	0.071	0.639	11.043	374.29	0.18	13
	花岗斑岩	0.118	0.38	0.032	10.33	0.089	0.214	4.17	0.091	0.041	0.332	6.29	19.28	0.0066	6
	凝灰岩	0.17	0.117	0.021	10.86	0.16	0.33	4.59	0.12	0.058	0.733	4.98	7.99	0.031	17
冷水坑下鲍	银矿石	1.38	0.0059	0.028	4.17	0.72	1.995	0.50	0.017	0.124	4.30	23.30	244.60	1.13	8
	围岩（贫矿）	0.38	0.049	0.0018	5.47	0.66	1.29	1.82	0.046	0.39	3.123	16.91	43.23	0.14	12
湖南石景冲	铅锌银矿石	6.22	12.59	0.43	2.99	0.089	0.20	0.56	0.011	0.084	0.040	13.59	1807.86	1.166	8
	围岩	0.019	0.033	0.019	9.72	0.39	1.58	2.47	0.124	0.089	0.17	5.86	15.49	0.13	8
江西银山	铜铅锌银矿石	15.63	7.29	1.83	4.32	0.18	0.32	0.59	0.0022	0.204	0.64	19.57	560.42	0.77	10
	围岩	0.13	0.485	0.039	11.01	0.264	0.91	2.899	0.17	0.18	0.296	12.022	7.40	0.17	12
湖南黄沙坪	铅锌银矿石	7.98	16.69	0.412	3.011	3.25	0.808	0.073	0.017	0.15	0.64	31.41	118.90	0.0044	8
	围岩	0.048	0.14	0.040	11.26	2.46	0.26	7.96	0.44	0.022	0.15	1.50	3.39	0.0033	4
湖北银洞沟	铅锌银矿石	0.78	1.56	0.202	3.40	0.27	0.92	1.104	0.23	0.09	0.039	0.83	394.74	1.67	8
	金银矿石	0.031	0.052	0.15	5.21	0.13	8.12	1.20	0.32	0.023	0.071	1.26	2214.94	61.631	4

续表 3-13

矿床名称	岩性	元素含量/%											Ag	Au	样品数
		Pb	Zn	Cu	Al₂O₃	CaO	MgO	K₂O	Na₂O	P₂O₅	Mn	FeO	Ag	Au	
河北营房	铅锌银矿石	1.61	3.63	0.12	2.40	1.70	0.002	1.59	0.019	0.0095	0.0062	6.50	1293.6	9.59	5
湖南康家湾	铅锌银矿石	32.5	24.14	0.121	1.49	0.038	0.11	0.051	0.001	0.054	0.32	15.51	878.46	1.17	5
水口山鸭公堂	铅锌银矿石	0.078	6.15	1.79	3.21	15.98	1.14	0.087	0.028	0.213	0.26	34.10	30.30	0.29	4
湖南宝山东	铅锌银矿石	12.24	20.61	0.35	2.65	2.83	0.14	0.20	0.001	0.87	0.28	26.16	301.1	1.22	4
江西乐华	铅银矿石	4.98	0.402	0.027	9.77	0.474	0.883	3.074	0.072	0.083	0.080	9.45	83.53	0.033	4
	银矿石	0.16	0.028	0.0008	7.91	6.11	2.98	2.54	0.088	0.111	0.98	5.88	168.7	0.112	6
广东厚婆坳	铅锌银矿石	13.8	2.075	0.19	2.48	0.022	0.17	0.18	0.001	0.11	0.036	22.12	664.27	0.112	3
广西镇龙山	铅锑银矿石	9.26	0.493	0.022	3.10	0.11	0.17	1.11	0.020	0.12	0.036	5.40	137.35	0.518	7
湖南柏坊	铜银矿石	0.078	0.34	24.54	1.47	10.15	1.57	0.35	0.055	1.32	0.026	1.083	1012.16	0.028	4
江西天祥山	铜银矿石	0.060	0.23	5.94	8.12	3.025	1.032	1.54	0.083	0.26	0.074	22.28	198.48	0.29	12
江西东乡	铜银矿石	0.27	0.45	31.53	2.43	0.029	0.13	0.026	0.001	1.73	33.99	29.47	681.74	0.80	2
山东十里堡	铅锌银矿石	3.73	1.54	0.064	5.12	0.067	0.064	2.14	0.092	0.001	0.0032	0.68	2870.16	1.062	4

注：Ag、Au 单位为 g/t。

表 3-14 典型矿区伴生银矿石与围岩微量元素分析

元素含量/g·t⁻¹

矿床名称	岩性	Ba	Ge	Cd	Ce	Co	Cr	La	Li	Ni	Sc	Sr	Ti	V	Y	Yb
江西冷水坑银路岭	铅锌银矿石	50.588	1.911	353.701	35.739	4.030	38.191	44.232	27.874	24.842	8.396	6.332	466.999	19.832	27.702	7.293
	花岗斑岩	281.96	3.076	15.69	54.49	3.099	43.54	41.173	24.785	34.084	7.132	12.70	764.36	16.32	24.68	5.99
	凝灰岩	430.26	3.20	4.28	105.30	3.73	48.48	68.76	31.095	28.08	7.827	20.32	933.058	22.95	26.67	11.15
江西冷水坑下鲍	银矿石	44.53	2.24	88.6	30.58	8.32	88.06	69.10	13.82	3.76	15.39	7.93	401.34	60.06	44.35	148.94
	围岩	245.40	3.042	14.05	38.01	9.47	113.51	61.33	25.62	13.97	13.85	22.11	568.19	57.73	38.36	119.68
江西银山	铜铅锌银矿石	22.67	0.38	301.87	21.43	15.63	112.84	66.03	20.65	41.15	14.13	48.54	710.57	45.51	41.12	7.53
	围岩(贫矿)	230.82	1.68	12.064	37.57	12.41	75.68	53.82	32.73	55.72	14.20	50.91	2276.48	73.93	27.58	7.24
湖北银洞沟	铅锌银矿石	283.41	0.99	63.95	13.13	1.13	8.07	7.23	6.75	6.49	2.97	37.33	236.15	16.33	4.51	6.53
	金银矿石	232.86	1.36	2.092	23.83	1.42	13.87	14.31	19.53	9.26	4.89	14.77	442.654	27.13	4.74	13.52
河北营房	铅锌银矿石	93.26	0.36	78.02	19.54	4.22	184.02	23.22	62.52	11.30	205.81	13.056	265.53	9.99	19.25	1.33
湖南康家湾	铅锌银矿石	0.001	0.001	847.74	2.62	1.23	155.30	35.35	40.34	39.27	7.63	0.001	66.63	20.64	25.37	1.061
湖南黄沙坪	铝锌银矿石	0.66	0.001	569.06	27.14	2.34	25.013	96.23	3.93	45.89	18.32	7.23	91.742	44.55	57.09	1.93
	围岩	74.31	5.75	4.88	39.50	0.28	11.31	20.14	33.50	13.34	5.59	48.04	609.68	14.27	41.54	12.10
水口山鸭公堂	铅锌银矿石	1.42	1.02	2.98	39.99	63.78	88.80	105.67	23.77	55.61	17.74	97.01	348.89	76.44	61.60	4.96

续表 3-14

矿床名称	岩性	元素含量/g·t⁻¹														
		Ba	Ge	Cd	Ce	Co	Cr	La	Li	Ni	Sc	Sr	Ti	V	Y	Yb
湖南宝山东	铅锌银矿石	0.001	0.001	596.05	51.24	79.61	148.97	104.36	0.001	59.41	13.84	0.019	137.94	35.36	44.86	1.84
江西乐华	铅银矿石	135.23	1.64	219.46	36.26	23.78	57.86	719.11	3.68	89.46	15.063	16.38	2031.13	107.93	20.943	5.56
山东十里堡	银矿石	311.72	2.31	4.073	39.20	13.19	62.18	31.09	6.312	36.66	11.47	127.41	1909.30	78.30	16.97	89.78
山东十里堡	铅锌银矿石	919.60	0.317	43.51	8.66	4.07	382.70	8.51	118.55	1.87	1.12	100.93	406.90	5.43	0.97	0.31
湖南石景冲	铅锌银矿石	45.01	0.32	1472.38	16.48	6.68	88.35	44.696	31.90	34.28	9.86	3.56	213.966	29.81	23.90	0.090
湖南石景冲	围岩	223.03	2.39	0.0010	46.12	13.99	83.77	37.89	46.22	51.41	12.24	20.99	1422.88	70.835	15.093	7.61
广东厚婆坳	锡铅锌银矿石	40.17	0.054	333.67	73.20	79.96	280.40	86.85	41.90	60.11	12.87	4.76	222.04	26.60	40.81	0.024
广西镇龙山	铅锑银矿石	284.86	1.004	86.44	19.49	4.82	189.73	24.12	56.74	28.55	5.39	35.32	712.05	25.49	12.31	3.35
湖南柏坊	铜银矿石	101.47	2.71	362.62	14.25	28.50	187.51	10.18	10.03	63.96	6.19	47.04	364.35	62.19	10.01	0.73
江西天排山	铜银矿石	199.50	1.26	2.57	38.57	19.42	138.59	81.25	13.08	58.39	16.16	40.74	791.97	65.55	43.86	3.58
江西东乡	铜银矿石	2.056	1.62	10.70	12.17	31.36	285.60	72.06	171.66	65.94	19.04	58.86	257.93	41.88	49.10	2.31

注：样品个数同表 3-13。

表3-15 典型矿区伴生银矿石与围岩元素组分平均含量

(g/t)

元素	斑岩型		火山岩型		矽卡岩型		脉型				沉积岩型
							Pb-Zn-Ag		Sb-Pb-Ag	Sn-Pb-Ag	Mn-Pb-Zn-Ag
	矿石	围岩	矿石	围岩	矿石	围岩	矿石	围岩	矿石	矿石	矿石
Ba	48.66	341.45	144.15	230.82	0.521	74.31	482.3	223.01	199.5	40.17	241.12
Be	2.02	3.13	0.70	1.18	0.256	5.75	0.32	2.39	1.26	0.054	2.04
Cd	263.67	9.59	144.40	12.064	530.86	4.88	756.9	0.0010	2.57	333.7	90.23
Ce	34.14	61.57	18.98	37.87	30.25	39.52	12.54	46.12	38.57	73.20	38.02
Co	5.39	5.59	7.12	12.41	36.74	0.28	5.38	13.99	19.42	79.96	17.43
Cr	53.94	69.93	80.32	75.68	104.52	11.31	265.5	83.77	138.59	280.40	60.45
La	52.09	61.48	33.02	53.82	85.40	20.14	26.74	37.89	81.25	86.85	306.30
Li	23.44	28.14	24.12	32.73	17.01	33.50	75.23	46.22	13.08	41.90	5.26
Ni	18.18	24.27	20.63	55.72	50.05	1.34	18.08	51.41	58.39	80.11	49.78
Sc	10.61	9.77	49.92	14.20	14.38	5.59	5.49	12.24	16.16	12.87	12.91
Sr	6.84	19.63	33.64	50.91	26.07	48.04	52.25	20.99	40.74	4.76	83.00
Ti	446.27	779.04	446.23	2276.48	161.35	609.68	310.43	1422.88	791.97	222.04	1958.00
V	32.60	33.72	27.56	13.93	44.25	14.27	17.62	70.835	85.55	26.60	90.15
Y	32.96	30.34	20.83	27.56	47.23	41.54	12.43	15.093	43.86	40.81	18.56
Yb	53.02	47.48	6.97	7.24	2.45	12.10	0.20	7.61	3.58	0.024	56.09

续表 3-15

元素	斑岩型 矿石	斑岩型 围岩	火山岩型 矿石	火山岩型 围岩	矽卡岩型 矿石	矽卡岩型 围岩	脉型 Pb-Zn-Ag 矿石	脉型 Pb-Zn-Ag 围岩	脉型 Sb-Pb-Ag 矿石	脉型 Sn-Pb-Ag 矿石	沉积岩型 Mn-Pb-Zn-Ag 矿石
Au	0.48	0.064	11.64	0.17	0.671	0.0033	1.131	0.13	0.518	0.112	0.080
Ag	324.88	22.01	892.20	7.40	322.19	3.39	2161.96	15.49	137.35	664.30	134.63
Pb	3.52	0.166	6.32	0.13	13.88	0.048	5.39	0.019	9.26	12.80	2.09
Zn	6.78	0.14	3.84	0.485	16.90	0.14	8.91	0.033	0.493	2.075	0.178
Cu	0.044	0.011	0.782	0.039	0.668	0.040	0.308	0.019	0.022	0.19	0.161
Mn	1.80	1.48	0.27	0.296	0.375	0.15	0.028	0.17	0.0263	0.036	0.62
FeO	14.91	9.30	8.88	12.02	26.80	1.50	9.29	5.86	5.40	22.12	7.31
Al$_2$O$_3$	6.26	8.92	3.82	11.01	2.59	11.26	3.70	9.72	3.10	2.48	8.85
CaO	0.31	0.32	0.48	0.264	5.53	2.46	0.082	0.39	0.11	0.022	3.86
MgO	0.84	0.64	1.30	0.91	0.55	0.26	0.155	1.58	0.17	0.17	2.05
K$_2$O	1.31	3.50	1.02	2.899	0.103	7.96	1.087	2.47	0.11	0.18	2.75
Na$_2$O	0.038	0.090	0.120	0.17	0.012	0.44	0.038	0.124	0.020	0.001	0.082
P$_2$O$_5$	0.088	0.17	0.107	0.18	0.322	0.022	0.0059	0.089	0.12	0.11	0.099
样品个数	21	35	27	12	21	4	12	8	7	3	10

注：Ba 至 Ag 的单位为 g/t，Pb 至 P$_2$O$_5$的单位为%。

另外，矽卡岩型矿石中 Co 含量最高，平均 0.0037%（21），其次是脉型 0.0020%（22），有些矿区已达到综合评价指标，值得关注。沉积岩型矿石中 Sr、Ti、V 含量最高。

3.2.2.3 矿石与围岩元素含量

（1）冷水坑银路岭与下鲍矿区。

银路岭矿区共采集两类围岩，其中花岗斑岩中 Ag（19.28g/t，6 件平均值，下同）大于凝灰岩中 Ag（7.99g/t，17）；花岗斑岩的 CaO、MgO、K_2O、Na_2O、P_2O_5、Mn 含量均低于凝灰岩；花岗斑岩中 Au 含量（0.0066g/t，6）低于凝灰岩中 Au（0.031g/t，17）。（见图 3-3）。

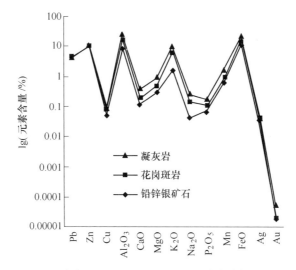

图 3-3 江西冷水坑矿区矿石与围岩银与成矿元素含量对数图

下鲍矿区矿体产在锰碳酸盐中，围岩中银矿化特强，含银甚至超过采集的矿石，平均达到 43.23g/t（12），远高于银路岭矿区的花岗斑岩和凝灰岩的银含量；下鲍矿区围岩的 Au 含量平均 0.14g/t（12），也远高于银路岭两种围岩中的金含量。下鲍围岩的 Al_2O_3、K_2O、Na_2O、P_2O_5含量高于矿石，Mn 含量高于银路岭的花岗斑岩和凝灰岩，是银路岭围岩锰含量的 4~9 倍（见图 3-4）。锰是下鲍矿区重要矿化剂元素。

（2）石景冲、十里堡矿区。石景冲矿区矿石含银较高，平均 1807.86g/t（8），Pb 6.22%，Zn 12.59%，围岩含银平均 15.49g/t（8），Pb 0.019%，Zn 0.033%，说明矿区含银背景值较高，为银的富集成矿创造了有利条件。围岩中 Al_2O_3、CaO、MgO、K_2O、Na_2O、P_2O_5 和 Mn 含量均高于矿石，且 $K_2O>Na_2O$，利于银矿化（见图 3-5）。

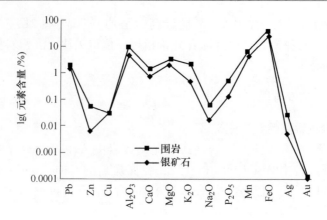

图 3-4　下鲍矿区矿石与围岩元素含量对数图

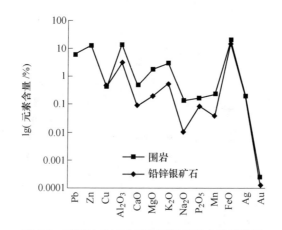

图 3-5　石景冲矿区矿石与围岩元素含量对数图

十里堡矿区矿石含银最高，达 2870.16g/t（4），Au 与 K_2O、Na_2O 含量与石景冲矿石相近，只是铅锌含量较低，两个矿区成矿条件有相似之处。

（3）厚婆坳与镇龙山矿区。厚婆坳与镇龙山矿区矿石主金属组成有差别，前者锡铅锌银共生，后者锑铅银共生，但成矿元素含量特征相似，均显示 $w(Pb)$ > $w(Zn)$，Al_2O_3、CaO、MgO、K_2O、Na_2O、P_2O_5 和 Mn 含量比较接近，只是镇龙山矿石的 Na_2O 高于厚婆坳，是后者的 20 倍，而 Au 含量是厚婆坳的 4.6 倍，厚婆坳的铅锌高于镇龙山，分别是后者的 1.5 倍和 4.2 倍，其银含量是镇龙山的 4.8 倍。说明在其他条件相似的情况下，钠化更利于金、锑矿化，铅锌更利于银矿化。

（4）银洞沟与银山矿区。银洞沟有两种矿石类型，即铅锌银矿石和金银矿石，两者均显示 $w(Pb)$ < $w(Zn)$，且 Cu、Al_2O_3、CaO、FeO、P_2O_5 和 Mn 含量比较接近，但金银矿石的 MgO、K_2O、Na_2O 含量高于铅锌银矿石，Mn 含量也略高

于铅锌银矿石,这些综合因素促进了银、金的富化,银、金含量分别是铅锌银矿石的 5.6 倍与 36.9 倍。

江西银山采集了铅锌银矿石,含有少量铜,$w(Pb) > w(Zn)$,Pb:Zn = 2.14,围岩中 K_2O 含量远高于 Na_2O,导致银含量很高,金含量较低,是矿区银平均含量的 3 倍;围岩中成矿元素与硅酸盐含量变化,与矿石基本同步(见图 3-6)。

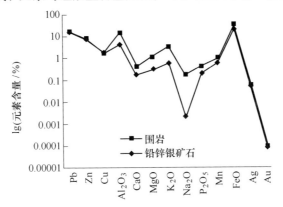

图 3-6 银山矿区矿石与围岩元素含量对数图

(5)黄沙坪、康家湾、水口山、宝山东矿区。这几个矿区均为铅锌银矿化组合,除了康家湾矿区矿石中 $w(Pb) > w(Zn)$,含 Ag 最高,含 Au 略低于宝山东,余者矿区矿石均为 $w(Pb) < w(Zn)$。黄沙坪矿区围岩以钙铁榴石、钙铝榴石和钙铁辉石为主,Al_2O_3 含量最高,Pb、Zn 含量低,Ag、Au 含量也低,银矿化的背景条件不及康家湾和宝山东理想(见图 3-7)。

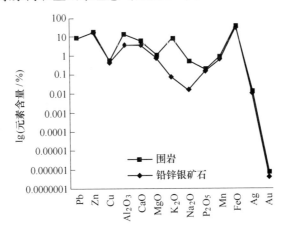

图 3-7 黄沙坪矿区矿石与围岩元素含量对数图

研究发现,伴生银的铅锌矿中,铅锌矿石的银含量显示与铅锌含量为相关关系,而富银矿石(指 Ag>100g/t 的矿石)的银含量与铅锌含量并不一定呈同步消长关系，这种特点与独立银矿有相似之处。如江西乐华铅银矿石中，含 Pb 4.98%（4 件矿石平均值，下同），Zn 0.402%，Ag 83.53g/t；银矿石含 Ag 达到 168.7g/t（6），Pb 0.16%，Zn 0.028%，虽然 Pb、Zn 含量分别为前者的 1/31 与 1/14，但 Ag 含量却是前者的 2 倍，这反映出银的沉淀环境总体上与铅锌相伴随，但局部物理化学条件的影响，也可促使铅锌与银分离，这一特点在许多矿区都有反应，应用这个特点，对于在铅锌矿床的近矿围岩中贫铅锌矿化区寻找独立银矿是个重要启迪，甚至成为寻找银矿的重要成功思路，如辽宁高家堡子大型银矿，原属于青城子铅锌矿外围铅锌含量低于工业品位的区段，通过重新化验岩芯库中原样的银含量而被发现。

3.2.3 矿石、围岩元素相关性

众所周知，衡量相关程度的置信度随着参加计算的样品数量的变化而有所不同，因而不能对不同矿区不同计算条件下获得的相关系数进行直接比较，重要的是能清楚反映元素间相关程度的总体趋势。

为定量研究银的成矿地质环境，将矿石与围岩各种元素含量，应用数学地质方法，进行了 R 型聚类分析、因子分析与相关分析。

3.2.3.1 R 型聚类分析

样品数：192 个。为采自 19 个矿床的伴生银矿石与围岩标本，其中围岩标本 60 件。

变量数：27 个。即 Ba、Be、Cd、Ce、Co、Cr、La、Li、Ni、Sc、Sr、Ti、V、Y、Yb、Mn、FeO、Al_2O_3、CaO、MgO、K_2O、Na_2O、P_2O_5、Pb、Zn、Cu、Ag 等。

计算了 Ag 与其余变量的相关系数（见表 3-16）。

表 3-16 矿石中 Ag 与其他元素相关系数 γ

($N=192$ $M=27$)

元 素	相关系数	元 素	相关系数
Ba	−0.1349	Li	0.1535
Be	−0.1839	Mn	0.0354
Cd	0.1044	Ni	−0.1559
Ce	−0.0343	Sc	0.1002
Co	0.0035	Sr	−0.0919
Cr	0.0086	Ti	−0.1744
La	−0.0582	V	−0.0573

续表 3-16

元　素	相关系数	元　素	相关系数
Y	−0.1595	Na_2O	−0.1318
Yb	−0.0923	P_2O_5	0.2129
FeO	−0.0822	Pb	0.3091
Al_2O_3	−0.2952	Zn	0.1247
CaO	−0.0940	Cu	0.1780
MgO	−0.1146	Ag	1.0000
K_2O	−0.2197		

注：N 为样品数，M 为变量数；$\gamma_\alpha < 0.1638$。

从表 3-16 可以看出，Ag 与 Pb 最相关（$\gamma = 0.3091$），其次为 Cu（$\gamma = 0.1780$），弱相关为 Zn（$\gamma = 0.12471$），Cd（$\gamma = 0.1044$），与其他元素不相关或负相关。

各元素之间的密切程度直接反映在 R 型聚类分析图（见图 3-8），显示 Ag 与 Pb、Zn、Cd、Mn 的关系更为密切。

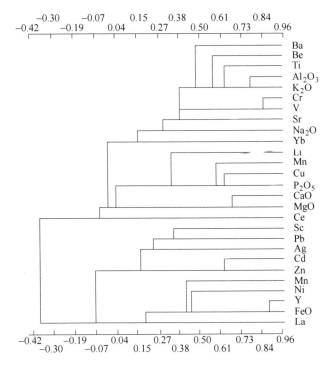

图 3-8　伴生银矿石 R 型聚类分析
（$N = 192$；$M = 27$）

　　为了解金与银及其他金属的关系，并突出主要成矿元素相关性质，又对 160 件伴生银矿石样品，14 个变量进行了聚类分析。这些变量是：Cd、Ce、Co、La、Mn、Ni、Sc、Y、FeO、Au、Pb、Zn、Cu、Ag。

　　Ag 与其他 13 种变量的相关系数见表 3-17。

表 3-17　　矿石中 Ag 与 Au 等元素的相关系数

($N=160$　$M=14$)

元　素	相关系数 γ	元　素	相关系数 γ
Cd	0.0942	Y	−0.1841
Ce	−0.2194	FeO	−0.1132
Co	−0.0024	Au	0.5542
La	−0.1946	Pb	0.2960
Mn	0.0337	Zn	0.1190
Ni	−0.1694	Cu	0.1714
Sc	0.0970	Ag	1.0000

　　注：$\gamma_\alpha < 0.1638$。

　　从表 3-17 可知，与 Ag 相关最密切的是 Au，（相关系数 $\gamma = 0.5542$），其次是 Pb（$\gamma = 0.2960$），弱相关者有 Cu（$\gamma = 0.1714$），Zn（$\gamma = 0.1190$），其他元素与 Ag 不相关或负相关。

　　聚类分析图（见图 3-9）清楚地反映出，对银矿化过程有较大影响的是 Pb、Au、Zn、Cd；对 Au 有较大影响的除了 Ag、Zn、Cd、Pb 之外，还有 Cu、Sc、Mn。

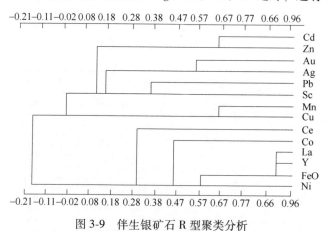

图 3-9　伴生银矿石 R 型聚类分析

($N=160$；$M=14$)

　　（1）Pb-Zn-Ag 组合型矿床。Pb-Zn-Ag 型矿床矿石聚类分析显示，Ag 与 Pb、Mn、Au、Cu、Cd 具有密切关系，特别是 Ag-Pb 最为密切。如银山、黄沙坪、石景冲、营房、康家湾和水口山矿区矿石聚类分析如图 3-10~图 3-14 所示。

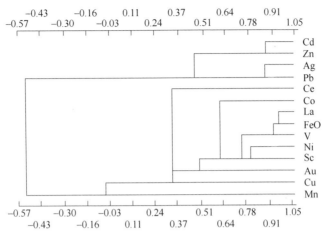

图 3-10 江西银山矿石与围岩 R 型聚类分析

($N=22$；$M=14$)

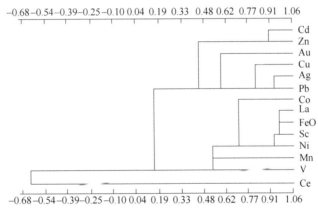

图 3-11 湖南黄沙坪矿石与围岩 R 型聚类分析

($N=12$；$M=14$)

Ag 与 Pb 的相关具有普遍意义，为该类型矿石聚类分析的标志性相关元素对，也是矿化类型划分的重要显示。银与其他元素在聚类分析图中的关系，因矿床成矿环境而有所区别。江西银山矿田，Ag 与 Pb、Zn、Cd 聚为一类，Au 与 Cu、Mn 聚为一类，反映它们分别在不同区段（银山区段的铅锌银矿，九龙上天区段的银铜金矿）富集成不同矿化组合的矿床。

黄沙坪与石景冲矿石聚类分析结果相似，显示 Ag 与 Pb-Cu-Au-Zn-Cd 聚为一类，并且 Ag 与它们的密切程度均以上述次序递减，反映了成矿环境的相似性。

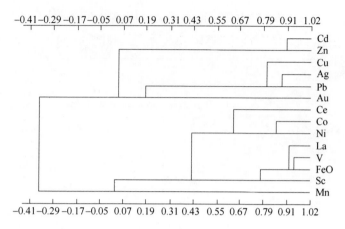

图 3-12　湖南石景冲矿石与围岩 R 型聚类分析

（*N*=17；*M*=14）

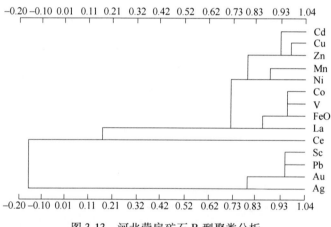

图 3-13　河北营房矿石 R 型聚类分析

（*N*=5；*M*=14）

河北营房的矿石聚类图显示，Ag 与 Au 的密切程度超过 Ag 与 Pb，这可能是矿区近围有金矿存在的反映，距营房 1km 的牛圈金银矿 Au 品位为 37.0g/t，Ag 517.19g/t。

康家湾与水口山伴生银矿石 R 型聚类分析，呈现出 Ag 与 Pb、Mn、Cr、Au、Zn、Cd 聚为一类，而 Cu 与上述元素相距甚远，既反映了 Au、Ag、Pb、Zn 为共生产出，Cu 与 Ag、Au 并非同期产物。

（2）Pb-Zn-Mn-Ag 组合型矿床。如鲍家，为层状铁锰铅锌银矿，属陆相火山喷气沉积-火山热液改造异源叠加复成矿床，矿石聚类分析显示，Ag 与 Zn-Mn-Cu-Pb-Cd 密切程度依次递减的特征（见图 3-15）。银的配分结果表明，有 45% 的

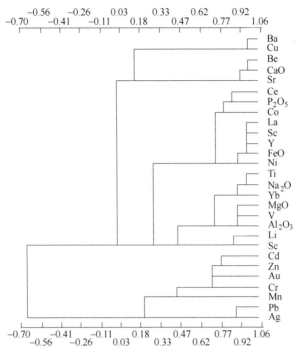

图 3-14 湖南康家湾水口山矿石 R 型聚类分析

($N=9$；$M=28$)

银与闪锌矿有关（曾卫胜，1987 年），矿体的主要围岩菱铁锰矿，并非沉积生成，为火山沉积-变质成因，银与锰存在密切的依存关系，因而银与锌、锰关系尤为密切。

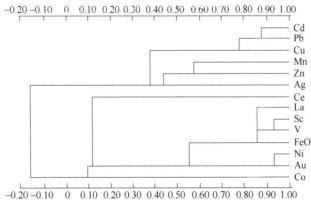

图 3-15 江西冷水坑鲍家矿石 R 型聚类分析

($N=10$；$M=14$)

（3）Pb-Zn-Sb-Ag 组合型矿床。如镇龙山，Ag 与 Cu-Au 最密切，次为 Zn-Pb-Cd，与 Pb-Zn-Ag 组合型矿床明显不同。Au-Ag 型、Cu-Ag 型以及 Sn-Pb-Zn-Ag 型矿石聚类分析也显示了与之相似的特点。可见 Au-Ag-Cu 聚类相关组可作为这些矿化类型的聚类分析的标志性相关元素组（见图 3-16）。

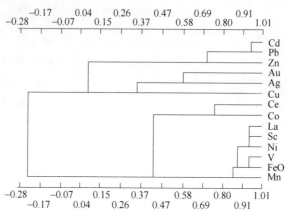

图 3-16　广西镇龙山矿石 R 型聚类分析

（$N=7$；$M=14$）

（4）多金属银组合型矿床。湖南宝山铜钼矿和铅锌银矿位于宝山多金属矿田，存在两期矿化，即以花岗闪长斑岩为中心的高温铜钼矿化和位于花岗闪长斑岩外围的低温铅锌银矿化，热液运移通道和控矿构造也各成系统，F_0 断层控制着中部铜钼矿床，F_{21} 控制深部铅锌银矿，F_{23}、F_{25} 控制北部铅锌银矿。经齐钒宇等人[91]对矿区蚀变岩脉样品全岩分析数据进行聚类分析（见图 3-17）。

从聚类分析图可以看出，Pb、Zn、Ag 与 Hg、Sb、As 元素构成一类，而 Cu、Mo 则与 W、Bi、Sn 及 Co、Ni、Au 构成一类。其中 Au 与 Co、Ni 的相关性更高，却与化学性质相似的 Ag 相关性较差。说明 Au 与 Ag 成矿是相对独立的地质过程。Cu 与亲铜元素 Pb、Zn、Ag、Hg、Sb、As 等相关性较差，也进一步说明，宝山矿田 Cu 矿化与 Pb、Zn、Ag 矿化是斑岩-矽卡岩成矿系统中不同成矿阶段的产物。

3.2.3.2　因子分析

因子分析旨在研究变量间的内在关系，以进一步探索产生这些相关关系的内在原因，它可以从所研究的现象中抽出若干带有规律性的东西，以简单明了的数学模型显示出来。为节省篇幅这里仅举几个典型矿床矿石正交因子旋转模型与斜交因子旋转模型。初始因子经过正交旋转之后，可以使所得的新因子模型在一定程度上较好的模拟自然模型，斜方因子旋转，可以更接近自然界的普遍现象。

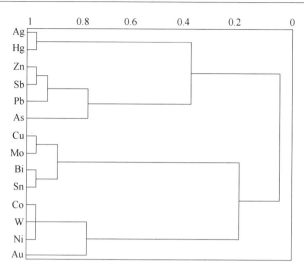

图 3-17 湖南宝山多金属矿田成矿元素 R 型聚类分析[91]

以银山、石景冲、冷水坑为例：

银山矿区矿石与围岩的正交因子旋转模型图（见图 3-18），显示 Ag 与 Pb、Zn、Cd 关系最密切，Ag 与 Mn、Cu 较密切，Ag 与其他元素不密切或没有直接的必然联系。

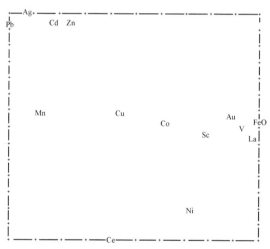

图 3-18 江西银山矿石与围岩正交因子旋转模型

银山矿区矿石与围岩斜交因子旋转模型图（见图 3-19），元素之间相关性清楚直观，Ag-Pb-Zn-Cu-Cd、Au-Mn、V-Sc 之间有较确定的成矿的密切关系。

石景冲矿石的正交因子旋转模型图（见图 3-20），Ag 与 Pb 关系密切，Ag 与 Cu、Zn、Cd、Au、Mn 有几乎相似的关系，其中 Zn-Cd-Mn-Au 之间关系也相当密

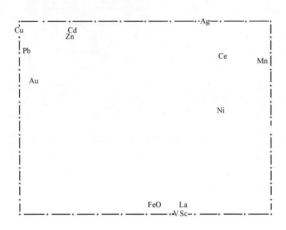

图 3-19　江西银山矿石与围岩斜交因子旋转模型图

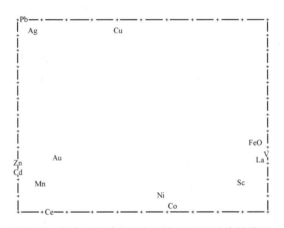

图 3-20　湖南石景冲矿石与围岩正交因子旋转模型

切。石景冲矿石的斜交因子旋转模型图（见图 3-21）说明，Ag、Pb、Cu 有密切的成因联系，而 Au、Co 关系更密切。

冷水坑矿石与围岩正交因子旋转模型图（见图 3-22）显示了以 Ag 为中心，呈带状展布特征的元素关系组合，即 Au-Pb-Cd-Zn-Ag-Mn，预示矿区存在两期银矿化，一期与 Pb-Zn-Cd-Au 有关，另一期与 Mn 有关。斜交因子旋转模型图（见图 3-23）显示 Ag 与 Pb-Zn-Cd、Au 与 Mn 之间存在密切成生关系。

3.2.3.3　相关分析

对某些矿区矿石与围岩多元素测试结果分别进行复相关分析，仅就 Ag 与其他元素相关分析结果摘录（见表 3-18）。

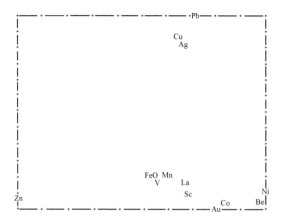

图 3-21 湖南石景冲矿石与围岩斜交因子旋转模型

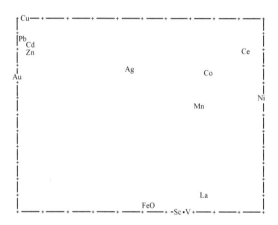

图 3-22 冷水坑矿石与围岩正交因子旋转模型

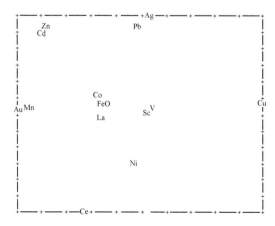

图 3-23 冷水坑矿石与围岩斜交因子旋转模型

表 3-18　矿石与围岩中银与其他元素复相关分析系数 γ

元素	江西银山矿石 (N=10, M=28)	江西鲍家围岩 (N=17, M=28)	康家湾水口山矿石 (N=9, M=28)	黄沙坪矿石 (N=12, M=14)
Ba	−0.6151	−0.2579	−0.2850	
Be	−0.1075	−0.0566	−0.5530	
Cd	0.3734	0.3785	0.6352	0.5636
Ce	−0.7994	−0.3856	−0.7359	−0.6995
Co	−0.6134	−0.2070	−0.4909	0.1973
Cr	−0.3676	0.0914	0.0863	
La	−0.5868	−0.1315	−0.6.97	−0.0434
Li	−0.5324	0.0100	0.4115	
Mn	−0.2802	−0.0167	0.0490	−0.0400
Ni	−0.6924	0.0073	−0.4608	−0.0335
Sc	−0.5668	−0.1350	−0.5351	−0.0719
Sr	−0.2927	−0.2994	−0.4403	
Ti	−0.3300	−0.0132	−0.2522	
V	−0.4550	−0.0600	−0.5587	
Y	−0.5046	−0.1238	−0.5471	−0.2789
Yb	−0.3271	−0.0864	−0.3373	
FeO	−0.5380	−0.0588	−0.4973	0.0262
AlO	−0.7403	0.1532	−0.4377	
CaO	−0.2562	0.0081	−0.5585	
MgO	−0.3376	−0.0235	−0.5371	
KO	−0.5226	−0.2072	0.1763	
NaO	−0.2671	−0.0771	−0.3194	
P_2O_5	−0.4865	−0.0121	−0.6454	
Au	−0.3027	0.1094	0.1580	0.5728

元素	江西银山矿石 ($N=10$, $M=28$)	江西鲍家围岩 ($N=17$, $M=28$)	康家湾水口山矿石 ($N=9$, $M=28$)	黄沙坪矿石 ($N=12$, $M=14$)
Pb	0.8823	0.4391	0.9328	0.9545
Zn	0.4604	0.4361	0.4125	0.5300
Cu	-0.1172	-0.1240	-0.2821	0.7895
Ag	1.0000	1.0000	1.0000	1.0000
γ_α	0.5494	0.4124	0.5822	0.4973

注：N 样品个数；M 元素个数；当置信度 $\alpha=0.10$，γ_α 相关系数临界值。

从表 3-18 可以看出，给定置信度 $\alpha=0.10$，相关显著性检验结果：江西银山矿石，Ag 与 Pb 显著正相关（$\gamma=0.8823$），Ag 与 Zn 弱相关（$\gamma=0.4604$）；鲍家矿区围岩，Ag 与 Pb（$\gamma=0.4391$）、Zn（$\gamma=0.4361$）相关。湖南康家湾与水口山矿石，Ag 与 Pb 显著正相关（$\gamma=0.9328$），其次 Ag 与 Cd（$\gamma=0.6352$），与 Zn 弱相关（$\gamma=0.4125$）；黄沙坪矿石，Ag 与 Pb（$\gamma=0.9545$）、Cu（$\gamma=0.7895$）相关密切，Ag 与 Au（$\gamma=0.5728$）、Zn（$\gamma=0.5300$）和 Cd（$\gamma=0.5636$）相关。概括的说，与 Ag 相关程度从强至弱的变化趋势为：Pb→Zn→Cd→（Au），个别矿区还有差异，如黄沙坪，Ag 与 Cu（$\gamma=0.7895$）相关。

列出了 42 个矿区（段）矿石中 Ag 与其他元素的相关系数（见表 3-19）。

从表 3-19 可以看出，对于 Pb-Zn-Ag 矿石，Ag 与 Pb 之间呈显著正相关，相关程度超过其他成矿元素，相关系数 γ 为 0.53~0.98（36 个矿区，下同）；Ag 与 Sb 正相关，γ 为 0.56~0.82（5）；Ag 与 Zn 次相关，γ 为 0.11~0.85（20）；Ag 与 Cu 相关，γ 为 0.5011~0.9197（12）；Ag 与 Au 相关，γ 为 0.42~0.79（12）；Ag 与 As 弱相关或不相关。即有色金属与 Ag 相关程度可表达为 Pb≫Sb>Cu>Au>Zn>Sn>As。有些元素计算结果太少，难以做出准确判断和比较。

火山岩型的伴共生银矿石，与 Ag 的相关程度：Au>Cu>Zn，如银洞沟、澜沧老厂、支家地；铜锡银矿矿石，Ag 与 Sn 正相关，如内蒙古罕山林场，γ 为 0.90；脉型钨锡银矿石，与 Ag 相关程度：Cu>Pb>Sb>Zn，如瑶岗仙、香花岭；变质岩型、矽卡岩型，特别是伴生银金的矿石，与 Ag 相关程度显示：Au>Cu>Pb>Zn>As，如桐柏大河，江西铁砂街，铜陵鸡冠石。其他元素与 Ag 相关性不明显或不相关。

铁锰帽型 Pb-Zn-Ag 矿石，Ag 与 Pb 呈显著正相关，相关系数 γ 为 0.7483，Ag 与 Zn、Fe 不相关，如云南矿山厂。

表 3-19　主要矿区伴生银矿石银与成矿元素的相关系数[10, 31, 34, 35, 37, 58, 61, 72, 77, 85, 92~98]

矿床类型	矿床名称	Pb	Zn	Cu	S	As	Au	Sb	Sn	Bi	Fe	Mn	γα
	云南澜沧老厂	0.57~0.9											
	山西支家地	0.84											
	河北营房	0.578	0.367				0.583						0.90
	内蒙古长汉卜罗	0.8724	0.9973	0.9635									
	内蒙古罕山林场								0.90				
	辽宁红透山		0.8343	0.9487	0.3981		0.2228				0.3935		0.5324
火山岩型	江西银山北山九区银山区（134）	0.690	0.655	0.085			0.455						0.385
	江西银山铜区（21）	0.376	0.058	0.423	0.546	0.259	0.475						0.433
	江西银山西山南区（14）	0.7754	0.6455	0.766			0.426						0.532
	青海锡铁山				0.2405		-0.1356				0.0835		0.5494
	湖北银洞沟	0.56	0.56				0.73						
	广东厚婆坳	0.7752											
	山东十里堡	0.58	0.58	0.61			0.79						0.367
	河北青羊沟（141）	0.765	0.472				0.468						
	安徽金寨承洞岭（20）	0.896	0.57	0.833	0.665				-0.294				
	湖南瑶岗仙	0.652	<0.532	0.756		<0.532		0.543		<0.532			0.532
脉型	广东庞西峒	0.649	0.425				0.450						
	甘肃梭椤井	0.9730	0.6208	0.9197		-0.0805		0.82					
	广西芒场马鞍山	0.53	0.11								-0.207		
	广东大尖山	0.956	0.436										

续表 3-19

矿床类型	矿床名称	Pb	Zn	Cu	S	As	Au	Sb	Sn	Bi	Fe	Mn	γ_α
砂卡岩型	广东大宝山	0.64	0.64										
	北京银冶岭	0.98											
	湖北铜山岭	0.75~0.99											局部
	内蒙古白音诺	0.92	0.89										
	湖南宝山山东 (165)	0.889	0.33										
	湖南宝山山西 (68)	0.885	0.85										
	湖南财神庙 (216)	0.882	0.402										
	铜陵鸡冠石			0.78			0.78						
	云南都龙	0.8124	0.2122	0.9512	0.2855	0.6419	0.9688		-0.1755		0.1086	W0.8863	0.4227
变质岩型	河北桐柏大河	0.6408	0.4622	0.66	0.2701	0.3538	0.7833				-0.061	-0.1085	
	江西铁砂街	0.6122		0.5011			0.4765						
沉积岩型	陕西银母寺 (47)	0.89(47)						0.62					
	陕西铅硐山 (30)	0.96(30)						0.56(24)					
	陕西月西 (6)	0.95(6)											
	陕西锡铜沟铜沟 (81)			0.61									
	甘肃厂坝	0.72	0.436										
	云南麒麟厂	0.956									-0.0207		
斑岩型	江西德兴铜矿						0.42						0.13
铁锰帽型	云南矿山厂氧化矿 (2210-1934 中段)	0.7483	-0.1275								-0.1678		0.4182
	云南矿山厂氧化矿 (1934 中段)	0.9208	-0.9336		0.8524								0.7067
	云南矿山厂混合矿 (1844-1764 中段)	0.9841	-0.3762		0.0030	Cd-0.1790	Ge-0.0821						0.3809

注：括号内为样品数。

3.3　伴生银矿石构造、成因与含银性

矿石含银高低，取决于矿石构造、成因类型、工业类型、矿石产状、矿化阶段与矿化期等多种因素。

3.3.1　矿石构造与含银性

不同构造的矿石，银品位相差悬殊。通常致密块状矿石含银较高，脉状矿石次之，浸染状矿石含银较低。如四川呷村铅锌铜银矿床，不同构造矿石中银等金属含量（见表3-20）。

表 3-20　四川呷村铅锌铜银矿矿石构造类型与金属品位

矿石类型	亚类	元素含量/%					成　因
		Cu	Pb	Zn	Ag/g·t^{-1}	Au/g·t^{-1}	
块状	致密状 层状 角砾状	2.56	12.23	19.50	428.05	0.45	火山喷气-热液成因
脉状	脉状 网脉状 大脉状	0.08 0.27	0.97 2.22	1.68 3.29	16.44 82.74	0.13 0.19	火山热液，充填交代
浸染状	稠密状 中等浸染状 稀疏浸染状	单一浸染状矿化无工业价值，仅具有地质意义					火山喷流，热液充填沉积

注：据段克勤等人，1990 年资料整理。

呷村矿区平均含 Ag 248.95g/t，其中块状矿石银含量是全区平均值的 1.7 倍，是脉状矿石的 26 倍，是网脉状矿石的 5 倍。

又如广东厚婆坳铅锌银矿，全区平均含 Ag 189g/t。不同构造矿石银等金属含量差别明显（见表3-21）。

表 3-21　广东厚婆坳铅锌锡银矿矿石构造类型与金属品位[10]

矿体名称	矿石构造	元素含量/%				
		Ag/g·t^{-1}	Au/g·t^{-1}	Pb	Zn	Sn
V49	致密块状	549.0	0.105	7.509	5.26	0.48
V40	致密块状	400.3	0.05	8.19	4.71	1.59
V70	致密块状与浸染状混合矿石	87.77	0.032	1.30	1.04	0.154

其中致密块状矿石的 V40 号脉与 V49 号脉，含银、金高，Ag 达 400.3～549.0g/t，Au 0.05～0.105g/t，铅、锌、锡含量也很高。而致密块状与细脉浸染状混合矿石的 V70 号脉，银、金含量明显降低，Ag 在 87.77g/t，Au 0.032g/t。

显然后者矿化强度减弱。致密块状矿石的银等金属含量是混合矿石的5~6倍[10]。

再如江西冷水坑铅锌银矿，不同构造矿石银含量明显不同（见表3-22）。

表3-22　江西冷水坑铅锌银矿矿石构造与银含量

矿石构造类型	浸染状	脉状	大脉状
Ag 平均含量/g·t⁻¹	7.0	202.0	4400
Ag/Pb	17.50	219.6	68.4
Ag/Zn	7.8	39.3	1864.4
样品数/个	5	10	12

注：据王安城，1991 年。

显然，冷水坑脉状与大脉状矿石含银高，达几百至几千克每吨，浸染状铅锌矿石含银较低，仅几克每吨。

湖南瑶岗仙银钨锡矿床矿石，平均含 Ag 80~100g/t。其中星点浸染状矿石含 Ag 20g/t，中等浸染状矿石含 Ag 大于 60g/t，而稠密浸染状矿石含 Ag 在几百至上千克每吨。

甘肃小铁山银多金属矿，矿区矿石平均含 Ag 126.15g/t。各种构造矿石银含量（见表3-23）。

表3-23　甘肃小铁山银多金属矿矿石构造与银、金含量[99] （g/t）

矿石构造	矿石名称	Ag		Au	
		含量范围	平均	含量范围	平均
块状	铜铅锌矿石	26.0~729.4	233.9	0.3~10.7	3.5
	含铜黄铁矿石	5.2~49.4	19.1	0.4~1.4	0.8
浸染状	铜铅锌矿石	5.2~204.8	57.2	0.0~4.6	1.0
	铅锌矿石	4.8~155.4	32.6	0.0~3.4	0.8
	铜矿石	6.6~16.4	9.8	0.0~0.6	0.3
表外浸染状	铅锌铜矿石	1.0~35.0	10.0	0.0~1.0	0.4
块状矿石			181.8		2.8
浸染状矿石			34.4		0.8
矿石工业类型	铅锌矿石		179.0		1.8
	铜矿石		80.0		1.4
	硫铁矿石		4.4		0.4

小铁山块状铜铅锌矿石含银、金最高，平均233.9g/t 和 3.5g/t，分别是浸染状铜铅锌矿石银、金含量的 4 倍和 3.5 倍。而块状含铜黄铁矿矿石，由于以低含银的黄铁矿为主而缺乏铅锌，银含量高于浸染状铜矿石。区内块状矿石平均含

Ag、Au 分别为 181.8g/t 和 2.8g/t，分别是浸染状矿石银、金含量的 5.3 倍和 3.5 倍，是表外浸染状矿石的 18 倍和 7 倍。以工业类型比较，银与金的含量，铅锌矿石>铜矿石>硫铁矿石。显然矿石构造与矿石矿化组合共同制约矿石银、金的含量丰度。

甘肃花牛山银铅锌矿石，全区含 Ag 123g/t。其中浸染状矿石含 Ag 68.5g/t，致密块状矿石含 Ag 248.5g/t，后者是前者含银量的 34 倍以上。

广东凡口银铅锌矿石，全区平均含 Ag 104.65g/t。稠密浸染状矿石含 Ag 202g/t，块状矿石含 Ag 大于 100g/t，松散状构造矿石含 Ag 仅 80~100g/t。

辽宁红透山（银）铜锌矿矿石构造与含银量见表 3-24。

表 3-24　辽宁红透山（银）锌铜矿矿石构造与银含量[58]　　　　　（g/t）

矿石类型	样品个数	Ag		Au	
		含量范围	平均值	含量范围	平均值
浸染-条带状矿石	6	7.18~32.61	21.27	0.062~0.358	0.24
中粒块状矿石	9	6.47~59.45	22.98	0.048~6.186	1.39
中粗粒块状矿石	7	35.52~150.83	78.63	0.228~5.274	1.86
粗粒-巨粒块状矿石	4	17.47~70.56	40.25	0.044~0.174	0.104
砾状-斑杂状矿石	4	6.84~249.90	105.73	0.080~1.092	0.657

红透山不同构造矿石的银含量差别明显：砾状-斑杂状矿石平均含 Ag 最高（彩图 15），中粗粒块状构造矿石含 Ag 较高，粗粒-巨粒块状矿石含 Ag 中等（彩图 16），中粒块状矿石含 Ag 较低，浸染状-条带状矿石含 Ag 最低[58]。显然经过长期持续的矿化动力变质作用形成的砾状-斑杂状矿石以及变质热液叠加改造形成的中粗粒块状构造矿石银矿化较强，分别是浸染状矿石银含量的 4.97 倍和 3.7 倍。

红透山矿石的金含量与银不同，中粗粒块状矿石含金最高，中粒块状矿石含金较高，砾状-斑杂状矿石含金居中，浸染状-条带状矿石含金最低。进一步说明，矿石中的银和金沉淀与富集受矿石构造的影响，并具有同源异位现象。

青海锡铁山（银）铅锌矿，历经成岩成矿、火山热液作用、变质变形及构造运动等复杂过程，留下了各种地质印记（彩图 17~25），它们在漫长的初始成矿，富集叠加，造就大型—超大型矿床的过程中发挥了应有的作用。最直观最突出的应力作用，导致矿石中的金、银更加富集（彩图 26~27）。

上述实例可以清楚说明，矿石含银量与矿石构造类型密切相关，块状、稠密浸染状构造矿石含银量是浸染状或稀疏浸染状矿石的数倍至数十倍。产状为大脉状（网脉状）矿石含银量是脉状矿石的几倍至 20 余倍。脉状矿石的含银量又高于浸染状矿石。浸染状构造越稠密越典型，银含量越高（瑶岗仙）。应力作用可促使矿石中金、银富化。伴（共）生银矿石，通常规律是，主要有色金属矿化强，银含量高，反之，银含量低。

3.3.2　矿石成因与含银性

同一个矿床中，由于矿化的长期性，多阶段性和矿化过程的复杂性，其成因机制迥异的矿石，即使矿石结构构造相似，而银含量也会有明显差别。

如湖南黄沙坪（银）铅锌矿石，其不同成因类型矿石的含银性和金属矿化强度有较明显区别（见表3-25）。

表 3-25　湖南黄沙坪各种成因类型铅锌银矿石元素含量[22]

矿石成因类型	元素含量/%							
	Pb	Zn	Cu	TFe	Mn	Sn	As	Sb
碳酸盐型	10.28	12.55	0.55	24.18	1.08	0.19	0.9934	0.0205
粉砂岩型	4.64	19.70	0.79	21.64	0.31	0.11	0.898	0.0053
接触交代型	1.14	13.48	0.12	17.03	0.88	0.089	5.339	0.0032
矽卡岩型	3.63	13.79	0.20	33.03	0.35	0.042	1.442	0.0032

矿石成因类型	元素含量/%						
	Bi	Hg①	W	Mo	Au①	Ag①	S
碳酸盐型	0.0151	0.237	0.0081	0.0013	0.0295	141.90	27.43
粉砂岩型	0.0276	0.129	0.0042	0.0006	0.0336	40.69	27.70
接触交代型	0.0226	0.238	0.0187	0.0029	0.0025	17.22	13.51
矽卡岩型	0.0171	0.208	0.0108	0.0009	0.0133	34.75	27.77

① Hg、Au、Ag 计量单位为 g/t。

黄沙坪矿区碳酸盐岩型（碳酸盐裂隙充填交代形成的）矿石，含 Ag 最高，达 141.90g/t，Pb、Zn、Sb、Sn、Mn、Hg 含量均高于其他三种类型矿石，Au 居第二位，仅低于粉砂岩型矿石；粉砂岩型（砂岩层间剥离面充填形成的）矿石，含 Ag 较高，为 40.69g/t，Zn、Cu、Bi、Au 含量最高，而 Pb、Ag 居第二位；矽卡岩型（裂隙充填交代形成的）矿石，含 Ag 中等，为 34.75g/t，Fe、S 含量最高；而在接触带充填交代作用形成的矿石，属于高 As、W、Mo，低 Pb、S、Fe，矿石含 Ag 仅 17.22g/t，为诸类型中的低银矿石。这些特点反映了银主要形成于热液作用中晚期，与 Pb、Zn、Sb、Hg 同步运移，在 Pb、Zn、Sb、Sn、Mn、Hg 等金属大量沉淀的同时，Ag 从矿液中晶出并富集成矿。

又如湖南铜山岭（银）铅锌铜矿，接触矽卡岩型矿石含 Ag 44.3~49.5g/t，Au 0.24~0.70g/t；层间矽卡岩型矿石含 Ag 81.2g/t，Au 0.32~0.34g/t；石英脉型矿石含 Ag 117.7~195.4g/t，最高达 3800g/t，Au 0.81~1.45g/t[86]。可见该矿区石英脉型（裂隙充填交代成因的）矿石的银、金矿化最强，其次为层间矽卡岩型矿石，而成矿温度较高，离岩体较近的接触矽卡岩型的矿石的银、金矿化较弱。

不同矿化阶段，不同矿物组分的矿石，银含量也不尽一致。

如湖南石景冲铅锌银矿床，成矿前的黄铁石英岩，含银 0.5~0.7g/t，平均 0.6g/t（2 个样品）。第一阶段矿化，黄铁石英矿石含银 120~295g/t，平均 195g/t（3 个样品）；毒砂石英矿石含银 20~450g/t，平均 236g/t（5 个样品）；闪锌矿毒砂石英矿石含银 248~600g/t，平均 533g/t（3 个样品）。

又如江西银山金铜铅锌银矿床，成矿早期至晚期，成矿温度由高至低，由岩体中心向外，各成矿阶段形成的矿化带银含量不同：硫金银矿带含 Ag 7.186g/t→铜铅锌矿化重叠带含 Ag 160g/t→铅锌银矿带含 Ag 148.5g/t→铅银矿带含 Ag 280g/t，总体上，成矿晚期矿石银含量增高。另外，银山不同区段不同矿化组合矿石的银含量差异也较明显：九龙铜矿石含 Ag 14.3g/t（3）；九区铅锌矿石 Ag 65g/t（2）；银山区铜铅锌矿石含 Ag 160g/t（1），铅锌矿石含 Ag 265g/t（2）；南山区铅锌矿石含 Ag 90.1g/t（1）；北山区铅锌矿石含 Ag 50g/t（2），即银山区矿石含银最高，次为南山区，再次为九区，九龙区矿石含银最低[18]。

3.4　伴生银矿石的工业类型

3.4.1　矿石工业类型与含银性

3.4.1.1　矿石工业类型

根据有色金属伴生银矿石的成因、工业意义及金属元素建造划分矿石的工业类型，有银矿石；铅银矿石；铅锌银矿石；锌铜银矿石；铜银矿石；铜硫铁银矿石；铜金银矿石；铅锌金银矿石；锑铅锌银矿石；锡（钨）铅锌铜银矿石等。针对金属元素建造划分的矿石类型，制定选矿工艺，可充分体现选冶生产的经济意义，利于银的综合回收。

伴生银矿石的工业类型与银矿化强度关系密切。据我国中、大型富银（Ag品位不小于100g/t）矿床储量统计，金银矿石类矿床的银储量约占统计总量的17.1%；铅锌银矿石类矿床的银储量约占 60.5%；铜银矿石类矿床约占 1.5%；锡铅锌银矿石类矿床约占4.6%；铜铅锌银矿石类矿床约占1.7%；铅锑银矿石类矿床约占2.7%；银矿石类矿床的银储量约占总储量的12.0%。

对有色金属伴生银矿床而言，铅锌银矿石类矿床拥有最丰富的银矿资源，其银的储量占有绝对优势。

3.4.1.2　矿石工业类型含银性

不同成因、不同工业类型矿石，含银性有所差异。如脉型矿床，（Pb-Zn）-Au-Ag 矿石含银最高，W-Sn-Pb-Zn-Ag 矿石与 Sn-Sb-Pb-Zn-Ag 矿石含银低于前者，

Pb-Zn-Ag 矿石及 Pb-Zn-Cu-Ag 矿石含银较高，而 Cu-Ag 矿石含银较低；斑岩型的 Pb-Zn-Ag 矿石及 Au-Cu-Ag 矿石、W-Ag 矿石含银较高，Cu-Mo-Ag 矿石含银较低；矽卡岩型的 Pb-Zn-Ag 矿石、Cu-Au-Ag 矿石含银高，Cu/(Fe)-多金属-Ag 矿石含银中等，Zn-Sn-Ag 矿石含银较低；变质岩型的 (Pb-Zn)-Au-Ag 组合、Pb-Zn-Ag 组合矿石含银较高，Cu-W-Ag 组合矿石含银较低；火山岩型三种矿石银含量各有高低，不分伯仲；沉积岩型的 V-Ag 矿石含银较高，但是工业矿床数量较少，影响有限，而 Pb-Zn-Ag 组合矿石银含量略低于 V-Ag 组合，多数含银大于 50g/t；Cu-Ag 矿石含银较低；W-Ag、Cu-(W)-Ag、Cu-Mo-Ag 矿石含银更低些；铁锰帽型矿石，无论是 Pb-Zn-Ag 矿石还是 Mn-Ag、(Fe-Cu)-Au-Ag 矿石，均有高品位银矿出现。

就同一个矿区而言，不同工业类型矿石银含量差别较大。如江西银山：硫金矿石含 Ag 28g/t(1 件样品，下同)；铜硫金矿石含 Ag 110.68g/t(11)；铜铅锌矿石含 Ag 289.67g/t(3)；铅锌银矿石含 Ag 724.50g/t(6)。其中铅锌银矿石的银含量最高，分别是硫金矿石及铜硫金矿石的 25.7 倍和 6.6 倍。

又如甘肃李家沟（银）铅锌矿，各种工业类型矿石、近矿围岩的银含量也有不同（见表 3-26）。

表 3-26　甘肃李家沟矿体工业类型矿石、近矿围岩的银（金）含量[79]（g/t）

矿床矿体	铅锌矿石	锌矿石	铅矿石	表外矿石	近矿围岩	块状矿石		条带状矿石	
						Au	Ag	Au	Ag
I	6.39	2.62	13.38	2.42	2.61			0.013	0.52
II	8.037	3.77	2.0	1.71	1.88	0.01	18.0		
III₂	13.18	3.53	10.6	6.06	1.93	0.05	4.07		

李家沟矿区各矿体不同工业类型矿石银含量，总体上铅矿石的银含量高于锌矿石，表外矿石银含量高于近矿围岩。矿石的金、银含量，块状构造者高于条带状矿石。

再如云南麒麟厂（银）铅锌矿，同一个矿体，不同类型矿石 Ag 等金属元素的品位变化明显。对 10 号矿体 1653-1331 矿段各类型矿石元素含量进行比较（见表 3-27 和图 3-24）。

表 3-27　麒麟厂矿床 10 号矿体 1653-1331 矿段不同工业类型矿石品位[45]（%）

矿石类型	Zn	Pb	S	Ge	Cd	Ag/g·t⁻¹
硫化矿石	17.78	8.88	30.98	0.0025	0.0466	85.41
混合矿石	18.07	8.98	27.69	0.0027	0.0440	73.44
氧化矿石	13.61	6.91	21.13	0.0018	0.0308	49.92

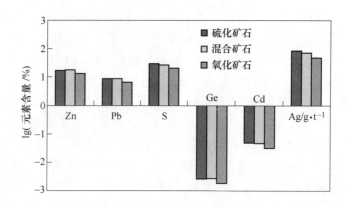

图 3-24　麒麟厂 10 号矿体 1653-1331 矿段各种类型矿石品位对数图

10 号矿体硫化矿石、混合矿石和氧化矿石的主要元素含量，混合矿石的 Pb、Zn 含量与硫化矿石接近并略高，其次是硫化矿石，氧化矿石最低；硫化矿石中 S 的含量最高，其次为混合矿石，氧化矿石最低；Ag 含量与 S 相似，矿石的氧化程度越高，Ag 含量越低；Ge 含量与 Pb、Zn 有关，也是混合矿石最高，其次为硫化矿石，氧化矿石最低；Cd 的含量与 S、Ag 相似，随着氧化程度增高而降低。

有些矿区也不尽然，如江西城门山（银）铜矿，氧化矿石含 Ag 21.5g/t，Au 0.30g/t；混合矿石含 Ag 14.07g/t，Au 0.37g/t；原生矿石含 Ag 8.47g/t，Au 0.27g/t[64]。氧化矿石的银含量是原生矿的 2.5 倍，金含量略高于原生矿石而低于混合矿石。

3.4.2　伴生银矿石的共、伴生组分

对于伴生银矿床或独立银（除银外其他金属不具单独开采价值）矿床，矿石中总是伴生铅、锌、铜、金等。即使是以银为主的矿床，如山东十里堡银矿、湖北银洞沟银矿、广东庞西峒银矿、吉林山门银矿，矿石中均伴生有不同数量的铅、锌，少数含微量铜，一般 Pb+Zn 在 0.78%~2.75%，Cu 在 0.043%~0.56%。这类矿床往往含有一定数量的金，金在 0.5~1.76g/t。银品位在矿区（或部分矿段）与铅锌呈正相关关系。仅举几例（见表 3-28）。

表 3-28　我国部分有色金属伴生银矿元素品位

矿区名称	矿石工业类型	银品位 /g·t⁻¹	共伴生元素品位/%					规模	矿床类型
			Pb	Zn	Cu	Au	Sn/Sb		
吉林山门	（Pb-Zn-Au）-Ag	156	0.38		0.01		0.86	大	脉型
山东十里堡	（Pb-Zn-Au）-Ag	317.38	0.33	0.62	0.19	0.51		中	脉型
内蒙古双尖子山	Sn-PbZn-Ag	400	2.50	3.20			1.90①	超大	脉型

矿区名称	矿石工业类型	银品位 /g·t⁻¹	共伴生元素品位/%					规模	矿床类型
			Pb	Zn	Cu	Au	Sn/Sb		
内蒙古大井子	(Pb-Zn)-Sn-Cu-Ag	168.1	0.29	0.53	1.96		0.51	中	脉型
河南龙门店	(Pb-Cu-Au)-Ag	162.3~166.5	0.20~0.25	0.10~0.15		1.79		大	脉型
广东庞西峒	(Pb-Zn-Au)-Ag	409.73	0.73	0.62		0.81		中	脉型
广东厚婆坳	Sn-Pb-Zn-Ag	189	3.28	1.77			0.54	中	脉型
广西芒场马鞍山	Sn-Pb-Zn-Ag	203	2.18	2.38			0.84	大	脉型
广西箭猪坡	Pb-Zn-Sb-Ag	59.17	0.873	2.653	0.043		/1.366	中	脉型
广西张公岭中段	(Pb-Zn) Au-Ag	338.05	1.54	1.44		5.42		中	脉型
辽宁八家子	Pb-Zn-Ag	183	1.81	2.05	0.20			中	矽卡岩型
湖南庵堂岭	Pb-Zn-Ag	188.31	3.36	5.30				中	矽卡岩型
湖南铜山岭	(Pb-Zn)-Cu-Ag	105.3	1.50	0.79	1.24			中	矽卡岩型
甘肃花牛山	Pb-Zn-Ag	174.07	3.70	2.41				中	矽卡岩型
西藏昂青②	Pb-Zn-(Cu-Au)-Ag	303.8	2.80	1.16	0.18	0.44	/0.047	大	矽卡岩型
河北蔡家营	Pb-Zn-Ag	179.7	2.73	4.68				大	火山岩型
浙江大岭口	Pb-Zn-Ag	106.8	1.54	2.15		0.17		大	火山岩型
浙江后岸	(Pb-Zn)-Ag	192	0.40	0.52	0.13	0.65		小	火山岩型
江西银山区	Pb-Zn-Ag	183.76	1.47	2.13	1.03	0.15		中	火山岩型
湖北银洞沟	(Pb-Zn) Au-Ag	173.56	0.276	0.51		1.76		大	火山岩型
四川呷村	Pb-Zn-Ag	248.63	1.84	2.74	0.16			大	火山岩型
甘肃小铁山	Cu-Pb-Zn-Ag	126.15	3.10	5.05	1.05	1.80		小	火山岩型
江西银路岭	Pb-Zn-Ag	204.22	1.11	1.70				中	斑岩型
内蒙古甲乌拉-查干布拉根	Pb-Zn-Ag	151~260	5.0		0.85	0.54		大	斑岩型
广东莲花山	W-Ag	140~155	W0.661		0.147		0.042		斑岩型
陕西银洞子	Pb-Zn-Ag	107.03	2.29	0.81	0.56			大	沉积岩型
甘肃金川	Ni-Cu-Ag	4.2			0.81	0.14	Ni1.85	大	岩浆岩型
浙江银坑山	(Pb-Zn) Au-Ag	305.85	0.11	0.32	0.045	12.1		中	变质岩型
江西铁砂街	Pb-(Zn)-Cu-Ag	83.65	2.075	0.507	1.066	0.52	As0.443	中	变质岩型
河南破山	(Pb-Zn)-Ag	278	1.03	1.72		0.48		大	变质岩型
安徽新桥	(Pb-Zn)-Au-Ag	217.13	0.47	0.14	0.36	4.04		小	铁锰帽型
湖北银山	Pb-Zn-Mn-Ag	86.53	1.718	4.213		0.402	Mn13.62	中	铁锰帽型
云南北衙	Pb-Zn-Ag	44.8~72.9	6.53	1.52				中	铁锰帽型

注：Au 计量单位 g/t；

① 单样；② 矿石综合样。

　　我国各类型有色金属伴生银的矿床中，总是有铅锌，有约 2/3 的矿区含铜，1/2 矿区含金，有 1/5 矿区含 Sn、Sb，甚至 W、As、Mn 等。多数伴生银矿石含有多种金属，如厚婆坳、芒场、银山、箭猪坡、大井子等。金银矿床也伴生铅、锌，如新桥。又如张公岭矿区中段含 Ag 338.05g/t，Au 5.42g/t，Pb+Zn 2.98%。说明我国有色金属矿床矿化的复杂性和金属元素组成的多样性，多年来成为采选冶企业与研究院所矿产综合利用研究的重要课题。

4 银的载体矿物

4.1 银载体矿物演化

有色金属矿石中的银以伴生状态产出为主，银矿物粒度细小，通常被包裹在铅、锌、铜、铁、锡、锑、铋、钨、钼、碲、砷等硫化物或硫盐矿物中，部分在脉石中。银的选冶回收多与有色金属矿产同步进行。银的载体矿物产出与演化特征，对银的成矿规律研究及选冶工艺效果具有重要意义。

4.1.1 脉型伴生银矿石载体矿物成矿与演化

通过野外观察和室内研究，认为伴生银矿石的载体矿物演化，受矿石的矿化组合、成矿阶段及成矿溶液性质等制约，存在一定的演化规律。

仅以脉型矿床中锡锑（铅锌）银矿石为例，成矿作用主要与岩浆热液、深层热卤水及喷流沉积作用有关，并以脉状矿体为主，或充填在破碎带中、层间裂隙及构造转换部位。

银载体矿物分布与演化有一定规律。矿脉中矿物的分布，呈有规律的交替变化。近脉壁的矿物多为早期沉淀的硅酸盐、石英等，也有的可见锡石/黑钨矿，往往不含银，或含极微量的银。脉体的中心部分由硫化物-碳酸盐，或硫盐-碳酸盐构成，黄铁矿、闪锌矿较常见，少量磁黄铁矿、毒砂和方铅矿，成为银的主要载体矿物。脉体形成的早期至中期，从矿脉壁至脉体中心，从少银矿物向富银矿物演化。

在铅锌矿物集中部位，常出现黝铜矿、黝锡矿以及银的铅锑硫盐，或与方铅矿和闪锌矿形成相互交替的条带结构；矿石中常见原始矿石结构受动力作用影响，被晚期矿物充填交代。这类构造应力作用、多期次矿液叠加交代作用，导致低银矿物向高银矿物演化，进而形成富银矿石。

4.1.2 银载体矿物演化的矿化组合制约

4.1.2.1 硫化物-锰碳酸盐组合矿石

在硫化物-碳酸盐组合中，硫化物以二期闪锌矿、方铅矿为主，少量黄铜矿、黝铜矿与黝锡矿。当脉石矿物种类以锰菱铁矿为主的碳酸盐已代替了石英，特别是锰碳酸盐发育，载体矿物由中等银含量（早期铅锌矿物）向较高银含量（二期或更晚期铅锌矿物）演化。如形成于铁锰碳酸盐中的江西鲍家铅锌银矿。

4.1.2.2　硫盐-铁碳酸盐组合矿石

在更晚期的硫盐-碳酸盐组合中，银载体矿物方铅矿仍然为主要矿物，闪锌矿已降为次要地位，代之以银铅锑铋硫盐，黄铜矿与黄铁矿少-微量，大量光片观察发现，硫盐类矿物是在主体硫化物沉淀之后陆续晶出的，也有银的硫化物产出，脉石矿物有较多的铁白云石，方解石仅作为次要矿物开始出现。含锡的硫盐通常早于含银铅锑的硫盐，而银铅锑及银铋碲硫盐等矿物晶出较晚，含银较高。更晚期的硫盐-碳酸盐组合向高含银矿物演化，如银的硫化物与自然银等，多在晚期矿化阶段晶出。

4.1.2.3　锑硫化物-方解石碳酸盐组合矿石

以低温矿物为代表的辉锑矿的晶出，伴随大量方解石，预示银矿化已进入尾声。在以方解石为主的矿石中，几乎没有银矿物生成。

4.1.2.4　金属元素活度与银矿化

矿化过程中矿物相的变化，意味着在矿化的早期至晚期，主要金属元素的活度（α_K）呈有规律变化，由 $\alpha_{Sn} \rightarrow \alpha_{Pb} \rightarrow \alpha_{Ag} \rightarrow \alpha_{Sb}$。

4.1.3　银载体矿物演化的成矿阶段制约

4.1.3.1　闪锌矿

成矿早期高温阶段形成的闪锌矿，一般显示高铁低镉，呈暗褐色，含铁量大于10%，如青海锡铁山闪锌矿平均含铁量为 14%；晚期闪锌矿含铁量可低至 5%，甚至略大于零，Cd $0.n$%。云南都龙闪锌矿，当含 Fe 9.94%（4 件矿物平均值，下同）者，Ag 0.62%；而含 Fe 12.54% 者，Ag 仅 0.09%，即含铁较低时，银含量较高。又如广东廉江铅锌银矿床，晚阶段闪锌矿含 Cd 0.8%，呈浅红色或浅黄色，Ag 达几百克每吨，局部见有浅色闪锌矿被黝锡矿交代的反应边，以及黝锡矿被银黝铜矿交代的反应边结构。再如云南麒麟厂（银）铅锌矿，低温形成的闪锌矿呈半透明无色，几乎不含铁。再如新疆红海（银）锌铜矿的低温闪锌矿[62]，含铁仅 0.64%~1.5%，平均 1.09%，与晚期金银矿化-银金矿密切共生（见图 4-1）。

4.1.3.2　方铅矿

晚期方铅矿富含银、铋、锑、锡、金等。锡铅锌银矿石中的方铅矿，含锡可达 0.5555%（3），锑 0.4169%（7），铋 0.0073%（6），含银可达 8056.1g/t，如广

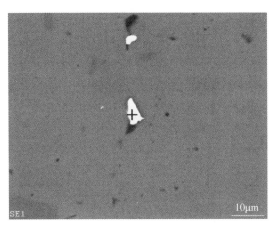

图 4-1 银金矿（＋）与石英（黑色）连生，产于低铁闪锌矿（灰色）中
SEM 图 新疆红海

东厚婆坳。铅锌银矿石赋存于碳酸盐中的方铅矿，含锡达 0.1120%（2），锑 0.3142%（3），铋 0.0189%（3），含银可达 1935.2g/t（3），金 1.285g/t（3），如湖南黄沙坪。

4.1.3.3 毒砂

矿石中的毒砂与黄铁矿、石英密切共生，沉淀早于银。但也有晚期生成的毒砂交代早期的硫化物或毒砂，与伴生的银（金）同期沉淀，或被包裹在石英及黄铜矿中呈出溶状态产出，其银含量可达早期毒砂的几倍。如黄沙坪铅锌银矿早期毒砂含 Ag 8.55g/t，晚期的毒砂含 Ag 30.87g/t。如内蒙古长汉卜罗，晚期毒砂与金银矿相伴晶出（见图 4-2）。

4.1.3.4 铜硫化物与硫盐

在脉型铅锌银矿和锡铅锌银矿石中，铜的硫化物与硫盐虽然是次要组分，但一般沉淀较晚，含银较高。矿石中主要含银矿物为（银）黝铜矿或含银的硫盐。如长汉卜罗的车轮矿，含银平均 4.63%（2）。

4.1.3.5 铅锑硫盐

如硫锑铅矿、脆硫锑铅矿及类似的硫盐矿物，是上述两类矿石中的少量矿物，常含较多的银。硫锑铅矿可与铁白云石同时沉淀，产于锰碳酸盐与铜硫盐中，有的与方铅矿同时被铁白云石交代。硫锑铅矿晶出比脆硫锑铅矿略早，但晚于铁菱锰矿、黝铜矿、闪锌矿，而与方铅矿几乎是同时结晶的。脆硫锑铅矿多呈脉状，贯穿于硫锑铅矿或方铅矿之中。

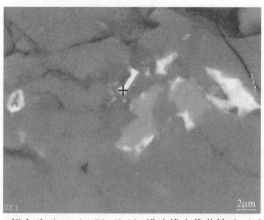

图 4-2 银金矿（+，Au 70.48%）沿边缘交代黄铁矿（暗灰色）
并与毒砂（中右侧灰色）六方碲银矿（右，浅灰色）共生的
SEM 图像 长汉卜罗

上述矿石矿物矿化组合变化特点，远不能完善的描绘出每个矿床矿石矿物组合的细微特征，这是通过大量镜下研究归纳出来的具有普遍意义的规律性，也说明了每一种矿石建造类型的矿物学特征都取决于和银矿化有联系的那些岩浆的地球化学专属性。火山岩型与矽卡岩型矿床矿石矿物共生组合具有相似的规律性。但由于实际的结晶作用受矿石组分的活度与 f_{S_2} 的影响，加之银等金属矿化作用多经历多期次热液叠加，现在显示出来的是这些复杂过程的综合结果，不可能用单一的生成序列进行完善的解释，但讨论其矿化规律，并建立不同建造属性的成矿模式，对指导区域找矿预测工作和成矿机制研究无疑是有积极作用的。

伴共生银矿石载体矿物的演化受成矿阶段的制约还表现为：

从成矿早期至晚期，金属矿物含量逐渐增加，硫含量逐渐减少。如江西银山，主要金属矿物中硫和金属元素重量比计算结果（侯克常，1987 年）：

黄铁矿（FeS_2）中 S/Fe = 1.15；

黄铜矿（$CuFeS_2$）中 S/Cu+Fe = 0.52；

闪锌矿（ZnS）中 S/Zn = 0.49；

黝铜矿（$Cu_{12}Sb_4S_{13}$）中 S/Cu+Sb = 0.33；

方铅矿（PbS）中 S/Pb = 0.15。

上述矿物排列顺序基本代表了主要晶出顺序，它们反映了自矿化早期至晚期，成矿溶液中硫存在的比率（相应金属元素）呈递减趋势。

4.1.4 银载体矿物演化的矿液性质制约

在每个成矿阶段中，成矿溶液从改造围岩开始，至沉淀主要金属矿物结束，由弱碱性-中性-弱酸性。据陈惜华（1979 年）、叶庆同（1982 年）研究：

铜矿化期开始时，成矿熔液呈弱碱性，对于英安斑岩中硅的淋滤，矿液酸度增高，导致长石绢云母化，千枚岩硅化、绢云母化，并沉淀了铜、硫矿物。据实验资料，绢云母是在300℃，当矿液pH值为4.2~2.2时稳定在矿液中。

铅锌矿化期开始时，矿液为弱碱性，对围岩进行淋滤与交代，随后析出黄铁矿-闪锌矿-石英矿物组合。在方铅矿-硫盐矿物阶段，矿液仍为碱性，早期生成的石英和黄铁矿受溶蚀，相应析出大量菱铁矿，并与绿泥石、黄铁矿共存，说明菱铁矿与黄铁矿是在矿液作用下由绿泥石分解生成，三者共存，pH应为6左右。

上述说明，铜硫矿体是在弱碱性（至碱性）条件下形成的。

矿液的性质与载体矿物演化关系密切。

矿床银矿化强度可能由于成因不同而有所差异。但对于内生成因的矿床完全可以形成相同的矿物组合矿石，因而矿石矿物组合及矿物演化特点主要取决于成矿溶液中元素种类与含量，成矿物理化学环境和（分异）演化阶段。矿液的运移过程，随着某些组分的陆续沉淀，新的矿物不断晶出，使矿液中某些元素浓度、矿液的物理化学参数（pH，Eh，f_{O2}，f_{S2}，…）发生变化，这些变化，随矿液物理化学性质的进一步改变而产生新的变化，其过程既复杂多变又不可逆转，这一系列混沌变化的过程，无不影响或制约矿物的沉淀晶出，即或是相同成因的矿床，因矿液演化阶段的差异，也可以生成迥然不同的矿物共生组合。不同成因的矿床，可在矿液性质相似的条件下沉积成矿，可形成矿物组分极为相似的矿石，这些已为无数矿床实例所证实。

4.1.5 银载体矿物演化的产状制约

对于火山热液喷流沉积形成的厚大铅锌矿体，载体矿物的银含量，因产状不同而有明显差异。如青海锡铁山矿区，单矿物样品采自本区的Ⅱ$_{10}$、Ⅱ$_{10-3}$、Ⅱ$_{30}$、Ⅱ$_{139}$、Ⅱ$_{146}$、Ⅱ$_{149}$和Ⅰ$_{33}$矿体等，方铅矿、闪锌矿单矿物银、金含量因产状不同而有明显变化（见表4-1）。

表4-1　锡铁山矿区方铅矿、闪锌矿单矿物产状与银、金含量[34]　　（g/t）

矿物名称	矿物产状	矿体中心		矿体顶板、底板	
		Ag	Au	Ag	Au
方铅矿	含量范围	636.6~2019.1	0.021~0.13	527.1~573.0	0.12~0.57
	平均值	1141.0（5）	0.077（5）	550.2（2）	0.345（2）
闪锌矿	含量范围	16.0~285.2	0.013~0.18	14.2~34.3	0.015~0.92
	平均值	128.0（4）	0.078（4）	20.97（3）	0.331（3）

注：括号中为单矿物个数。

产在矿体中心的方铅矿含银高，平均1141.0g/t（5），而位于矿体顶板或底板的方铅矿含银较低，为550.2g/t（2），前者银含量是后者的2.07倍；产在矿体中心的闪锌矿含银平均 128.0g/t(4)，而位于矿体顶板或底板的闪锌矿银含量仅 20.97g/t(3)，前者是后者的 6.1 倍。从表中也注意到载体矿物金含量的变化规律与银恰好相反，矿体中心的方铅矿、闪锌矿含金较低，分别是 0.077g/t(5) 与 0.078g/t(4)，而位于矿体顶板或底板者含金较高，分别是 0.345g/t(2) 与 0.331g/t(3)，是位于矿体中心的方铅矿、闪锌矿金含量的 4.5 倍与 4.2 倍。说明银、金的载体矿物演化受产状的制约明显。其结果是，按照各自的地球化学习性，金、银发生分异，沉淀、富集于矿体的不同部位。

4.1.6　银载体矿物演化的特殊实例

载体矿物演化在一般规律之外也存在特殊情况，如墨西哥圣弗朗西斯科德尔奥罗-圣巴巴拉矿区格拉纳德纳矿山的铅锌铜银矿床[100]，矿石沉淀作用发生在流纹岩侵位的前后，围岩为白垩系帕拉尔页岩，这是一套薄层的、受中等程度变形的钙质粉砂岩和碳质页岩层。矿床具有银铅锌脉型矿床与铅锌矽卡岩型矿床之间的过渡特点，矿化可分为四个阶段，早阶段形成块状硫化物脉和交代矿体，含大量闪锌矿和方铅矿及少量石英存在由绿帘石、斧石、绿泥石、石英和少量钙铁榴石组成的蚀变晕。第二阶段为含钙硅酸盐（含锰钙铁辉石、黑柱石、石英，少量钙铁榴石、赤铁矿等）、黄铜矿、黄铁矿及含少量金的石英脉，第三、四阶段为晚期硫化物脉及成矿后形成的石英、萤石、方解石脉。该矿床平均含 Ag 150g/t，Au 0.5g/t，Pb 5%，Zn 8%，Cu 0.6%，萤石 5%~12%。第一阶段矿化主要由方铅矿、闪锌矿，少量黄铜矿和金矿物组成，Ag/Pb 比值高，在矿脉南部为 20.0，北部增至 50.0，并随深度增加而增加。第二阶段矿化主要由黄铜矿和少量方铅矿、闪锌矿组成。Cu/Pb 比值第一阶段为 0.05~0.10，第二阶段为 0.30~0.45。Cu/Pb 比值可作为划分矿化阶段的标志。该矿床早期硫化物和晚期钙硅酸盐代表的生成顺序与通常含钙硅酸盐和硫化物体系中所观察到的生成顺序相反，也值得借鉴。

4.2　载体矿物元素含量

银载体矿物的微量元素含量，是矿床成因的重要反映。一些特殊元素比值可从不同侧面彰显成矿溶液组分及地球化学性质。微量元素在主金属矿物中的分布研究，可为合理利用、综合回收有色金属矿石中伴生的稀有稀散金属、贵金属以及稀缺的金属，提供不可或缺的科学依据。本文对系统采集、选取的不同成因类型矿床中最主要的银载体矿物方铅矿、闪锌矿、黄铁矿的单矿物进行微量元素含量研究。

4.2.1　方铅矿单矿物的微量元素

方铅矿的 164 件单矿物的微量元素含量分析结果进行分类统计（见表 4-2 和图 4-3）。

表4-2　伴生银矿石方铅矿单矿物微量元素含量

元素含量/g·t⁻¹

矿石类型	项目	Ag	Au	Sb	Bi	Sn	Cu	Mo	Cd	Se	Ga	Ge	In	Te	Tl	As	Fe	Mn	Co	Ni	Hg
砂卡岩型	最高	6270	15.34	3141	4372	3415	6630	29	101	1345	9.0	39	31	361	83	3000	6840				
	最低	504.2	0.000	375	7	0.99	100	0.0	30	2.4	1.6	0.0	0.0	0.3	1.5	10	100				
	平均	1425.7	0.806	1645	455	490.9	2023	6.6	58.7	81.8	3.2	11.2	8.2	67.5	25.6	501.9	2703	500			
	样品数	33	27	26	25	16	26	19	23	25	24	24	24	24	22	26	25	1			
斑岩型	最高	1876.7	8	483			80		6636	1.6	1.38	21	8	5.68					10.5		
	最低	138.8	0.120	440			59		178	0.0	0.0	1.0	4.6	0.03					5		
	平均	1490.5	0.605	473	4.0	426	75	116	4483	0.9	0.9	12.4	6.1	4.0	1.0	0.0	130				
	样品数	18	10	18	14	14	18	3	21	7	8	7	7	10	3	14	14				
火山岩型	最高	5956.7	14.66	4994	59.9	7400	3390		96.53	4.4	15	3.5	54	9.2	29	12200	3430				
	最低	107.7	0.012	37	9	11	2.4		8.2	0.0	0.0	0.0	0.82	0.0	0.9	0.0	230				
	平均	1007.1	1.148	1171	38.8	545.4	472.6	0.0	37.8	2.0	3.6	1.1	6.2	6.2	4.0	628.1	1897				
	样品数	44	44	20	20	18	23	5	33	10	23	23	33	10	23	23	20				
脉型	最高	10288.6	0.10	4169	875	555	4690	650	211	101	34	17	36	304	15	2914	3290				
	最低	130.9	0.00	196	0.0	0.0	15.0	0.00	0.0	0.0	0.0	0.0	0.0	0.0	0.0	6.0	100				
	平均	4044.7	0.059	2196	214	185	1223	59.3	55.2	18.5	4.9	4.2	9.2	22.6	4.2	192.3	1332				
	样品数	30	24	17	22	13	21	22	30	24	18	27	29	30	24	19	19				
沉积岩型	最高	1177.35	0.79	1349	12		2040	0.6	130	2.5	3.0	4.5	33	1.9	10.3	1320	12600	1100	17	17	14
	最低	28.70	0.000	195	0.0		17	0.0	1.0	0.0	0.6	1.1	0.7	0.4	1.0	49	0.0	100	6.5	16	1.4
	平均	740.41	0.269	824	6.3	70	1037	0.4	63.5	0.5	1.6	1.9	5.4	0.68	5.4	536	3045	433	8.8	16.5	5.8
	样品数	33	7	10	6	3	10	5	19	5	11	8	16	5	17	9	11	3	8	2	3
变质岩型	最高	1770	0.05																		
	最低	310	0.0																		
	平均	935	0.02																		
	样品数	6	6																		

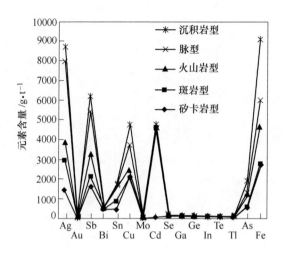

图 4-3　各类型方铅矿单矿物微量元素含量折线图

4.2.1.1　Ag、Au

方铅矿是银的主要载体矿物。方铅矿中含银多寡与矿床类型，矿石成因以及成矿区域的银背景值有关。以外生成矿作用为主的方铅矿银含量低于内生成矿。

在内生矿床中，与中低温岩浆期后热液成矿作用有关的脉型矿床的方铅矿含银最高，通常大于 2000g/t，高-中温接触交代作用、与火山及斑岩成矿有关的方铅矿含银较高，银含量平均值比较接近，多在 1500~1000g/t。而沉积岩型、变质岩型方铅矿平均含银一般小于 1000g/t。银在矿物中分布不均匀，相同成因类型方铅矿单矿物中银含量最高值与最低者相差几倍至几十倍。方铅矿单矿物含银最高的为广东锯板坑，达 1.0289%，次为厚婆坳锡铅锌银矿，为 8056.1g/t。

与深源物质有关的高-中温成矿的火山岩型、矽卡岩型、斑岩型方铅矿，单矿物金含量较高，分别为 1.148g/t(44)、0.806g/t(27)、0.605g/t(10)。中-低温热液成矿的脉型、沉积岩型及变质岩型方铅矿含金较低，仅为 0.059g/t(24)、0.269g/t(7)、0.02g/t(6)。同类型矿床方铅矿单矿物的金含量可相差百余倍。方铅矿单矿物含金较高的有湖北鸡冠咀（银）铜金矿，达 15.34g/t；河北蔡家营铅锌银矿，为 14.66g/t；甘肃小铁山（陕西地质所，1972 年），为 14.54g/t。

4.2.1.2　Sb、Bi 与 Sb/Bi

锑的地球化学性质具有两重性，既有在岩浆分异作用中早期聚集的趋势，又有在残余岩浆中富集的特点，特别是岩浆期后中-低温热液作用形成的方铅矿，锑和银显示了同步富集规律。脉型矿床方铅矿含锑最高，平均 0.2196%(17)，其次为矽卡岩型方铅矿，含锑为 0.1645%（26），再次火山岩型方铅矿，含锑为 0.1171%（20），沉积岩型和斑岩型方铅矿含 Sb 较低，平均 0.0824%（10） 和 0.0473%（18）。由于锑的硫化物较铜、铅、锌硫化物有更大的溶解性，在同一个矿床中，较高温条件下形成的八面体方铅矿中的锑含量比较低温形成的方铅矿要低。方铅矿单矿物含 Sb 最高的是江西银山，为 0.4994%；次为广东厚婆坳，为 0.4169%。

铋主要以微量参加到各种硫化物中，为显著亲硫元素，尤其是方铅矿中。有人认为，铋可替代铅，特别是当有 Ag^+ 存在时，可与 Bi^{3+} 共同替代 Pb^{2+}，即 Bi^{3+}+Ag^+→$2Pb^{2+}$。但铋也有可能以微小的辉铋矿（Bi_2S_3）包体存在于方铅矿中。各种成因方铅矿的铋含量变化较大，其浓度表现出中-高温富集的趋向，在残余岩浆中也有较高聚集。矽卡岩型方铅矿单矿物含铋最高，平均 0.0455%（25），脉型次之，为 0.0214%（22）。方铅矿单矿物含铋最高的为湖南铜山岭铜多金属矿，达 0.4372%；次为湖南桃林铅锌矿，为 0.0875%。在同一个矿床中，早期生成的方铅矿富含铋。方铅矿中铋的硫化物（BiS_2）的溶解度随着温度的下降而降低。在残余溶液中，铋的析出多在砷矿物之后和锑矿物之前。

方铅矿中 Sb/Bi 比值，与岩浆热液作用有关的矿床，方铅矿中铋含量较高，所以 Sb/Bi 比值偏低，如与岩体或接触带关系密切的矽卡岩型方铅矿的 Sb/Bi 比值低，为 3.6（15）；脉型方铅矿的 Sb/Bi 比值较低，仅 10.3 （12 个矿区平均）；火山岩型方铅矿的 Sb/Bi 比值较高，为 30.2（4）；沉积岩型方铅矿的 Sb 含量低于以上三种类型仅高于斑岩型，因为缺乏岩浆热液及深源物质带来的铋，铋的含量最低，Sb/Bi 比值最高，为 168.2（3）。

4.2.1.3 Se、Te

硒、碲在外生条件下一般得不到富集，在内生成矿作用中通常富集在岩浆热液和残余热液中。对于多种矿质来源的矽卡岩型的铜山岭矿区的方铅矿，含有较高的 Se、Te。Au、Bi 是 Te 的沉淀剂，方铅矿中金（0.1g/t）、铋（0.4372%）含量高，使碲也有较高的含量（0.0091%）；又如康家湾矿区方铅矿，金（0.42g/t）、铋（0.1521%）含量高，使碲也有较高的含量（0.0148%）；而沉积岩型泗顶矿区的方铅矿，金（0.009g/t）、铋（0.0012%）含量低，导致碲含量很低（0.00013%）。

硒在矽卡岩型或脉型矿床中，几乎全部存在于晚期岩浆热液中。这两类矿床的方铅矿中，都含有较高的硒，分别为 Se 0.00818%（25） 和 0.00185%（24）；斑岩型和火山岩型方铅矿含硒较低，在 0.00009%（7） 和 0.0002%（10）；而沉积岩型方铅矿中含硒最低，仅 0.00005%（5）。

4.2.1.4　Ga、Ge、In

方铅矿单矿物的 In、Ga、Ge 含量较低，基本在同一个数量级上变化，不同成因类型差别不明显。含量较高的有火山岩型的湖南七宝山铜多金属银矿，方铅矿含 In 0.0054%；矽卡岩型的湖南宝山铅锌银矿，方铅矿含 In 0.0031%。方铅矿含 Ga 较高的有脉型的湖南桥口，方铅矿含 Ga 0.0034%（2，广东有色所）；湖南七宝山的方铅矿含 Ga 0.0015%（2）。方铅矿的 Ge 含量，较高的有矽卡岩型的湖南祁东清水塘，方铅矿含 Ge 0.0039%（7）；斑岩型的内蒙古甲乌拉，方铅矿含 Ge 0.0021%（4，曾卫胜）。

4.2.1.5　Cd、Tl

方铅矿中 Cd 含量，斑岩型最高，平均 0.4483%（21），矽卡岩型、脉型、火山岩型和沉积岩型较低，仅为 0.00587%（23）、0.00552%（30）、0.00378%（33）和 0.00635%（19）。方铅矿的 Tl 含量，矽卡岩型最高，平均 0.00256%（22），如黄沙坪的方铅矿含 Tl 为 0.0083%（3），其成矿母岩为花岗斑岩，其余各类型普遍较低。Tl 的富集往往与酸性岩浆作用有关。

4.2.1.6　Cu、Mo、As

方铅矿单矿物中的 Cu、Mo、As 多呈显微或超微细粒矿物包裹物，有部分可替代方铅矿中的 S 进入硫化物中。方铅矿的 Cu 含量，矽卡岩型最高，平均 0.2023%（26），次为脉型、沉积岩型，而火山岩型、斑岩型较低，仅 0.0473%（23）与 0.0075%（18）。

Mo 具有与中偏酸性岩类的成矿专属性，与花岗闪长岩和花岗斑岩有关的斑岩型方铅矿单矿物含 Mo 最高，平均 0.0116%（3），其次是与岩浆热液有一定关联的脉型方铅矿，含 Mo 0.0059%（22）。砷在内生成矿中，在与岩浆作用有关的高温气成-中温热液多金属硫化物矿床中产生富集。砷在方铅矿中可置换 S，或与 Cu、Sb、Co、Ni 等微量元素形成微细粒状硫化物或硫盐矿物，如毒砂、黝铜矿等。

火山岩型方铅矿单矿物平均含砷 0.063%（23）。如锡铁山（银）铅锌矿，方铅矿单矿物含砷最高，达到 1.22%。砷在表生作用中也产生富集，可作为重要伴生组分与其他元素一同富集于地层中，致使沉积岩型方铅矿单矿物中 As 含量较高，平均为 0.054%（9）。

4.2.2　闪锌矿单矿物的微量元素

闪锌矿 145 件单矿物微量元素含量见表 4-3 和图 4-4。

表4-3　伴生银矿石闪锌矿单矿物微量元素含量

元素含量/$g \cdot t^{-1}$

矿床类型	项目	Ag	Au	Sb	Bi	Sn	Cu	Cd	Se	Ga	Ge	In	Te	Tl	As	Fe	Mn	Co	Ni	Hg	Ba
砂卡岩型	最高	1290.0	0.438	4395	1717	5267	4545	8000	117.6	135	12	2620	156.6	28	6400	164700	51200	95	42	601	641
	最低	7.75	0.0043	0.0	0.0	150	283	1590	0.1	7.0	0.0	7.5	0.0	0.0	100	5250	13	4.0	0.0	0.0	9.0
	平均	111.20	0.2212	1929.8	196.2	708.9	2399	3539	12.5	37.4	3.3	344	6.7	14.0	2214	103965	4457	24.7	14.1	76.4	176
	样品数	40	2	12	32	32	44	42	32	30	30	32	31	31	16	40	42	26	27	25	16
斑岩型	最高	3543.3	0.6490				7780	3430	3.9	11.07		126	5.9								
	最低	36.74	0.2950				620	2643	0.0	11		102	0.0								
	平均	2067.5	0.4012		10	1252	2410	3140	1.6	11.01	0.0	111	1.2	4.0		110500	4190	25.0	62.0		39
	样品数	21	20		1	12	16	19	20	8	1	19	20	1		12		1	1		1
火山岩型	最高	1099.4	29.02		44	6300	13200	4260	0.9	311	82	858	4.3	9.4	1873	147500	10500	70	44	0.0	38
	最低	14.2	0.0003		3.0	3.0	134.4	1979	0.0	2.0	0.63	115	0.2	0.2	8.24	9260	200	0.0	0.0	0.8	12
	平均	184.35	1.8687	141	29.4	608.3	2778	3332	0.5	98.4	16.8	272	1.0	4.5	336.6	59544	4362	50.8	34.6		28.3
	样品数	36	31	3	12	20	25	28	12	27	27	28	12	26	16	17	14	5	5	5	6
脉型	最高	448.2	0.3310		29	392	3000	19870	20	288	9.0	959	0.5	0.5	4386	132200	5000	114	25	5.7	2360
	最低	7.7	0.0		0.0	58	270	1370	0.0	0.2	0.0	0.0	0.0	0.0	26	8330	640	0.0	1.5	0.1	4.0
	平均	152.8	0.0433		2.9	296	529	5484	7.03	84.35	4.7	479	1.1	0.26	2678	78590	1029	50.5	12.4	2.1	231
	样品数	21	8		14	14	17	24	20	24	18	24	14	14	5	15	14	11	11	14	11
沉积岩型	最高	389.38	0.0122	134	7.5		2660	8300	0.0	570	144	36	1.3	20		121800	4830	92	6.0	3803	870
	最低	15.5	0.00006	89	0.0		510	1280		4.3	0.0	<1.0	1.2	0.0			36	0.0	0.0	2.0	220
	平均	120.89	0.0061	95.4	3.85	48	1460	2627	0.0	156	46.2	10.5	1.0	6.6		30793	81	16.2	5.0	680	345
	样品数	18	4	7	7	3	13	15	6	13	18	11	5	11		14	11	11	8	9	4
变质岩型	最高	830	6.2				5640	9200		6.0	7.0	2.0					1030				
	最低	130	0.0				3.0	7400		0.0	0.0	0.0					31				
	平均	454.40	1.87			36	1425	8200		2.1	1.8	0.89					340				
	样品数	9	9			4	11	9		9	9	9					9				

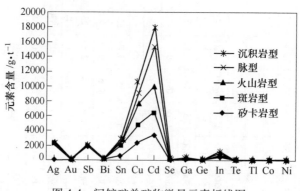

图 4-4　闪锌矿单矿物微量元素折线图

4.2.2.1　Ag、Au

闪锌矿单矿物的银含量，在铅锌矿床的工业矿物中仅次于方铅矿，在铅锌铜多金属矿床中，低于黄铜矿、方铅矿，居于第三位。不同类型矿床闪锌矿单矿物银含量，较高的有斑岩型-变质岩型-火山岩型-脉型，而矽卡岩型、沉积岩型较低。

对于贫铅富金的矿床或铜（锑）多金属矿，则可能出现不同的情况，如张公岭铅锌金银矿区，闪锌矿含银 810g/t，黄铁矿含银 869g/t；大厂 100 号脉锑铅锌银矿区，闪锌矿含银 12.5g/t，黄铁矿含银 23g/t；银洞沟铅锌金银矿区，闪锌矿含银 660g/t，黄铁矿含银 719.4g/t；黄岩五部铅锌银矿，闪锌矿含银 108g/t，黄铁矿含银 159g/t，即闪锌矿含银低于黄铁矿，对于这些类型矿区中银的回收，尤其需要加强矿石银的赋存状态查定，有针对性地修订选矿流程设计，减少硫铁矿中银含量，使更多的银富集在铅锌精矿中，以提高银的回收率。

那些贫铅锌的金银矿床，也有闪锌矿银含量低于黄铁矿的现象，如十里堡金银矿床，闪锌矿含银 554.04g/t，而黄铁矿含银达到 1062.4g/t；江西金山金银矿床，闪锌矿含银 892.9~2969.7g/t，而黄铁矿含银 1196.4~2888.9g/t。

有些铅锌铜多金属矿床，闪锌矿含银高于黄铜矿，如小铁山铅锌多金属矿床，闪锌矿含银 202g/t，黄铜矿含银仅 79g/t。

上述变化恰好反映银的沉淀对成矿环境具有严格的选择性，对于矿床主金属而言，一般银的依存度按照：Ag→Pb→Zn→Cu→Au→Fe 顺序递减。当矿液中 Cu 占有相当重要的位置而 Pb 与 Zn 浓度下降时，Ag 选择 Cu，进入黄铜矿中或与之组成铜银硫盐沉淀。接着，因闪锌矿大量沉淀使矿液中 Zn 骤然减少时，Ag 选择 Au，进入金物晶格中形成金银互化物，或者直接与硫结合形成辉银矿、螺状硫银矿等。这也是造成上述矿床的银矿物主要为银黝铜矿、金银矿或银金矿、辉银矿、螺状硫银矿等的重要因素。

变质岩型矿床的闪锌矿含金最高，这与金在变质作用中易得到再生富集，使该类矿床具有较好的金矿化有直接关系。如桐柏破山（铅锌）银矿的金品位为0.46g/t；洛南银洞沟铅锌银矿的金品位2.18g/t，洛南铁源铅银矿的金品位4.72g/t，商县道岔沟铅锌银矿的金品位0.56g/t等，多数矿床达到共生综合评价金品位（≥0.1g/t）。

从元素地球化学性质分析，金具有亲铁性，而铅与锌比较，锌的亲铁性更明显，由置换而进入闪锌矿中的Fe多则可达26%，一般随成矿温度增高闪锌矿的铁含量增加。在含金较高的变质岩型矿床中，方铅矿含金仍然较低，而变质岩型闪锌矿含金达1.87g/t(9)，是方铅矿单矿物金含量的93.5倍；闪锌矿金含量居第二位的为火山岩型1.8687g/t(31)；再次是斑岩型和矽卡岩型，为0.4012g/t(20)与0.2212g/t(2)；脉型较低，为0.0433g/t(8)；而沉积岩型闪锌矿含金最低，仅0.0061g/t(4)。可以认为，闪锌矿与黄铁矿的含金性是矿床金矿化强度的重要反映。

4.2.2.2　Cd、Ga、Ge、In

各种成因类型的闪锌矿单矿物Cd含量由高至低是：变质岩型，0.8200%(9)→脉型，0.5484%(24)→矽卡岩型，0.3539%(42)→火山岩型，0.3332%(28)→斑岩型，0.3140%(19)→沉积岩型，0.2627%(15)。不同成矿作用形成的闪锌矿单矿物中Cd含量差异明显，以岩浆热液、接触交代作用、超浅成热液或叠加热液成矿的闪锌矿含Cd较高，如广西珊瑚闪锌矿单矿物含Cd 1.9870%，湖南湘东桥口闪锌矿含Cd 0.8861%，铜山岭闪锌矿含Cd 0.8000%，广东厚婆坳闪锌矿含Cd 0.6668%；以碳酸盐岩为赋矿岩石的矿床其闪锌矿含镉较低，如湖南黄沙坪、水口山、广东凡口等，Cd分别为0.1586%、0.3183%和0.1940%；而以后生成矿作用为主的矿床，如四川大梁子、广西泗顶含Cd也较高，为0.5965%和0.8300%，可能是表生作用中，镉的性质更稳定，更具有惰性，易与锌结合沉淀有关。

通常Ga、Ge富集在中-低温和低温铅锌矿床的闪锌矿中，沉积岩型闪锌矿含有较高的Ga、Ge，分别为0.0156%(13)和0.00462%(18)；依次为脉型闪锌矿含Ga、Ge分别为0.00844%(24)和0.00047%(18)；火山岩型闪锌矿含Ga、Ge为0.00984%(27)和0.00168%(27)；矽卡岩型和斑岩型闪锌矿成矿温度较高，含Ga、Ge较低，分别为0.00374%(30)和0.00033%(30)及0.0011%(8)和0.00%(1)；变质岩型闪锌矿中Ga、Ge含量低，分别为0.00021%(9)和0.00018%(9)。广东凡口的闪锌矿单矿物含Ga、Ge最高，分别为0.0570%和0.0144%，次为江西银山，分别为0.0311%和0.0082%。

In主要存在于形成温度较高的铅锌矿床中，在暗色含铁高的闪锌矿中更为富集。各类型闪锌矿中 In 含量由高至低排序为：脉型，0.0479%（24）→矽卡岩型，0.0344%（32）→火山岩型，0.0272%（28）→斑岩型，0.0111%（19）→沉积岩型，0.00105%（11）→变质岩型，0.000089%（9）。闪锌矿单矿物含 In 最高的有广西大福楼 0 号矿体，达 0.2670%，较高的有锯板坑、厚婆坳、马关都龙等，分别为 0.0959%、0.0876%和 0.0702%。

4.2.2.3 Cu、Sn、Sb、Bi

闪锌矿中的 Cu、Sn、Bi 主要以矿物的机械混入物存在。与岩浆活动密切相关的闪锌矿含 Cu 较高，火山岩型闪锌矿平均含 Cu 0.2778%（25），斑岩型 0.2410%（16），矽卡岩型 0.2399（44），而脉型、沉积岩型和变质岩型闪锌矿含 Cu 较低，分别为 0.1529%（17）、0.1460%（13） 和 0.1425%（11）。

闪锌矿的 Sn 含量，与高中温岩浆热液成矿密切，斑岩型闪锌矿含 Sn 最高，平均 0.1252%（12），依次为矽卡岩型含 Sn 0.0709%（32）、火山岩型含 Sn 0.06082%（20）、脉型为 0.0296%（14），沉积岩型与变质岩型闪锌矿含 Sn 更低，仅 0.0048%（3） 与 0.0036%（4）。闪锌矿含 Sn 较高的矿区有青海锡铁山，闪锌矿含 Sn 最高的可达 0.6300%；广西大厂铜坑闪锌矿含 Sn 达 0.5267%。

Sb 易于富集在层状矿体中，如广西大厂长坡 0 号矿体的闪锌矿单矿物含 Sb 最高，达 0.4395%，矽卡岩型闪锌矿含 Sb 较高，平均 0.19288%（12），次为火山岩型，为 0.0141%（3），沉积岩型较低，仅 0.00954%（7）。

Bi 与早期岩浆热液交代成矿作用关系密切，矽卡岩型闪锌矿单矿物含 Bi 最高，平均为 0.01962%（32），次为火山岩型闪锌矿，含 Bi 0.00294%（12），其余类型闪锌矿含 Bi 很低，含 Bi 量不大于 0.0010%。闪锌矿含 Bi 较高的有湖南铜山岭，可达 0.1717%。

4.2.2.4 Hg、Ba

Hg 的离子半径与 Cu、Ag、Au、Pb、Zn、Cd、Bi、Ba 和 Sr 等比较接近，可以进入这些元素构成的矿物中，而自然界中汞最喜欢进入闪锌矿中，闪锌矿是唯一含汞的硫化物。从中国所拥有的世界著名的万山汞矿得知，汞的成矿主要与原始沉积富集和后期改造作用有关，特别是与沉积作用关系更加密切。在沉积岩型伴生银矿床的闪锌矿中含汞最高，为 0.0680%（9），次为矽卡岩型，闪锌矿含 Hg 0.0076%（25），脉型闪锌矿含 Hg 较低，仅 0.00021%（14），其余类型更低。闪锌矿中汞的丰度可作为沉积成因的标型元素。如柞水银洞子沉积型铅锌银矿的闪锌矿含 Hg 0.3803%，富含汞的沉积成岩环境与银的成矿作用也有一定关系。

Ba 在两种情况下可以得到富集，一是在岩浆分异晚期的交代作用，二是热水成矿作用，因而那些受热液改造作用的沉积岩型矿床闪锌矿含钡最高，交代作用形成的闪锌矿含钡较高。钡是岩石圈含量较丰富的元素，但通常在火成岩中不形成独立矿物，只是在富钡长石或云母中替代钾[2]，随着岩浆的演化，强烈的钾化作用可以导致岩石中钡的聚集，影响到成矿溶液中钡含量增加，也利于银的富集，从客观上造成银与钡的关系密切。不但在载体矿物闪锌矿、方铅矿、黄铜矿中含有较多的钡，在一些富银矿床中甚至发育重晶石脉或薄层状重晶石（$BaSO_4$），或近矿围岩出现有钡冰长石化带。如四川呷村铅锌铜多金属银矿床，在其上部矿带，黑色银多金属矿层顶部发育浅色重晶石层，底部发育暗色重晶石层。黑色银矿层含银 445.28g/t，重晶石层含银 10.34g/t。沉积岩型闪锌矿含 Ba 最高，为 0.0345%（4），依次为脉型闪锌矿 0.0231%（11），矽卡岩型 0.0176%（16），余者均小于 0.0040%。

4.2.2.5 Fe、Mn

Fe、Mn 常以类质同象进入闪锌矿中。闪锌矿中 Fe 代替 Zn 非常普遍，闪锌矿含铁的高低与成矿温度有关。闪锌矿单矿物中含 Fe 由高至低为：斑岩型 11.05%（12）-矽卡岩型 10.3965%（40）-脉型 7.8590%（15）-火山岩型 5.9544%（17）-沉积岩型 3.0793（14）。高与低相差 3.6 倍。闪锌矿含 Fe 低的有云南兰坪金顶为 0.0%，广东新兴天堂仅 0.5250%，闪锌矿含 Fe 较高的有湖南黄沙坪 16.47%，青海锡铁山 14.75%，湖南桥口 13.22%，广西拉麽 12.38% 等。

Mn 在热液期成矿作用中易于富集，外生作用中易于分散。当热液中硫的逸度增大时，Mn^{2+} 则显示与硫的亲和力。可以 $Mn^{2+}\rightarrow Zn^{2+}$ 进入闪锌矿晶格。闪锌矿含 Mn 由高至低为矽卡岩型 0.4457%（42）-火山岩型 0.4362%（14）-斑岩型 0.4190%（1）-脉型 0.1029%（14）-变质岩型 0.0340%（9）-沉积岩型 0.0081%（11）。在所测试的闪锌矿单矿物中，含 Mn 最高的达到 5.12%（1，甘肃花牛山），据悉闪锌矿最高含锰 5.14%[1]，已接近最高值，最低为 0.0013%（2，湖南清水塘）。

4.2.3 黄铁矿单矿物的微量元素

黄铁矿 127 件单矿物微量元素含量（见表 4-4 和图 4-5）。

4.2.3.1 Ag、Au

不同成因类型黄铁矿单矿物 Ag 含量由高至低为：变质岩型 1630g/t（8 件样品平均，下同）-脉型 176.7g/t（14）-火山岩型 72.15g/t（47）-斑岩型 47.27g/t（16）-矽卡岩型 39.63g/t（29）-沉积岩型 29.75g/t（13）。变质岩型黄铁矿含银高，可能与多数样品取自伴生铅锌的银矿床有关，河南破山黄铁矿单矿物含银最高可达 4920g/t。黄铁矿含银较高的有火山岩型的江西银山，1364.0g/t，脉型的山东十里堡为 1062.04g/t，广东厚婆坳为 214.9g/t，矽卡岩型的湖南黄沙坪为 117.6g/t。

表 4-4 伴生银矿石黄铁矿单矿物微量元素含量

元素含量/g·t⁻¹

矿床类型	项目	Ag	Au	Sb	Bi	Sn	Cu	Cd	Se	Ga	Ge	In	Te	Tl	As	Mn	Co	Ni	Hg	Ba	Cr	V
砂卡岩型	最高	117.6	1.972	3279	212	4438	34500	32	43	3.0	9.0	20	70.6	108	6890	2050	599	166		22		294
	最低	3.15	0.008	4.0	4.0	0.0	670	6.0	0.4	0.0	0.3	3.0	0.0	2.0	369	20.0	47	14.0		17.0		30
	平均	39.63	1.370	811	50.9	1211	2193	18.3	16.9	2.1	4.4	12.5	20.1	36.2	2424	289	68.5	39.8		19.5		99
	样品数	29	12	21	21	19	22	10	22	11	11	11	22	12	21	11	22	22		2		8
斑岩型	最高	65.3	219①	17	69.5		1070	52.2	49	3.0							192					
	最低	1.25	0.35	16.4	7.0		30.0	18.0	0.1	2.43							59					
	平均	47.27	14.06	16.5	57.0	15	862	49.4	44.9	2.5	0.0	3.0	6.4	17.0	1125	70	183	99		26		345
	样品数	16	16	5	5	1	5	12	12	13	12	1	1	1	1	1	14	1		1		1
火山岩型	最高	1364.0	110.1	577	88.9	380	1490	127	4.0	3.54	10.9	5.39	1.2	2.0	13900	210	493	169				
	最低	0.8	0.06	6.0	3.0	1.40	22.4	1.5	0.0	0.0	1.0	0.0	0.0	0.3	21.0	30	10	29				
	平均	72.15	7.235	247	28.8	89.07	489	52.0	0.88	2.2	3.26	2.4	0.6	1.4	3481	85	175	69		62	10	126
	样品数	47	47	5	5	14	15	11	6	11	11	11	6	9	15	6	6	6		3	3	3
脉型	最高	1062.04	1.57	188	4.0	266	180	9.0	15	2.0	15	162	360	2240	3624	130	310	382		3	34	363
	最低	67.7	0.048	50	0.0	94	60	4.0	0.0	1.9	2.0	0.0	1.1	1.4	112	4.0	62	177			12.3	12
	平均	176.70	0.388	143	0.67	223	80	8.2	2.4	1.92	4.2	87.9	53.4	321	3039	25	97.6	182			29.2	115
	样品数	14	13	5	4	7	7	6	7	6	6	12	7	7	7	6	7	7			14	14
沉积岩型	最高	46.2	1.56	115			1190	1390	26.0	6.0	7.0	10	8.0	860	12340		240	380				
	最低	3.65	0.079	76			20	5.0	1.2	1.0	0.8	1.0	2.0	226	60		3.0	4.1				
	平均	29.75	0.261	109			222	265	13.6	3.1	1.8	4.3	4.1	397	3340		58.5	145	4.8	28		
	样品数	13	7	3			4	9	2	4	7	3	3	8	6		8	5	1	1		
变质岩型	最高	4920	15						12.0				30		1860		240	340				
	最低	50	0.92						0.0				0.0		1590		34	22				
	平均	1630	6.97						4.92				7.29		1700		133.9	144				
	样品数	8	8						7				7		3		8	8				

①吴尚权，小西南岔金矿。

黄铁矿单矿物的 Au 含量，由高至
低为：斑岩型 14.06g/t(16)-变质岩型
6.97g/t(8)-火山岩型 7.235g/t(47)-矽
卡岩型 1.370g/t（12）-脉型 0.388g/t
(13)-沉积岩型 0.261g/t(7)。黄铁矿
中 Au 含量较高的矿区主要分布在斑岩
型、火山岩型中，如吉林小西南岔铜银
金矿的黄铁矿含金达 219g/t[30]，江西银
山黄铁矿中金可达 110.1g/t，青海锡铁
山黄铁矿含金达 38.29g/t[32]，河北蔡
家营铅锌银矿黄铁矿含金 22.49g/t。通

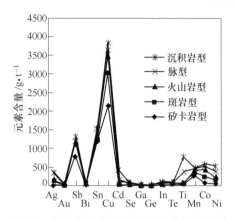

图 4-5　黄铁矿单矿物微量元素含量折线图

常，铜矿床、硫砷矿床或黄铁石英脉中黄铁矿的金含量超过铅锌、铜矿床黄铁矿
金含量的 60~n×100 倍。如内蒙古某震旦纪变质岩中黄铁石英脉内黄铁矿含金在
114.55~479.10g/t，含银 50.0~215.0g/t[5]。近年研究发现，在伴生银的有色金
属矿区，常有伴生金矿叠加，并且与矿石中的黄铁矿关系更为密切，黄铁矿中金
的回收利用值得格外关注。

4.2.3.2　Co、Ni、Co/Ni

黄铁矿中的 Co、Ni 可作为类质同象混入物替代 Fe。内生成矿作用的黄铁矿，
Co、Ni 具有正消长关系，而沉积作用的黄铁矿中不明显。高-中温成矿作用的黄
铁矿中，Co 含量随 Fe 的增高而增大，与 Ag 含量无明显关系。矽卡岩型铁矿床
的黄铁矿单矿物 Co 含量在 0.0130%~0.6840%，铅锌铜矿床的黄铁矿钴含量在
0.0034%~0.0599%，前者是后者的 3~11 倍。各类型黄铁矿单矿物的 Co 含量自
高而低为：斑岩型 0.0183%(14)-火山岩型 0.0175%(6)-变质岩型 0.01339%(8)-
脉型 0.00976%(7)-矽卡岩型 0.00685%(22)-沉积岩型 0.00585%(8)。

黄铁矿单矿物的 Ni 含量排序为：脉型 0.0182%(7)-沉积岩型 0.0145%(5)-
变质岩型 0.0144%(8)-斑岩型 0.0099%(1)-火山岩型 0.0069%(6)-矽卡岩型
0.00398%(22)。黄铁矿的 Co、Ni 含量较高的有天堂，分别为 0.0599% 和
0.0166%；湖南七宝山，分别为 0.0493% 和 0.0169%；陕西银洞子，分别为
0.0240% 和 0.0380%。

黄铁矿中 Co/Ni 比值有一定规律。赋矿岩石以碳酸盐为主，成岩-后生成矿
作用的黄铁矿 Co/Ni 比值一般小于 1；而与岩浆、火山及岩浆期后热液成矿作用
有关的黄铁矿 Co/Ni 比值为 1~3 甚至大于 3，个别小于 1。黄铁矿中 Co/Ni 比值
仅举几例：矽卡岩型的广东大宝山黄铁矿为 2.71，湖南黄沙坪黄铁矿为 2.64；
火山岩型的浙江五部黄铁矿为 1.59；斑岩型的冷水坑为 1.51；沉积岩型的陕西

柞水银洞子和银母寺黄铁矿的 Co/Ni 比值分别为 0.63 和 0.53。

4.2.3.3 Cu、Sb、Sn

黄铁矿中的 Cu、Sb、Sn 主要以微细粒矿物包体存在，有时呈细分散状态，以矽卡岩型含量最高。如广东天堂矿床黄铁矿含 Cu 达到 3.45%（1），矽卡岩型黄铁矿单矿物平均含 Cu 0.2193%（22），次为斑岩型和火山岩型，分别为 0.0862%（5）和 0.0489%（15），沉积岩型为 0.0222%（4）。脉型较低，为 0.0080%（7）。

黄铁矿单矿物中 Sb 含量，矽卡岩型最高，为 0.0811%（21），尤以大厂长坡 0 号矿体黄铁矿与闪锌矿一样，含 Sb 最高，平均 0.3279%（12，付金宝，1984 年）；次为火山岩型黄铁矿，含 Sb 0.0247%（5）；脉型 0.0143%（5）；沉积岩型在 0.0109%（3）；斑岩型仅 0.00165%（5）。

黄铁矿单矿物中 Sn 含量，矽卡岩型最高，为 0.1211%（19）；次为脉型，平均 0.0223%（7）；火山岩型，为 0.0089%（14）；斑岩型较低，为 0.0015%（1）。

4.2.3.4 Cd、Se、Te

黄铁矿单矿物中含有微量呈分散状态的 Cd、Se、Te。黄铁矿中含 Cd 最高的在 0.1390%（1，银洞子）。沉积岩型黄铁矿含 Cd 较高，平均 0.0265%（9），其余类型黄铁矿 Cd 含量低 1~2 个数量级。

斑岩型、矽卡岩型黄铁矿含 Se 较高，分别在 0.00449%（12）和 0.00169%（22）；沉积岩型、变质岩型较低，分别在 0.00136%（2）和 0.00049%（7）；余者更低，火山岩型仅 0.000088%（6）、脉型 0.00024%（7）。

黄铁矿 Te 含量高的是金子窝，在 0.0360%。脉型黄铁矿平均含 Te 最高，为 0.00534%（7）；次为矽卡岩型含 Te 0.00201%（22）；变质岩型 0.00073%（7）；斑岩型 0.00064%（1）；沉积岩型 0.00041%（3）；火山岩型 0.00006%（6）。

4.2.3.5 In、Ga、Ge

黄铁矿中含有微量 Ga、Ge、In。黄铁矿单矿物中 In 含量，脉型平均 0.00879%（12），矽卡岩型黄铁矿含 In 0.00125%（11），其余类型均较低。黄铁矿含 In 较高的矿区有锯板坑的黄铁矿 In 可达 0.0158%（8）~0.0162%（9），水口山 0.0020%（6），厚婆坳 0.0019%（5）和银硐子 0.0010%（1）。

黄铁矿单矿物中 Ga、Ge 含量均较低，沉积岩型黄铁矿含 Ga 在 0.00031%（4），矽卡岩型黄铁矿含 Ge 略高，在 0.00044%（11）。

4.2.3.6 As、Mn

砷常与汞、锑、金、铅、锌和钨等其他元素在地层中形成富集。沉积岩型黄铁矿单矿物含 As 较高，平均 0.3340%（6）。砷在内生成矿作用中，常产于多金属矿石中，在岩浆热液-火山成矿作用中得到富集，不仅形成砷化物，还可替代硫，进入硫化物中。火山岩型黄铁矿平均含 As 0.3481%（15）；脉型黄铁矿为 0.3039%（6）；矽卡岩型为 0.2424%（21）；变质岩型黄铁矿含 As 较低，在 0.1700%（3）。黄铁矿单矿物含 As 较高的矿区，如银洞子黄铁矿含 As 1.2340%，锡铁山黄铁矿含 As 1.3900%，甘肃花牛山黄铁矿含 As 为 0.6890%。

黄铁矿的 Mn 含量最高为 0.2050%（1，黄沙坪），矽卡岩型黄铁矿单矿物平均含 Mn 0.0289%（11）；火山岩型为 0.0085%（6）；斑岩型为 0.0070%（1）；脉型黄铁矿含 Mn 略低，为 0.0025%（6）。

4.3 载体矿物含银性

为更广泛研究我国有色金属伴生银矿石银的载体矿物含银性，又将 136 个伴生银矿区，56 种银载体矿物，共 2465 件银载体矿物单矿物银含量数据，按照成因归类汇总（见表 4-5）。

表 4-5 载体矿物单矿物银含量 （g/t）

矿物 \ 矿床类型	脉型	火山岩型	斑岩型	矽卡岩型	岩浆岩型	变质岩型	沉积岩型	铁锰帽型
方铅矿	2606(165)	1380.8(63)	644.33(34)	1478.6(66)		4533.8(29)	703.3(289)	976.2(4)
闪锌矿	254.4(129)	434.6(80)	904.37(28)	179.4(50)		435.2(25)	78.6(314)	26.86(5)
黄铁矿	272.1(125)	109.1(254)	153.3(41)	56.8(46)	6.50(1)	558(25)	32.51(159)	15.64(1)
黄铜矿	664.3(44)	333.2(31)	133.4(27)	222.7(30)	25.50(1)	370.0(16)	564.0(1)	
毒砂	41.13(41)	1327.2(1)	334.1(1)	39.65(17)		166.5(3)	27.00(1)	
磁黄铁矿	52.62(31)	25.43(18)	76.00(11)	33.47(54)	26.3(1)		11.38(50)	
镍黄铁矿					70.5(1)			
胶黄铁矿		47.8(1)	67.3(6)					
硫锑铅矿	324.9(4)							
脆硫锑铅矿	872.6(8)			881.5(1)				
黝铜矿	6917(7)	6476(2)		130000(1)				
车轮矿		1227(1)						
黝锡矿	839.6(5)			91.67(4)				
辉锑锡铅矿	4270(1)							
砷黝铜矿		55.00(3)						
硫砷铜矿		45.00(2)						
灰硫砷铅矿							60.00(1)	

矿床类型　矿物	脉型	火山岩型	斑岩型	矽卡岩型	岩浆岩型	变质岩型	沉积岩型	铁锰帽型
辉铋矿	23345(1)	7749.5(1)						
辉钼矿	1400(1)		18.80(1)	11.90(1)				
辉锑矿	120(2)							
锡石	19.39(14)			2.02(18)	16.37(5)			
白钨矿				4.98(1)				
磁铁矿	98.5(3)	249.1(8)	384.67(6)	6.74(5)	5.50(1)		5.50(1)	
赤铁矿		19.11(1)					140.0(1)	3.70(1)
辉铜矿							2128(1)	
斑铜矿							1365.4(1)	
褐铁矿	1085.0(1)	69.45(1)						13.40(5)
水针铁矿							11.6(1)	
菱铁矿		48.73(1)						45.20(8)
菱锰矿	3.1(9)	24.0(10)						
菱铁锰矿			24.35(10)					
硬锰矿		466.4(3)						
石英	10.69(19)	15.38(16)	5.72(16)	4.00(1)			6.53(8)	4.53(4)
长石		8.70(1)	1.63(2)				0.65(2)	
方解石	14.70(3)	43.80(4)	5.29(1)	8.10(1)			0.63(4)	
白云石				6.57(2)				1.80(1)
绿泥石云母等	28.50(5)	10.83(4)		5.21(4)			11.50(1)	
重晶石	9.2(1)	20.0(1)					2.40(1)	
磷灰石			3.40(1)					
铅矾		500(1)						434.0(1)
辰砂	16.0(1)							
白铅矿	n·10~1000							497.9(7)
砷铅矿	>10~44							
铅铁矾							395(1)	113.0(1)
钒铅矿								256.0(1)
异极矿								1.50(1)
菱锌矿								1.40(1)
硅锌矿								130.0(1)

矿物 ＼ 矿床类型	脉型	火山岩型	斑岩型	矽卡岩型	岩浆岩型	变质岩型	沉积岩型	铁锰帽型
黄钾铁矾								4.80(1)
纤铁矾								10.00(1)
石膏								4.80(1)
硬石膏								3.30(1)
萤石				4.2(1)				
石榴石				9.5(1)				
碳质							1.8(1)	
黏土							1.4 (1)	

注：括号中为样品数，合计 2465 件。

为了更科学反映几种最重要载体矿物的含银性，减少由于分析设备、方法等因素所造成的差异，将表 4-2～表 4-4 中方铅矿、闪锌矿、黄铁矿共 436 件单矿物的银含量系统测试数据和表 4-5 中有关数据同类综合，共获得 2901 件载体矿物银含量数据，求得方铅矿、闪锌矿、黄铁矿银含量的综合计算值（见表 4-6）。

表 4-6　重要载体矿物单矿物银含量综合计算值　　　　　　　　　　　（g/t）

矿物 ＼ 类型	Ag 平均值	脉型	火山岩型	斑岩型	矽卡岩型	岩浆岩型	变质岩型	沉积岩型	铁锰帽型
方铅矿	1529.0 (814)	2826.9 (195)	1227.1 (107)	937.22 (52)	1460.90 (99)		3916.86 (35)	797.10 (322)	976.2 (4)
闪锌矿	259.75 (776)	240.18 (150)	356.95 (116)	1402.90 (49)	149.09 (90)		440.28 (34)	80.89 (332)	26.86 (5)
黄铁矿	141.26 (778)	256.70 (138)	103.33 (301)	123.54 (57)	50.16 (75)	6.50 (1)	817.88 (33)	32.30 (172)	15.64 (1)

注：括号中为单矿物个数，方铅矿、闪锌矿、黄铁矿单矿物共计 2302 件。

4.3.1　方铅矿

方铅矿是伴生银矿床最重要的银载体矿物。从表 4-6 可知，方铅矿单矿物银含量综合计算结果，平均含银 1529.0g/t（814 件单矿物平均，下同）。按照矿床类型统计，方铅矿单矿物银含量自高而低为：变质岩型 3916.86g/t（35）-脉型 2826.9g/t（195）-矽卡岩型 1460.90g/t（99）-火山岩型 1227.1g/t（107）-铁锰帽型 976.2（4）-斑岩型 937.22g/t（52）-沉积岩型 797.1g/t（322）。铁锰帽型的方铅矿是原矿残留的，其含银高低与原矿有关。方铅矿单矿物含银高的有广东锯板坑钨锡多金属银矿，含 Ag 达 10288.4g/t（7）；厚婆坳锡多金属银矿，方铅矿含 Ag 为 8086.1g/t；湖北大冶鸡冠石金银矿，方铅矿含 Ag 为 6270g/t。

4.3.2　闪锌矿

闪锌矿单矿物平均含 Ag 259.75g/t（776）。按矿床类型统计含 Ag 自高而低为：斑岩型 1402.9g/t（49）-变质岩型 440.28g/t（34）-火山岩型 356.95g/t（116）-脉型 240.18g/t（150）-矽卡岩型 149.09g/t（90）-沉积岩型 80.89g/t（332）-铁锰帽型 26.86（5）。不同类型矿床闪锌矿单矿物中银含量平均值最高与最低者相差 52 倍。闪锌矿单矿物含 Ag 最高的为冷水坑铅锌银矿，达 3543.3g/t（12），高于该区方铅矿单矿物银含量（1876.7g/t，14），因为矿石中有 62% 的螺状硫银矿（占本区银矿物的 80% 以上）以闪锌矿为载体。

4.3.3　黄铁矿

黄铁矿单矿物含银量低于闪锌矿，平均 141.26g/t（778）。各类型黄铁矿单矿物含 Ag 自高而低为：变质岩型 817.88g/t（33）-脉型 256.70g/t（138）-斑岩型 123.54g/t（57）-火山岩型 103.33g/t（301）-矽卡岩型 50.16g/t（75）-沉积岩型 32.30g/t（172）-岩浆岩型 6.50g/t（1）。变质岩型黄铁矿平均含银最高，是沉积岩型的 25.6 倍。黄铁矿单矿物含银较高的有广西望天洞（铅锌）金银矿，达 4687.5g/t，河南桐柏铅锌银矿，平均 1630g/t（8），江西银山铅锌铜银矿为 1364.0g/t，山东十里堡（铅锌）银矿黄铁矿含 Ag 为 1062.4g/t。

4.3.4　黄铜矿

黄铜矿单矿物银含量仅低于方铅矿，高于闪锌矿和黄铁矿，平均 375.69g/t（150）。各类型矿床黄铜矿单矿物含 Ag 自高而低为：脉型 664.3g/t（44）-沉积岩型 564.0g/t（1）-变质岩型 370.0g/t（16）-火山岩型 333.2g/t（31）-矽卡岩型 222.7g/t（30）-斑岩型 133.4g/t（27）-岩浆岩型黄铜矿含 Ag 25.50g/t（1）。

4.3.5　毒砂

毒砂单矿物的银含量平均 71.06g/t（64）。各类型毒砂单矿物 Ag 含量相差悬殊，由高至低的是：火山岩型 1327.2g/t（1）-斑岩型 334.1g/t（1）-变质岩型 166.5g/t（3）-脉型 41.13g/t（41）-矽卡岩型 39.65g/t（17）-沉积岩型 27.00g/t（1）。

4.3.6　磁黄铁矿、胶黄铁矿、镍黄铁矿

磁黄铁矿单矿物含银平均 32.28g/t（165），低于上述主金属（Pb、Zn、Cu、Fe）硫化物的银含量。其中斑岩型含银最高，平均 76.00g/t（11），依次为脉型

52.62g/t(31)-矽卡岩型 33.47g/t(54)-岩浆岩型 26.3g/t(1)-火山岩型 25.43g/t(18)-沉积岩型 11.38g/t(50)。

胶黄铁矿，在内生矿床中，往往是热液作用产物，常与黄铁矿、白铁矿，有时与方铅矿、闪锌矿等共生，或者由磁黄铁矿分解生成。胶黄铁矿单矿物 Ag 含量高于磁黄铁矿，在 47.8~67.3g/t，平均 64.51g/t(7)，但多为矿石中的次要成分，对银的回收影响不大。

镍黄铁矿为岩浆岩型铜镍硫化物矿床的主金属矿物，单矿物含 Ag 70.5g/t(1)，高于该类型矿床黄铁矿、黄铜矿单矿物银含量，是值得重视的银载体矿物。

4.3.7 黝铜矿族

黝铜矿是伴生银矿床中较多见的银载体矿物。其化学组成中，除 Sb-As 间为完全类质同象外，有限替代铜的还有银、锌、铁、汞等，代替锑、砷的有铋，代替硫的有硒、碲，甚至还有微量钴、镍、金等元素进入其中。对于黝铜矿中银含量大于 5% 者应归属为银黝铜矿。平均含 Ag 1.9137%(10)，矽卡岩型黝铜矿单矿物含 Ag 高者可达 130000g/t，单矿物中包含一定量的银黝铜矿；脉型黝铜矿单矿物平均含 Ag 6917g/t(7)；火山岩型 6476g/t(2)。砷黝铜矿单矿物含银很低，火山岩型的仅 55.0g/t(3)。说明银与锑比砷有更密切的成生关系。

4.3.8 其他硫化物与硫盐

与 Pb、Sb、Bi、Mo、As、Sn、Cu、Hg 等有关的硫化物与硫盐也是银的重要载体矿物，如脆硫锑铅矿单矿物平均含银 873.6g/t(9)，其中矽卡岩型的含银在 881.5g/t(1)，脉型的在 872.6g/t(8)。

硫锑铅矿单矿物，脉型的含银 324.9g/t(4)。辉锑矿含银 120g/t(2，脉型)。车轮矿含银，火山岩型可达 1227g/t(1)。辉铋矿单矿物平均含银 15547g/t(2)，其中脉型的可达 23345g/t(1)，火山岩型的在 7749.5g/t(1)。辉钼矿单矿物平均含银 476.9g/t(3)，其中脉型含银可达 1400g/t(1)；斑岩型和矽卡岩型含银较低，分别为 18.80g/t(1) 和 11.90g/t(1)。

黝锡矿单矿物含 Ag 平均 507.2g/t(9)，其中脉型 839.6g/t(5)；矽卡岩型为 91.67(4)。辉锑锡铅矿单矿物，脉型的含银为 4270g/t(1)。均属于高含银的载体矿物。

以砷为主要组分的载体矿物，含银较低。如灰硫砷铅矿单矿物含 Ag 在 60.0g/t(1，沉积岩型)。硫砷铜矿单矿物，火山岩型的含 Ag 仅 45.00g/t(2)。

斑铜矿多见于矽卡岩型、沉积岩型，特别是砂岩型铜矿中，也形成于次生的硫化物富集带，由黄铜矿演变而来，在表生阶段，斑铜矿常被辉铜矿交代。辉铜矿常产于晚期热液矿床及外生铜硫化物矿床中，与斑铜矿共生，是沉积型铜银矿的重要载体矿物。斑铜矿与辉铜矿单矿物含 Ag 较高，分别为 1365.4g/t（1）和 2128g/t（1）。

辰砂主要产于低温热液矿床中，脉型的辰砂单矿物含银较低，为 16.0g/t（1）。

4.3.9　某些氧化物与氢氧化物、铁锰碳酸盐

锡石单矿物含 Ag 不高，平均 10.53g/t（37），其中脉型较高，平均为 19.39 g/t（14），变质岩型的 16.37g/t（5），矽卡岩型很低，仅 2.02g/t（18）。

磁铁矿是含 Ag 较高的氧化物，平均为 193.4g/t（24），其中斑岩型 384.67g/t（6），火山岩型 249.1g/t（8），脉型 98.5g/t（3），而矽卡岩型、岩浆岩型、沉积岩型的磁铁矿含银较低，均小于 7g/t。赤铁矿单矿物含 Ag，平均 54.27g/t（3），其中沉积岩型最高，为 140.0g/t（1）；火山岩型较低，为 19.11g/t（11）；铁锰帽型最低，仅 3.70g/t（1）。

褐铁矿-水针铁矿含 Ag 平均 154.13g/t（8），其中脉型最高，为 1085.0g/t（1）；火山岩型在 69.45g/t（1）；铁锰帽型 13.40g/t（5）；沉积岩型 11.6g/t（1）。纤铁矾，常与针铁矿共生，单矿物含银较低，在铁锰帽型中的纤铁矾含 Ag 仅 10.0g/t（1）。

还有一些铁锰氧化物、氢氧化物和铁碳酸盐也是重要的银载体矿物，如硬锰矿含 Ag 466.4g/t（3，火山岩型）；菱铁锰矿含 Ag 24.35g/t（10，斑岩型）；菱锰矿含 Ag 24.1g/t（10，火山岩型）~3.1g/t（9，脉型）；菱铁矿含 Ag 平均 45.59g/t（9），其中火山岩型为 48.73g/t（1），铁锰帽型为 45.20g/t（8）。

4.3.10　硫酸盐及其他盐类

铅矾、铅铁矾、黄钾铁矾等由方铅矿、黄铁矿等硫化物氧化形成，主要出现在铅锌矿床氧化带、沉积岩型、铁锰帽型矿床中。铅矾含 Ag 较高，平均 467.0g/t（2），其中火山岩型含 Ag 500g/t（2）；铁锰帽型含 Ag 434.0g/t（1）。铅铁矾含 Ag 也较高，平均 254g/t（2），其中沉积岩型为 395g/t（1），铁锰帽型 113.0 g/t（1）。

白铅矿由铅矾受碳酸盐作用转变而成，两者经常共生。脉型铅矾含 Ag 几十至上千克每吨，铁锰帽型为 497.9g/t（7）。钒铅矿、砷铅矿也是铅矿床氧化带中的次生产物，与铅矾、白铅矿共生。钒铅矿在铁锰帽型中的含 Ag 较高，为 256.0g/t（1），砷铅矿含银较低，脉型的为大于 10~44g/t。可见银的表生富集与铁锰及偏酸性的碳酸盐环境有关。

异极矿、菱锌矿、硅锌矿主要产在铅锌硫化矿床氧化带及铁锰帽型矿床中，是锌的次生产物，后者也见于接触交代矿床中。异极矿、菱锌矿单矿物含银较

低，分别为 1.50g/t(1) 与 1.40g/t(1)；硅锌矿含银较高，可达 130.0g/t(1)。

钨酸盐-白钨矿单矿物含银较低，矽卡岩型为 4.98g/t(1)。

黄钾铁矾含银低，仅 4.80g/t(1)。

4.3.11 脉石矿物

脉石矿物含银偏低，一般低于 50g/t，多在 10~20g/t。那些结合选矿工艺制备的综合大样选别出来的综合脉石，多以石英为主，平均含 Ag 10.10g/t(64)，最高为火山岩型石英单矿物，含 Ag 15.38g/t(16)，依次为脉型 10.69g/t(19)-沉积岩型 6.53g/t(8)-斑岩型 5.72g/t(16)-铁锰帽型 4.53g/t(4)-矽卡岩型 4.00g/t(1)。

方解石单矿物含 Ag 略高于石英，平均 18.09g/t(13)，其中火山岩型方解石单矿物含 Ag 最高，为 43.80g/t(4)，依次为脉型 14.70g/t(3)-矽卡岩型 8.10g/t(1)-斑岩型 5.29g/t(1)-沉积岩型 0.63g/t(4)。

长石单矿物含 Ag 平均 2.65g/t(5)，其中脉型略高，为 8.70g/t(1)，斑岩型和沉积岩型很低，分别为 1.63g/t(2) 和 0.65g/t(2)。

白云石单矿物含银很低，平均 4.98g/t(3)，其中矽卡岩型白云石含 Ag 为 6.57g/t(2)，铁锰帽型为 1.80g/t(1)。

绿泥石和绢云母的银含量与方解石相似，平均 15.58g/t(14)，其中脉型最高，为 28.50g/t(5)，依次是沉积岩型 11.50g/t(1)-火山岩型 10.83g/t(4)-矽卡岩型 5.21g/t(4)。

重晶石、萤石主要形成于热液成矿阶段，或与石英、方解石，或与铅锌铜等硫化物共生，也可成单矿物脉，可产在多种火成岩及沉积岩中，分布较为广泛。重晶石单矿物含银与石英相似，平均为 10.53g/t(3)，其中火山岩型最高，为 20.0g/t；脉型较低，为 9.2g/t；沉积岩型最低，为 2.40g/t。矽卡岩型的萤石含 Ag 较低，仅 4.2g/t(1)。

石榴石广泛分布于矽卡岩型矿床中，单矿物含银 9.5g/t(1)。

碳质与黏土，常见于沉积岩型矿石中，含银分别为 1.8g/t(1)和 1.4g/t(1)。

有色金属伴生银矿的银载体矿物含银性提示我们，应深入进行矿石银赋存状态及分布研究，特别关注含量可观含银较高的载体矿物的成矿规律研究，为选矿工艺改进，提高银回收率提供理论依据。

5 银的工艺矿物学

5.1 银的赋存状态

5.1.1 银的赋存形式

银的赋存状态研究，既要查明银在矿石中的存在形式，又要探讨银在矿石中的产出特征和分布规律。

如前所述，自然界中银金属主要以伴（共）生形式存在于有色金属矿床中。银矿物种类繁多，晶出粒度细小，赋存形式多样，嵌布关系繁杂，而且矿体中银品位变化大，富集程度不稳定，增加了对伴生银赋存特点与工艺矿物学研究的难度，影响了伴生银的回收利用。应用高新技术测试手段，深入开展银的赋存状态研究，对矿物加工工艺的选择，选矿流程的优化，银回收率的提高具有重要指导意义，可对银矿化机制研究、矿床学与成矿地质理论研究提供基础性的地质科学依据，对相关学科的发展起到推动作用。

银的赋存形式主要有以下几种：

5.1.1.1 独立银矿物

独立银矿物，即是由地质作用形成的天然的单质银或化合物，银作为矿物中的主要成分或重要成分之一，具有相对固定的化学组成和确定的内部结构，在一定的物理化学条件范围内稳定，由特定的晶体结构形式与元素组成，此乃银元素在矿床中的主要存在形式。

银矿物的颗粒大小的划分，根据银矿物的物理光学性质，鉴别的难易程度，粒度分布特点及与金矿物的差异，通过作者野外和室内研究工作实践，并参考国内外学者的分类[101~103]，划分为：肉眼可见银矿物（粒度>1mm）；显微粒级银矿物（粒度1000~0.2μm，入射光显微镜下可见）；次显微粒级银矿物（0.2~0.02μm，电子显微镜下可见）；超次显微粒级银矿物（粒度0.02μm~>2.88Å，超高压透射电镜可见）；晶格银（粒度≤2.88Å，超高压透射电镜可见）。

（1）超显微粒级的微晶状银矿物。如黄沙坪铅锌银矿床，矿石银品位92g/t。应用PHILIPS EM-420高倍透射电子显微镜（transmission electron microscope，即TEM），采用衍衬像，选区电子衍射（selected area electron diffraction，即SAED），会聚束电子衍射（covergent beem electron diffraction，即CBED）等实验手段，配合X射线能谱仪（EDAX9100型），用离子减薄仪制备样品，对矿石中方铅矿、闪锌矿进行研究，发现了超显微粒级的微晶状银矿物，粒径 $n \times 10^2 Å \sim 1000Å$，含银 6. 209% ~ 26. 779%，为独立银矿物相，产于方铅矿与闪锌矿的界面上，微晶洞中，或三角形孔隙中，或方铅矿晶界处均有分布（见图 5-1 ~ 图 5-5）[22,104]。这种微晶银矿物（次显微粒级）的存在，是导致方铅矿（含银 759g/t）、闪锌矿（含银 53. 6g/t）等载体矿物含银较高的主要原因之一。

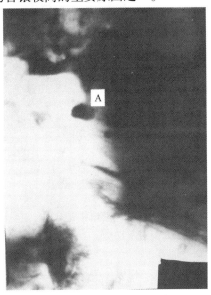

图 5-1　方铅矿晶界处含银颗粒（A）的衍射衬像

（粒度约 2000Å）

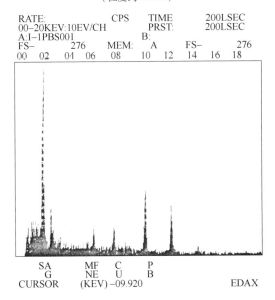

图 5-2　方铅矿晶界处含银颗粒（A）的能谱（Ag 6. 209%）

图 5-3　闪锌矿晶界处含银颗粒（A、B、C）明场像

（粒度分别为 1700Å，900Å 和 500Å）

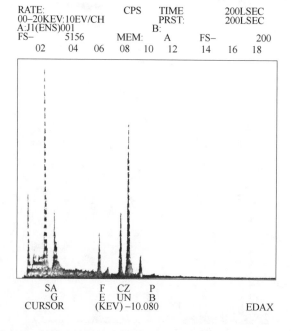

图 5-4　闪锌矿晶界处含银颗粒（A）的能谱（含 Ag 11.192%）

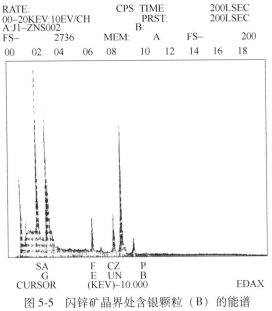

RATE:　　　　　　　CPS TIME　　　　200LSEC
00–20KEV:10EV/CH　　　PRST:　　　　200LSEC
A:J1–ZNS002　　　　B:
FS–　　2736　　MEM:　A　　FS–　　　200
00　02　04　06　08　10　12　14　16　18

SA　　F CZ　　P
G　　E UN　　B
CURSOR　　（KEV)–10.000　　　　　EDAX

图 5-5　闪锌矿晶界处含银颗粒（B）的能谱
（Ag 26.779%）

（2）次显微粒级银矿物。应用 HICACHI S-3500N 型号的扫描电子显微镜和牛津 INCA 能谱，对青海锡铁山矿区、云南都龙矿区铅锌矿石与辽宁红透山矿区铜锌矿石伴生银的研究，在脉石、含银的方铅矿与黄铜矿中相继发现了超显微粒级的微晶状银矿物，辉银矿的粒度 1~<0.2μm （见图 5-6~图 5-13）[34,58,72]。

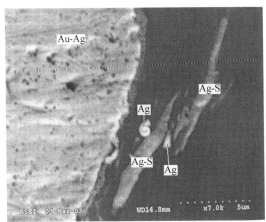

图 5-6　自然银（Ag, φ0.5~0.7μm）菊花状、乳滴状，与辉银矿（Ag-S，脉宽小于 0.2~1μm）共生在钾长石（黑色）中，辉银矿呈镶边状产在银金矿（Au-Ag）边部
SEM 图　锡铁山

辉银矿，粒度 0.1~1μm，与自然铋、硫铋铅银矿、方铅矿交生（见图 5-8）。

金银矿，粒度 0.3~1μm，产在方铅矿与黄铜矿粒间（见图 5-9）。

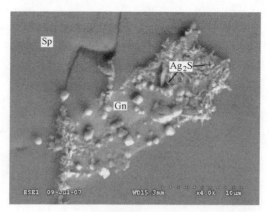

图 5-7　细粒方铅矿（Gn）中包含众多球粒状、针状辉银矿（Ag$_2$S，ϕ1~0.2μm）

SEM 图　都龙

图 5-8　自然铋（Bi）硫铋铅银矿（Ag-Pb-Bi-S）辉银矿（Ag$_2$S，ϕ0.1~1μm）方铅矿（PbS）交生

SEM 图　都龙

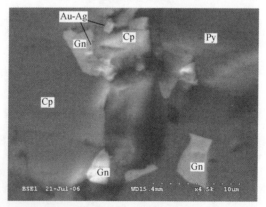

图 5-9　金银矿（Ag-Au，0.3~1μm）于方铅矿（Gn，ϕ4×6μm，

2.5×4μm）黄铜矿（Cp，ϕ2.5×6μm）粒间

SEM 图　红透山

自然银，粒度 0.1~1μm，呈珠粒状，产在方铅矿边缘（见图 5-10）。

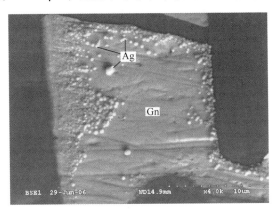

图 5-10 自然银（Ag）呈珠粒状（φ0.1~1μm）产于方铅矿（Gn）边缘
SEM 图 红透山

辉银矿-螺状硫银矿，粒度 0.1~1.5μm，产于斜长石中（见图 5-11）。

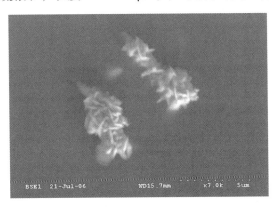

图 5-11 辉银矿-螺状硫银矿（φ 0.1~1.5μm）呈花瓣状产于斜长石（黑色）中
SEM 图 红透山

辉银矿-螺状硫银矿呈针状、球粒状（<0.1~1.8μm），交代脆银矿与自然铋，产在角闪石中（见图 5-12）。

辉银矿-螺状硫银矿，粒度 0.1~1μm，呈针状和圆粒状集合体与自然铋共生，产在碳酸盐中（见图 5-13）。

（3）含银矿物。暂且将矿物中包含的尚未能获得准确元素含量的超显微银矿物的载体矿物称为含银矿物。研究发现，红透山的黄铜矿也含有超显微银矿物，分布不规律，在透射电镜下呈亮点状或亮白色的线状，含银多寡不一（见图 5-14~图 5-17，表 5-1）。

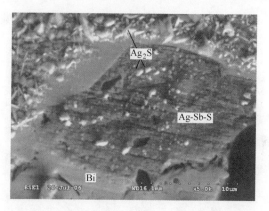

图 5-12　脆银矿（Ag-Sb-S）板状交代自形晶自然铋（Bi），被针状、球粒状辉银矿-螺状
硫银矿（Ag$_2$S，ϕ0.1~2μm）交代，产在角闪石（黑色）中

SEM 图　红透山

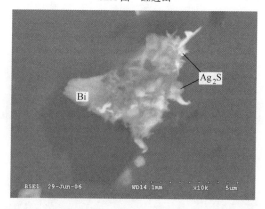

图 5-13　辉银矿-螺状硫银矿（Ag$_2$S，ϕ0.1~1μm）
与自然铋（Bi）连生，赋存碳酸盐（黑色）中

SEM 图　红透山

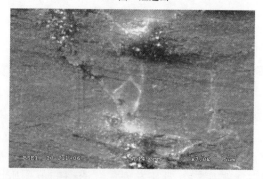

图 5-14　黄铜矿中的超显微银矿物（亮点与亮白线）

SEM 图　红透山

表 5-1　红透山含银黄铜矿电子显微镜测试结果　（%）

测试部位	Cu	Fe	S	Ag
暗色背景	33.52	29.72	33.80	2.96
白线部位	28.29	23.75	30.16	17.80
白点聚集区	29.51	28.61	30.80	11.08

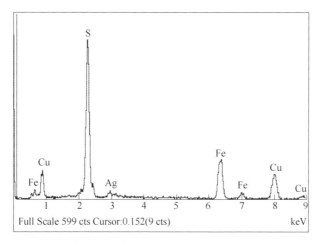

图 5-15　含银黄铜矿中暗背底扫面（Ag 2.96%）能谱
红透山

应用透射电镜对白线部位的面扫描，Cu、Fe、S 的含量与黄铜矿含量有明显降低，Ag 含量已高达 17.80%（见图 5-16）。

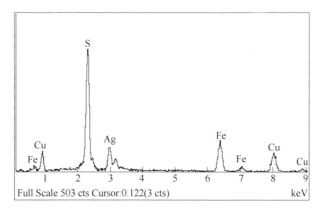

图 5-16　含银黄铜矿中亮白线银矿物扫面（Ag 17.80%）能谱
红透山

对白点聚集部位进行的微区扫描，Cu、Fe、S 的含量与黄铜矿成分相比仍然偏低，含 Ag 明显超出正常值，达 11.08%（见图 5-17）。

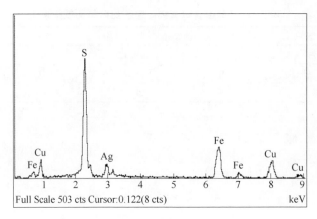

图 5-17　含银黄铜矿中亮点状银矿物扫面（Ag 11.08%）能谱
红透山

　　上述测试结果不难看出，这些亮点和由若干亮点组成的白线，主要由粒度小于 0.2μm 甚至小于 0.1μm 的超微粒银矿物构成。显然，黄铜矿的充分回收，将对提高银的综合利用程度产生极为重要的影响。

　　银不仅与铜有类质同象置换或呈微细包体进入各种黄铜矿中，银与铅的类质同象置换也很普遍。银离子常被捕获在四个硫离子之间的四面体空隙中，使方铅矿中含有一定数量的银。方铅矿元素组成理论值是：Pb 86.6%，S 13.4%。红透山矿区含银方铅矿扫描电镜与能谱分析结果（见表 5-2）。

表 5-2　含银方铅矿扫描电镜能谱分析　　　　　　　　　　（%）

序号	Pb	Fe	S	Ag	Zn	Cu	As	Cd	Se	Sb	Ge
1	69.52	1.69	13.09	15.70							
2	76.64	1.83	11.60	9.94							
3	79.00	0.85	12.53	5.59						1.22	0.81
4	78.17	0.33	12.90	7.30	0.63						0.67
5	81.54		12.61	1.27	4.58						
6	82.90	0.55	13.34	1.72		0.55					0.95
7	83.88	0.87	12.94	1.16	0.61				0.54		
8	82.94	0.99	12.87	1.38			0.24	0.95	1.07		0.62
9	84.70		11.39	2.00	0.85						
10	84.68	0.69	12.99	0.82						0.82	
11	84.18	1.19	12.65	0.86		0.53			0.60		
12	85.27		12.79	0.78					0.38		Te0.78
13	81.62	1.34	13.21	0.57	3.28						
均值	81.23	1.03	12.68	3.77	2.09	0.54	0.24	0.95	0.65	1.02	0.76

区内方铅矿常含有 Ag、Zn、Cu、As、Cd、Se、Sb、Ge、Te 等多种混入物，其中 Ag、Zn、Cu、As、Sb 等主要呈矿物显微包体存在，少量呈类质同象进入矿物晶格中。部分方铅矿含 Zn 较高，在 0.61%~4.58%，其余混入元素含量，除 Ag 外，接近或小于 1%。

方铅矿的 Ag 含量（不含银者未列入）在 0.57%~15.70%，平均 Ag 3.77%（13 件），在研究过的矿床中也是少见的。通过方铅矿赋存特征查定，本区方铅矿与银矿物密切共生，据统计，有 2/3 以上的细粒方铅矿包裹微细粒银矿物。通过扫描电镜微区测试证实，方铅矿中的银，主要由粒度小于 1μm 甚至小于 0.1μm 的极微细银矿物引起。

含银方铅矿呈粒状产在石英中，或呈不规则状产在闪锌矿中，也可产在角闪石、斜长石或黑云母中（见图 5-18 和图 5-19）。

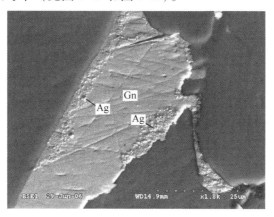

图 5-18　含银方铅矿（Gn）中包裹微细粒银矿物（Ag）（φ<1μm）产在黑云母（黑色）中 SEM 图　红透山

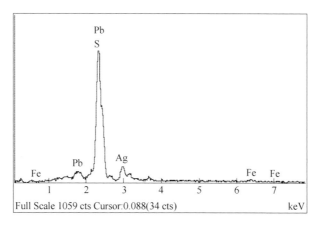

图 5-19　含银方铅矿（Ag 15.70%）能谱
红透山

本区矿石中方铅矿的含量虽然不高，但多数方铅矿含一定量银，通过选矿产品伴生组分查定，得知矿石中的铅多流失在尾矿中，若生产中能充分回收方铅矿，可有助于提高银的回收率。

以上说明，矿石中 Ag，除主要形成独立银矿物外，还有部分进入其他矿物晶格或呈混入的超显微微粒矿物分散在自然铋、黄铜矿、方铅矿、闪锌矿及硫盐等载体矿物中。

5.1.1.2　类质同象银

类质同象银，即是银以置换的方式，替代矿物中某种元素而进入矿物晶格中，但矿物结构并不发生质的改变。呈类质同象进入矿物中的银，通常不构成该矿物的主要和稳定的元素，仅为次要的或微量的成分。如 Ag 与 Au 原子可形成连续固溶体，进入自然金中或形成金银互化物，金银为完全类质同象。Ag^+离子半径（1.26Å）与 Cu^+离子半径（0.96Å），也存在类质同象置换现象，如进入黝铜矿中的银、车轮矿中的银，可有限代替铜，银锑黝铜矿含银最高可达到 18%。银还可以代替某些矿物中 Sn^{2+}（离子半径 0.93Å）、Sb^{3+}（离子半径 0.76Å），形成含银黄锡矿、含银硫锑铅矿等。或者进入碲化物、碲铋硫化物或硒化物中，如内蒙古长汉卜罗银铅锌矿中的辉碲铋矿，含银 1.75%～3.18%；四川大铜厂的硒铜矿含银 0.n%～2.0%、红硒铜矿含银 1.98%～2.92%。这种有限的元素替代，为不完全类质同象系列，有限代入的银等次要组分称为类质同象混入物，在银的成矿过程中尤为常见。据刘英俊资料[1]，Ag 可在黄铁矿中替代 Fe，同时可与 S 形成共价键。银在闪锌矿中可替代 Zn 而进入晶格中。

方铅矿是含银较高的矿物，往往超过其他硫化物或硫盐矿物。通过方铅矿中银赋存状态研究，发现绝大部分银是以独立矿物形式存在，只是由于银矿物粒度细小而不易识别。可能仅有极少量的银，在较有限的地球化学条件下，银离子被捕获在方铅矿四个硫离子之间的四面体空隙中，代替方铅矿中的铅而进入方铅矿晶格中，成为类质同象银。方铅矿中银的溶解度随温度降低而减少，进而形成固溶体分解的银微粒，被包裹在方铅矿中。Ag^+ 与 Pb^{2+} 的电价不同，Ag^+离子半径（6 配位为 1.26Å）与 Pb^{2+} 的离子半径（6 配位为 1.20Å）虽然相近，但 Pb^{2+} 远不如 Ag^+活泼，Ag^+ 与 Pb^{2+} 之间的置换，需要有地球化学性质与两者相似的元素，如 Sb^{3+}或 Bi^{3+} 的搭配，来补偿 Ag^+ 与 Pb^{2+} 之间置换造成的电价不平衡。如果 Ag^+ 的电价得不到补偿，Ag^+ 难以进入方铅矿晶格而将 Pb^{2+} 置换出来。当溶液中有 Sb^{3+} 或 Bi^{3+} 的存在时，这种置换才有可能，即 $Ag^+ + Sb^{3+} \longrightarrow 2Pb^{2+}$。用微区测试方法（电子探针或能谱）分析方铅矿的银含量很少能达到 1%，极个别矿区，如江西良坪，河北青羊沟，方铅矿含银达到 2% 和 1.15%，这部分银的存在形式可能有两种，一是呈超显微银矿物（粒度在 0.02～0.2μm）较均匀的分布在方铅矿中；二是银元素进入方铅矿晶格，呈类质同象存在，可称之为晶格银。由于 Ag 与 Pb 的电离势分别为 7.574eV 和 7.415eV，两者很接近，Ag 与 Pb 的结合都是共价键，两者的共价键半径也很相近，分别是 1.34Å 和 1.47Å，这使富银热液遇到方铅矿时，银得以直接交代方铅矿并进入晶格中，替换部分方铅矿中的铅。

应用电子显微镜，通过强电子束辐照方法，配合 X 射线面分图像及能谱分析，证实了银（Ag^+）以类质同象的形式替换铅（Pb^{2+}）而进入方铅矿的晶格，并通过计算机模拟，不含银的纯方铅矿晶胞参数 $a = 5.931$Å，含晶格银 0.531% 和 0.510% 的方铅矿，$a = 5.925$Å 和 $a = 5.920$Å。方铅矿含有晶格银，使晶胞参数发生了些微变化。因银的共价键半径小，使含有晶格银的方铅矿晶格参数变小，且减小的量与银的带入量成正比。经 7 个测点测试，仅有微量银进入方铅矿晶格中，为 0.510% ~ 0.780%（见表 5-3，图 5-20 ~ 图 5-23）[22,104]。

表 5-3 方铅矿中晶格银的能谱分析 （%）

样品编号	测点编号	S(K)+Pb(M)	Pb(L)	Ag
1	a	71.559	27.866	0.574
	b	76.231	23.238	0.531
	c	73.448	26.042	0.510
	d	75.367	24.090	0.543
2	a	72.436	26.821	0.743
	b	71.527	27.715	0.758
	c	71.442	27.778	0.780

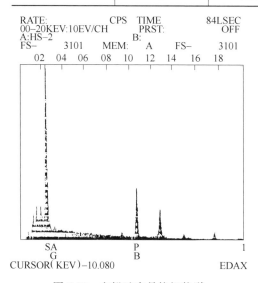

图 5-20 方铅矿中晶格银能谱
（Ag 0.574%）

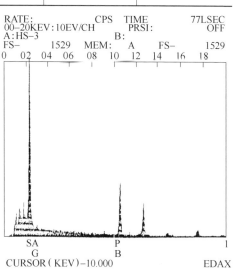

图 5-21 方铅矿中晶格银能谱
（Ag 0.531%）

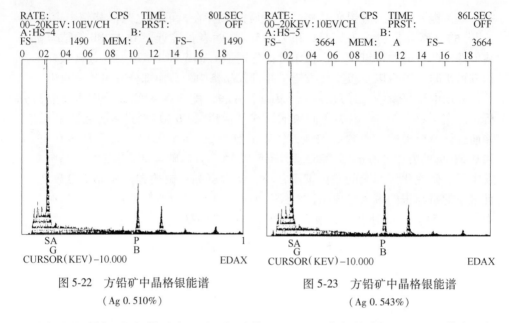

<table>
图 5-22　方铅矿中晶格银能谱　　　　　图 5-23　方铅矿中晶格银能谱
</table>

图 5-22　方铅矿中晶格银能谱　　　　　　图 5-23　方铅矿中晶格银能谱
（Ag 0.510%）　　　　　　　　　　　　（Ag 0.543%）

　　如浙江大岭口银铅锌矿床，矿石银品位 106.8g/t。方铅矿含银 220g/t，其中可解离的独立银矿物占方铅矿银含量的 98%，呈类质同象存在于方铅矿中的银不大于 4.4g/t。闪锌矿含银 940.3g/t，其中 99% 为独立银矿物，类质同象银不大于 9.4g/t，所占比率甚低。又如江西东乡铜银矿，方铅矿含 Ag 17881g/t，进入晶格中 85.83g/t，占 0.48%；毒砂含 Ag 1350~5500g/t，进入晶格中 1.75~7.15g/t，占 0.13%[105]。

5.1.1.3　离子吸附银

　　离子吸附银，主要指与氧化带或地表的铁质、锰质黏土，或与铁锰帽中的胶体矿物有关的呈离子吸附状态存在的银。实验获悉，经过水析或/与电解作用，这些银可被带走（任英臣等人，1989 年）。离子吸附银可在局部富集成高品位银矿。

5.1.1.4　非晶态银

　　非晶态银，是指独立于其他矿物之外的，有一定化学成分和形态的含银物质，经 X 射线粉晶分析，为不具格子构造的固态物质，显非晶质结构。如黄沙坪铅锌银矿石，银在方铅矿中以非晶质条带状的硫化物相存在，这些非晶条带沿[100] 方向延伸，出现密度较大，有些近于平行。不同条带银的含量不同。这些非晶态银，呈粒状、长条状。长度几千纳米不等，宽度在 2000Å 左右，边界较平直。进行 X 射线分析，未出现衍射点，为非晶态物质。经能谱分析，这些非晶态的条带状物质含有银，从 0.662%~18.133%，有些几乎不含银。通过对单一非晶态银的多点测定，发现同一非晶态银的银含量波动较大，而铅和硫的含量波动较小，主要化学成分为 S、Pb、Ag、Fe、Cu、Sn 等，它们主要是以硫化物的非晶态相存在的。这些数据表明，当成矿溶液沿着各种可能的渠道进入某些空隙或结晶体界面或晶面部位，银的浓度并不均匀，因外部突发性地质事件或地化环境的局部改变，使这些含银物质来不及结晶，就以非晶态的形式保留在矿物群的某些空间里。当然也不排除这些非晶态物质是一种类似出溶作用的过程产生出来的非晶态的含银物质，含银 0.622%~18.135%（见图 5-24~图 5-30），它应为独立银矿物相的一种新类型[104]。

图 5-24　方铅矿中含银非晶条带衍衬像 a

图 5-25　方铅矿中含银非晶条带衍衬像 b

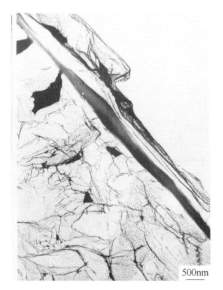

图 5-26　图 5-25 中方铅矿熔化后的衍衬像

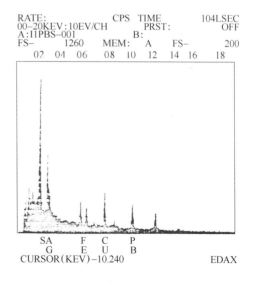

图 5-27　方铅矿中非晶条带能谱（Ag 5.474%）

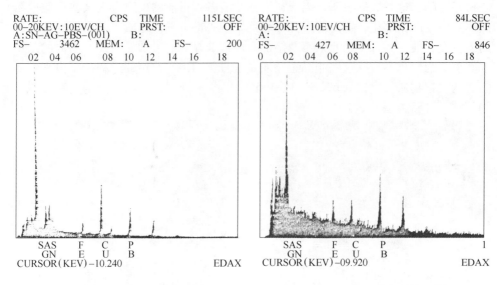

图 5-28　方铅矿中非晶条带
能谱图（Ag 18.133%）

图 5-29　方铅矿中非晶条带
能谱图（Ag 0.622%）

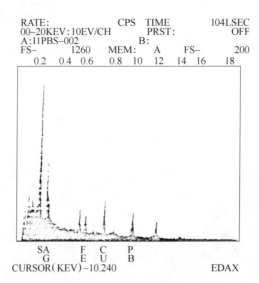

图 5-30　方铅矿中非晶条带能谱图（Ag 18.135%）

5.1.2　银的多元体系

目前世界已发现银矿物和含银矿物近 200 种，有银的自然元素与金属互化物，银的硫化物、锑化物、铋化物、碲化物、硒化物、砷化物和卤化物等，以及银与各种金属元素结合形成的硫盐类。含银矿物种类相当广泛，在氧化带中还可出现含银硫酸盐矿物，如矾类。在一些含羟基的矿物中也有含银矿物存在。

在银矿物中，银的硫盐矿物最为丰富，占银矿物总数的50%以上。由于有些硫盐矿物结晶细小，仅能得到成分含量却难以获得结构数据，影响了一些银矿物的准确定名。随着测试手段的进步与科技水平的提高，银矿物种类将得到进一步丰富。

据我国176个伴生银矿床统计（62个铅锌银矿床，29个铜银矿床，23个铅锌金银矿床，21个铜铁多金属银矿床，18个铅锌锡锑银矿床，7个钨铋铜银矿床和16个其他类型矿床），按银矿物出现几率（大于10%）排序（见表5-4）。

表 5-4 矿床中银矿物出现概率大于 10%排序表

矿物名称	银矿物出现概率/%	矿物名称	银矿物出现概率/%
自然银	93.3	黝锑银矿	21.2
辉银矿	76.9	脆银矿	20.2
银黝铜矿	76.9	淡红银矿	18.3
深红银矿	62.5	辉锑银矿	14.4
银金矿	57.7	角银矿	14.4
金银矿	37.5	硫银铋矿	13.5
螺状硫银矿	33.7	辉铜银矿	12.5
硫锑铜银矿	30.8	锑银矿	10.6
硫铜银矿	28.8	硫锑铅银矿	10.6
碲银矿	26.9	硫锑铜银矿	10.6
自然金	24.0		

矿床中银矿物出现概率大于10%的主要有银与金、碲的互化物，银的硫化物，银与铜、锑、砷、铋、铅的硫盐，以及银的卤化物等。

银矿物的形成，受多种因素制约，特别是成矿流体成分，成矿地球化学条件，银的迁移方式，以及成矿地质环境与物理化学环境的演变等。为了探讨银矿物的晶出条件和稳定范围，国内外许多学者开展了银的硫化物与硫盐体系的实验地球化学研究，结合我国有色金属伴生银矿床银矿物共生组合特征，归纳了银在自然界中主要的多元体系，简述如下：

5.1.2.1 Ag-Au-S 体系

典型矿物为自然银、自然金、金银互化物、辉银矿、螺状硫银矿、硫金银矿等。Ag_2S 有三个同质多相变体，低温变体的为螺状硫银矿，单斜晶系，在 76.5（银饱和）~177.8℃（硫饱和）以下稳定，超过这个温度则转变为等轴晶系立方体心格子的辉银矿。温度升至 586~622℃，则进一步转变为等轴晶系立方面心格子（Barton，1980 年）。而硫化物的转换或银金互化物的形成，主要取决于成矿温度和硫逸度（f_{s2}）（见图 5-31）。

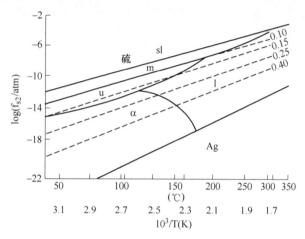

图 5-31 在饱和条件下银金矿-自然银稳定的 $\log f_{s2}$-1000/T（k）图解

（据 Barton，1980 年）

sl—硫冷凝曲线；m—低 $AgAuS_2$；u—硫金银矿（低 Ag_3AuS_2）；α—螺状硫银矿；

l—辉银矿（立方体心 Ag_2S）；Ag—自然银；虚线为与 Ag_2S 共存银金矿成分（摩尔分数）

我国脉型金银矿床、矽卡岩型铜银矿床，多受 Ag-Au-S 多元体系的控制，以自然银、金银矿，银金矿，辉银矿，螺状硫银矿为主要银矿物，而硫金银矿（uytenbogaardtite）出现较少。

5.1.2.2 Ag-Cu-S 体系

该体系在自然界已经发现三种银矿物，中国都有发现，即硫铜银矿（stromeyerite），AgCuS，在 117℃ 以下稳定；马硫铜银矿（又名麦金斯特里矿（mckinstryite）），$(Ag,Cu)_2S$，在 94℃ 以下稳定；辉铜银矿（jalpaite），Ag_3CuS_2，在 93℃ 以下稳定（Skimmer，1986 年）。显然三者均为低温矿物。

硫铜银矿分布较广，出现几率占 28.8%。在（Pb-Zn-Au）-Ag 矿床（如银洞沟），Sn-Pb-Zn-Ag 矿床（大井子），Pb-Zn-Ag 矿床（水口山），W-Pb-Zn-Ag 矿床（瑶岗仙），Au-Ag 矿床（银洞沟），（Pb-Zn-Au）-Ag 矿床（山门），Cu-Pb-Zn-Ag

矿床（小铁山），以及 Mn-Ag 矿床（满汉土）等都有产出，Cu-Ag 矿床（大姚）也有分布。在低温热液成矿或外生作用中，辉铜银矿均有产出，出现几率12.5%。在火山岩型、脉型及铁锰帽中，马硫铜银矿较常见。该体系矿物多与Ag_2S 以及金银互化物共生。

5.1.2.3　Ag-Sb-S 体系

该体系代表矿物主要有深红银矿（又称浓红银矿，pyrargyrite），Ag_3SbS_3，火红银矿（pyrostilpnite），Ag_3SbS_3、辉锑银矿（miargyrite），$AgSbS_2$、硫锑砷银矿（billingsleyite），$Ag_7(As,Sb)S_6$、脆银矿（stephanite），Ag_5SbS_4、玻硫锑银矿（bolivian），$Ag_2Sb_{12}S_{19}$等。其中深红银矿与火红银矿为同质多相变体，火红银矿为单斜晶系，198℃以上变为三方晶系的深红银矿。如吉林山门银矿，同时出现深红银矿与火红银矿，形成温度在 200℃ 左右。辉锑银矿与深红银矿一样为常见银矿物之一，以 380℃ 为界，有高温（β）相和低温（α）相。脆银矿较常见，出现几率为 20.2%，通常产于热液作用晚期，属于高含银矿物。如黄沙坪、江西宝山都有产出。玻硫锑银矿含 Ag8.5%[5]，类似于辉锑矿，为含锑银的硫化物，发现于玻利维亚，我国罕见报道。

5.1.2.4　Ag-Cu-Sb-S 体系

该体系具代表性的矿物有三组，分别为银黝铜矿-黝锑银矿，硫锑铜银矿-砷硫锑铜银矿，硫锑砷铜银矿-锑硫砷铜银矿。

银黝铜矿（Ag-Tetrahedrite），$(Ag,Cu,Fe)_{12}(Sb,As)_4S_{13}$-黝锑银矿（freibergite），$(Ag,Cu)_{12}Sb_4S_{13}$ 矿物组中，银黝铜矿属于黝铜矿中含银的亚类，在该矿物中 Sb-As 之间为完全类质同象置换，而 Ag、Fe、Zn、Hg 有限代替 Cu。对于含银黝铜矿-银黝铜矿-黝锑银矿的界定各家不一。笔者认为，按照某种元素含量多寡划分亚类，以简便且符合通常标准为宜。黝铜矿中含银小于 5% 者定为含银黝铜矿；含银在 5%～20% 者定为银黝铜矿，大于 20 者定为黝锑银矿。据报道，澳大利亚芒特艾萨铅锌银矿的银黝铜矿含银 42.5%（Riley，J. F. 1974 年），而广西拉麼矽卡岩型铜锌矿的银黝铜矿含银可达 49.91%（李锡林等人，1990 年）。该族矿物在我国分布极为广泛，特别是与伴生银的铅锌矿、铜多金属矿、铜锡矿、钨锡矿以及金银矿等。已获得的数据，含 Ag 从 0. n%～49.91%，含 Cu 0.87%～36.42%，Zn 0.00%～15.92%，Fe 0.00%～9.97%，Sb 8.82%～30.10%，As 从 0.00%～15.90%[35]。从该体系矿物银含量变化的幅度可以看出，Ag 与 Cu 的置换比较连续，甚至出现银的端元组分。银黝铜矿出现几率占76.9%，是非常重要的银矿物。

含银黝铜矿与银黝铜矿，是晶出最早的银矿物之一，往往在铅锌矿化中期开始晶出，可持续到矿化晚期，含银高的黝锑银矿开始增加。与方铅矿、黄铜矿、闪锌矿、黄铁矿等密切共生，被晚期硫化物，银的硫盐交代的现象普遍。约有1/4 的矿床，银黝铜矿与黝锑银矿同时出现，说明该族银矿物晶出的温度区间较大，周期较长，是较稳定的银矿物。银黝铜矿–黝锑银矿，除了岩浆岩型硫化铜镍含银矿床中罕见之外，其余 7 种类型矿床均有产出，铁锰帽型和变质岩型矿床产出不普遍，多不构成主要银矿物。在矿床矿化组合中，Pb-Zn-Ag 组合，Sn-Pb-Zn-Ag 组合，W-Pb-Zn-Ag 组合，Sb-Pb-Ag 组合，以及（Pb）-Ag 组合的矿床中，银黝铜矿往往成为主要银矿物之一，而 Cu-Ag 组合，V-Ag 组合，Fe-多金属-Ag 组合以及 Mn-Ag 组合则很少出现银黝铜矿。

硫锑铜银矿–砷硫锑铜银矿（polybasite-arsenpolybasite），$(Ag,Cu)_{16}(As,Sb)_2S_{11}$，也是重要的银矿物，产出几率 30.8%。后者为硫锑铜银矿的富砷亚种，且 As>Sb。硫锑铜银矿与硫砷铜银矿（polybasite-pearceite）为一单固溶体系列的锑、砷两个端元组分。

硫砷铜银矿–锑硫砷铜银矿（pearceite-antimonpearceite），$(Ag,Cu)_{16}(Sb,As)_2S_{11}$，在矿床中较为常见。锑和砷之间为完全类质同象，前者 As>Sb，后者反之。两种矿物可同时存在于一个矿床中，如在内蒙古大井子锡铅锌铜矿和湖南宝山铅锌银矿中均有发现。

据测定，硫锑铜银矿–硫砷铜银矿之间没有连续的化学变化（J. Bruce & Gemmen 等人，1985 年），应是在硫锑铜银矿–砷硫锑铜银矿–锑硫砷铜银矿形成了不同的类质二象的固溶体系列。

对于该体系中的硫盐矿物，黝铜矿中的银与锑呈现正相关关系。但 Miller 认为，由于黝铜矿中有较多的锑，而使固溶体结合了较多的银，银与锑之间的相关不是必然的，而是随意的，而黝铜矿中 Ag-Cu 与 Sb-As 之间才是耦合替代关系。Bruce、Gmmell 等人对 Santo Nino 矿脉的研究表明，硫锑铜银矿存在 Ag-Cu 和 Sb-As 两种固溶体系列，均显示了非耦合替代关系（见图 5-32）。在深红银矿–淡红银矿固溶体系列中，Ag 与 Sb+As 间未表现出任何协变性，仅显示了 Sb-As 的替代关系，说明该体系中 Cu-Ag 耦合交代作用比分离结晶作用更为重要，Sb-As 和 Ag-Cu 的分带随晶体化学性质而不是随分离作用而变。（见图 5-33）说明随着 Sb 含量的减少，黝铜矿中的 Ag 降低，As 与 Cu 增加；硫锑铜银矿中 Sb 含量随着 As 含量的减少而增加，而其中 Cu、Ag 含量存在弱相容关系。

5.1.2.5　Ag-Sb-Pb-S 体系

该体系包括硫锑铅银矿与柱硫锑铅银矿族矿物。有硫锑铅银矿（andorite），$PbAgSb_3S_6$、辉锑铅银矿（diaphorite），$Pb_2Ag_3Sb_3S_8$、脆硫锑铅银矿（owyheeite），$Ag_3Pb_{10}Sb_{11}S_{28}$、柱硫锑铅银矿（freieslebenite），$PbAgSbS_3$、菲辉锑银铅矿（fizely-ite），$Pb_{14}Ag_5Sb_{21}S_{48}$ 及捷辉锑银铅矿（teremkovite），$Ag_2Pb_7Sb_8S_{20}$ 等。其中前两

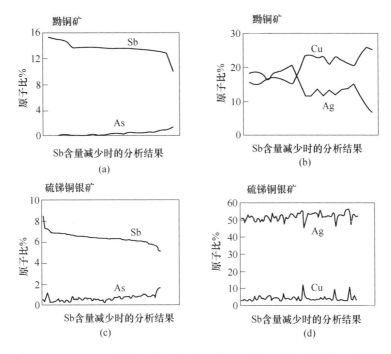

图 5-32　Santo Nino 脉的黝铜矿和硫锑铜银矿中半金属和金属的交代作用

（据 Bruce、Gmmell 等人，1985 年）

（a）黝铜矿中 Sb 和 As 的变化；（b）黝铜矿中 Ag 和 Cu 的变化；

（c）硫锑铜银矿中 Sb 和 As 的变化；（d）硫锑铜银矿中 Ag 和 Cu 的变化

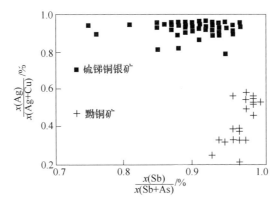

图 5-33　黝铜矿和硫锑铜银矿的成分变化（原子比）

（据 Bruce、Gmmell 等人，1985 年）

注：图上数据表明黝铜矿的 Ag/（Ag+Cu）与 Sb/（Sb+As）之间有耦合关系，而硫锑铜银矿则没有

种矿物较常见，主要分布在脉型、火山岩型、沉积岩型矿床中，矽卡岩型矿床中稍有分布。特别是与中低温热液成矿作用有关的矿床中，成为重要的银矿物。

5.1.2.6　Ag-Bi-S 体系

该体系矿物出现较多并具代表性的有硫铋银矿（matildite），$AgBiS_2$、块硫铋银矿（pavonite），$AgBi_3S_5$ 等。在湖南柿竹园、汝城、江西铁山垅、芒场大山、广东海丰等铅锌钨锡银矿床中均有分布。也出现在以银或金为主的矿床，如江西虎家尖银矿、吉林桦甸（银）金矿。在脉型 Pb-Zn-Ag 组合矿床中分布较少，仅见于个别矿床，如云南白牛厂、吉林地局子矿床中。多金属 Ag 组合的云南双竹（竹林，竹叶山）也有出现。在 Cu-Ag 组合矿床中该体系矿物也有广泛分布，如黑龙江松江、华铜、安徽凤凰山、江西天排山；Au-Ag 组合的湖南七宝山；Co-Cu-Ag 组合的海南石碌，也有上述矿物产出。但在岩浆岩型、变质岩型、斑岩型及铁锰帽型矿床中极少出现。在火山热液-喷流沉积的矿床，如青海锡铁山、吉林桦甸、内蒙古长汉卜罗等矿区均有发现。

5.1.2.7　Ag-Bi-(Sb)-Pb-S 体系

该体系代表矿物有辉铋银铅矿（gustavite），$PbAgBi_3S_6$、硫铋铅银矿（ourayite），$(Pb，Bi，Ag)_{12}S_{13}$、块辉铋铅银矿（schirmerite），$Ag_3Pb_3Bi_9S_{18}$-$Ag_3Pb_6Bi_7S_{18}$ 及硫铋锑银矿（aramayoite），$Ag(Sb，Bi)S_2$ 等。

该体系矿物以以中-高温岩浆热液充填（交代）为主形成的脉型 Pb-Zn-Sn-Ag 组合，或 Pb-Zn-W/Sn-Ag 组合矿床中分布广泛，如内蒙古大井子、湖南香花岭、瑶岗仙、汝城、江西铁山垅、广西珊瑚；Pb-Zn-Sb 低温热液矿床，如广西镇龙山；Pb-Zn-Ag 组合矿床，如河北青羊沟、江苏栖霞山；多金属-As-Ag 组合矿床，如广东云浮茶洞均有出现。矽卡岩型，如江西宝山、湖南宝山、广西大厂、云南双竹。矽卡岩型的 Cu-Ag 矿床，如安徽铜官山笔山、江西天排山、广西新民。变质岩型的江西铁砂街（Ag)-Cu 矿床中也有较多产出。火山岩型中有一定分布。

5.1.2.8　Ag-Te-S 体系

该体系主要形成 Te-Ag 互化物、Te、Ag 与其他金属化合物和 Te-Ag-硫化物，如碲银矿（hessite），Ag_2Te、六方碲银矿（stützite），$Ag_{5-x}Te_3$、粒碲银矿（empressite），$AgTe$、碲金银矿（petzite），Ag_3AuTe_2、碲铋银矿（volynskite），Ag-$BiTe_2$、Ag-碲钯矿（Ag-merenskyite），Ag-$PdTe_2$、Ag-碲铋钯矿，Ag-$Pd(Te，Bi)_2$、硫碲银矿（cervelleite），Ag_4TeS 等。其中碲银矿分布较普遍，出现几率达 26.9%，硫碲银矿也有产出。

该体系矿物除沉积岩型之外的其他各类型矿床中都有出现，说明碲主要来自于内生成矿作用的深源物质，如岩浆期后热液、火山喷流热液及基性超基性岩中硫化物的熔离作用，都可使碲得到聚集，并与其他金属生成独立矿物。在铁锰帽中形成的碲银矿物，如锡铁山沟北西、满汉土的碲银矿中的碲，应为原生物质经风化再造，并非是沉积地层聚集的产物。碲银化物主要见于内生矿床。如火山热液型 Cu-Pb-Zn-Au-Ag 组合的银山，Pb-Zn-Ag 矿化组合的青海锡铁山、内蒙古长汗卜罗；斑岩型 Cu-Mo 组合的湖南宝山铜矿等。

银与碲及铂族金属矿物主要产在岩浆熔离型硫化物铜镍矿床，如新疆喀拉通克的银碲钯矿、银碲铋钯矿、银镍碲钯矿[84]；甘肃金川的碲铋银钯矿、碲银钯矿等[43]。

碲的银矿物是确定成因和物质来源的重要标志。

5.1.2.9　Ag-Se-S 体系

硒银金属互化物、硒银硫化物的矿物种类较少，主要有硒银矿（haumannite），Ag_2Se、辉硒银矿（aguilarite），Ag_4SeS、硒铜银矿（eucairite），$AgCuSe$ 等。

该体系矿物分布较窄，主要在沉积岩型矿床，如四川大铜厂、湖北白果园；矽卡岩型，如安徽凤凰山；锰帽型 Mn-Ag 矿床，如内蒙古额仁陶勒盖；铁帽型 Au-Ag 矿床，如安徽平头山。可见，Ag-Se-S 体系主要与沉积作用的 Cu、Au、V、Mn、Fe 矿产有关，特别是沉积砂岩型铜矿，如大铜厂，有多种 Se-Ag 矿物产出。硒银矿物有特定的成因成矿指示意义。

5.1.2.10　银的卤化物体系

该体系的代表矿物有角银矿（cerargyrite/chlorargyrite）Ag（Br、Cl），以二分法划分为氯角银矿（chlorargyrite），Cl>Br；溴角银矿（bromargyrite），Cl<Br、碘银矿（lodargyrite），AgI 等。均产在铅锌铜银矿床或其他矿床的次生富集带或氧化带中，系含银矿物氧化后，表生或次生作用的产物。如云南大姚铜银矿床，湖南张家仓钒银矿，锡铁山沟北西锰铅银矿、河北相广锰银矿、满汉土锰铅锌银矿床等。还有山东十甲堡（铅锌）银矿，吉林山门（铅锌）银矿，内蒙古大井子铜锡多金属银矿，广西新民铜银矿，浙江大岭口铅锌银矿等也有产出。

5.1.2.11　Hg-Ag 体系

Hg-Ag 体系，代表性的矿物有银汞矿（moschellandsbergite），Ag_2Hg_3，银汞齐（amalgam）AgHg，为银汞互化物、金汞齐（goldamalgam），$\alpha-(Au，Ag)_2Hg_3$、六方汞银矿（schachnerite），$Ag_{1.1}Hg_{0.9}$ 等。其产出具有明显的专属性，通常于沉积热液型 Co-Cu-Ag 组合矿床、U-Cu-Ag 组合的矿床中，如 Cu-Co-Ag 组合的海南石碌铜钴矿，U-Cu-Ag 组合的湖南柏坊铀铜矿，（Ag）- Pb-Zn 组合的厂坝-李家沟、邓家山，以及（Pb-Zn）-Au-Ag 组合的吉林山门，辽宁红石砬子均有银汞矿产出。四川呷村的硫汞银铜矿（balkanite）$Cu_9Ag_5HgS_8$。有些矿区有含汞矿物产出，如广东凡口的汞黝铜矿等。

5.2　伴生银矿石银矿物组成与演化

5.2.1　伴生银矿石银矿物组成

为较全面了解有色金属伴生银矿石的银矿物，列出 176 个矿区矿石银矿物组成（见表 5-5）。

表 5-5　矿区矿石银矿物组成

类型	矿区名称	银矿规模	银品位/g·t^{-1}	矿化类型	银矿物组成
火山岩型	湖北银洞沟	大	173.56	(Pb-Zn-Au)-Ag	银黝铜矿、金银矿、辉铜银矿、螺状硫银矿、自然银、银金矿为主，深红银矿为次，硫铜银矿、硫砷铅银矿微量
	江西洋鸡山		113.47	Au-Cu-Ag	自然金、辉银矿
	甘肃小铁山	大	126.15	多金属-Ag	辉银矿、螺状硫银矿为主，自然金、自然银、银金矿、硫金银矿、辉铜银矿、马硫铜银矿、碲银矿、硫铜银矿为次
	四川呷村	大	248.63	Cu-Pb-Zn-Ag	银黝铜矿、铜银金矿、硫汞银铜矿、银金矿、自然金、汞银金矿、硫铜银矿、辉银矿、含银黝铜矿、含银斑铜矿
	浙江大岭口	中	106.8	Pb-Zn-Ag	螺状硫银矿、硫锑银矿、深红银矿、硫锑铜银矿、脆银矿为主，辉铜银矿、银黝铜矿、硫锑铜银矿为次，自然银、角银矿少量，金银矿、自然金、马硫铜银矿、柱硫锑铅银矿、硫碲锑银矿微量
	云南澜沧老厂	大	114.6	Cu-Pb-Zn-Ag	辉银矿为主，锑银矿、硫锑铜银矿、自然银、金银矿、含银砷黝铜矿少量，银金矿偶见
	江西银山	大	183.76	Pb-Zn-(Cu-Au)-Ag	银金矿为主，硫锑铜银矿、深红银矿、银黝铜矿、辉银矿、螺状硫银矿、自然银、自然金、硫锑铅银矿、碲金矿、碲银矿少量。而粒碲银矿、硫铁铜银矿、硫银铜铅矿、含银辉铋铅矿常产在铜硫金矿石中；中银黄铁矿、柱硫锑铅矿、辉锑铅银矿、脆硫锑铅银矿、含银辉锑铅矿多产在铅锌银矿石中
	河南皇城山	中	261	Au-Ag	辉银矿、自然银、螺状硫银矿、金银矿、深红银矿、硫银铋矿、块铋铅银矿
	浙江八宝山	小	112	Au-Ag	金矿、银金矿、螺状硫银矿、辉银矿、自然银为主，淡红银矿、自然金微量
	河北营房	中	172	Pb-Zn-Ag	辉银矿、自然银、银金矿、自然金、螺状硫银矿、硫锑铜银矿
	辽宁大石沟	点	73.2	Au-Cu-Pb-Ag	自然银、金银矿、自然金、银金矿、银黝铜矿、脆银矿、硫金银矿、硫砷铜银矿

类型	矿区名称	银矿规模	银品位/g·t^{-1}	矿化类型	银矿物组成
火山岩型	青海锡铁山	大	42.9	Pb-Zn-Ag	自然银、银黝铜矿、辉铜银矿、硫锑铜银矿、辉银矿、银金矿、金银矿、硫银锡矿、辉锑银矿、柱硫锑铅银矿、深红银矿、淡红银矿、硫金银矿、角银矿、银镉黝铜矿、碲银矿、硫银铋矿
	广东嵩溪	大	>150	Pb-Sb-Ag	硫锑铅银矿为主，银黝铜矿、深红银矿、自然银为次
	广东富湾	中	>150	Pb-Zn-Ag	黝锑银矿、银黝铜矿、银锑黝铜矿、柱硫锑铅银矿为主，深红银矿、辉锑铅银矿、脆银矿为次，火红银矿、辉银矿-螺状硫银矿、硫锑铜银矿少量
	河北小扣花营	中	231.8	Au-Pb-Zn-Ag	辉银矿、银黝铜矿、硫铜银矿、辉铜银矿、银金矿、自然银
	吉林桦甸	点		Pb-Zn-Ag	辉锑银矿、硫锑铜银矿、辉铜银矿、硫碲铜银矿
	辽宁红透山	中	32.35	Cu-(Zn)-Ag	金银矿、银金矿、辉银矿、螺状硫银矿、银黝铜矿、自然银、自然金、脆银矿、硫砷铜银矿、硫金银矿、硫铁银矿
	山西支家地	中	267	Pb-Zn-Ag	自然银、硫银铋矿、辉银矿、辉铜银矿、马硫铜银矿、含铜辉银矿、银黝铜矿、硫锑铜银矿、硫铁银矿
	山西义兴寨	小	67.78	多金属-Au-Ag	银金矿、辉银矿、螺状硫银矿、自然银、碲银矿、角银矿、自然金
	内蒙古蒙孟恩陶勒盖	中	67.38	Pb-Zn-Ag	银黝铜矿、黑硫银锡矿、深红银矿为主，辉银矿、火红银矿、淡红银矿、辉铅银矿、脆银矿、锑银矿、自然银、银金矿少量
	内蒙古长汉卜罗	中	46.8	Pb-Zn-(Au)-Ag	银锑黝铜矿、黝锑银矿、含银锑黝铜矿为主，含银砷黝铜矿为次，碲银矿、硫锑银矿少量，辉银矿-螺状硫银矿、浓红银矿、硫锑银矿、硫银锡矿、自然金、银金矿、六方碲银矿、碲金银矿、硫碲银矿、柱硫锑铅银矿、硫银铋矿、特硫铋铅银矿微量，含银矿物有锑铅辉铋矿、柱硫铋铅矿、辉碲铋矿、针辉铋铅矿、车轮矿和毒砂等
	陕西东沟坝	小	116.4	Pb-Zn-Au-Ag	自然金、自然银、银金矿、深红银矿、硫铜银矿、辉银矿
	河北牛圈	中	517.19	Au-Ag	辉银矿、螺状硫银矿、自然银、金银矿、银金矿、硫锑铜银矿、银黝铜矿、硫砷铜银矿
	河北蔡家营	中	179.7	Pb-Zn-Au-Ag	自然金、辉银矿、硫锑银矿、自然银、银金矿

类型	矿区名称	银矿规模	银品位 /g·t⁻¹	矿化类型	银矿物组成
脉型	河北青羊沟	小	79	Pb-Zn-Ag	自然银、辉银矿、银黝铜矿、硫锑铜银矿、螺状硫银矿、含银砷黝铜矿、含银硫铋铅矿
	吉林山门	大	155	(Pb-Au)-Ag	辉银矿、金银矿、银金矿、砷硫锑铜银矿、辉铜银矿、自然银、硫砷铜银矿、硫铁银矿、硫锑铜银矿、马硫铜银矿、银黝铜矿、深红银矿、脆银矿、硫铜银矿、角银矿、金银汞齐、含银硫砷铜矿
	山东十里堡	中	317.38	(Pb-Zn-Au)-Ag	辉银矿、螺状硫银矿、自然银、银金矿、金银矿、硫铜银矿、角银矿
	湖南庵堂岭	中	188.31	Pb-Zn-Ag	银黝铜矿、黝锑银矿、深红银矿
	湖南大坊	中	98.43	Pb-Zn-Ag	银黝铜矿、自然金、金银矿、碲银矿、碲金银矿
	广东庞西峒	中	409.73	(Pb-Zn)-Au-Ag	辉银矿、螺状硫银矿、金银矿、砷硫锑铜银矿、锑硫砷铜银矿、银金矿、自然银为主，银黝铜矿、辉锑铜银矿、辉铜银矿、硫铜银矿、深红银矿、砷铜银矿、硫铁银矿、脆银矿少量
	广东金子窝	小	168	Sn-Pb-Zn-Ag	银黝锡矿、深红银矿为主，银黝锡矿、硫锑铅银矿、辉硫锑铅银矿、辉银矿、螺状硫银矿、硫锑铜银矿、自然银为次，自然金、金银矿、黝锑银矿少量
	广东吉水门	小	374.16	Sn-Pb-Zn-Ag	银黝铜矿
	广西张公岭	中	449.9	Au-(Pb-Zn)-Ag	银黝铜矿、硫铜银矿、深红银矿、硫锑铜银矿为主，螺状硫银矿、自然银、硫锑铅银矿、辉锑铅银矿、脆硫锑铅银矿、银金矿为次，锑银矿少量
	广西北流望天洞	小	340	(Au)-Ag	深红银矿、银黝铜矿、金银矿、自然银、自然金，金山矿段还有辉银矿、螺状硫银矿
	湖南汝城白云仙	点	20~65	W-Ag	含银辉铅铋矿、块硫铋银矿
	湖南瑶岗仙	中	80~100	Sn-Pb-Zn-Ag	银黝铜矿为主，黝锑银矿、深红银矿、辉锑银矿、脆银矿、辉铋银矿、自然银、辉锑铅银矿、硫铋锑铜银矿、锑银矿、淡红银矿、铋锑铜银矿少量
	湖南香花岭	中	275.76	W-Pb-Zn-Ag	银黝铜矿、硫铋铅银矿、硫铜银矿、黝锑银矿、深红银矿、硫锑锡矿、辉银矿、螺状硫银矿、锑银矿、银砷黝铜矿、辉锑铅银矿、含硫铋铅银矿、含银斜方辉铅铋矿、含银黝锡矿
	江西铁山垅（黄沙）	中	32.65	W-Sn-Bi-Ag	硫银铋矿、块硫铋银矿、硫铋铅银矿、块辉铋铅银矿、硫铋锡矿、硫银铁铜铋矿、辉铅银铋矿、含银斜方辉铅铋矿

类型	矿区名称	银矿规模	银品位/g·t^{-1}	矿化类型	银矿物组成
脉型	河南铁炉坪	中	221~324	W-Cu-Bi-Ag	银黝铜矿、自然银、辉银矿、硫锑铜银矿、硫银矿、硫银锡矿、淡红银矿、辉银矿、角银矿、螺状硫银矿、溴氯角银矿、硫铜银矿、硫锑银矿、含银黝铜矿
	河南龙门店	大	162.3~166.5	(Pb-Cu-Au)-Ag	自然银、辉银矿、银黝铜矿、淡红银矿、角银矿、银金矿
	广西珊瑚	小	142.2	Sn-Pb-Zn-Ag	深红银矿、银黝铜矿、银黝锡矿、脆银矿、黝锑银矿
	广西箭猪坡	中	59.17	Pb-Zn-Sb-Ag	银黝铜矿、方锑金矿
	广西镇龙山	中	200	Sb-Pb-Zn-Ag	银黝铜矿、深红银矿、螺状硫银矿、硫锑铅银矿、自然银、锑银矿、硫铋锑铜银矿、硫铋铜银矿、黝锑银矿、银金矿、自然金、辉锑银矿、硫铋铜银铅矿、硫铅铋银矿
	广东厚婆坳	中	189	Sn-Pb-Zn-Ag	螺状硫银矿、辉银矿、银黝铜矿为主，脆银矿、深红银矿、自然银、银金矿、银黝锡矿、黝锑银矿少量
	内蒙古大井子	大	168.1	Sn-Cu-Pb-Zn-Ag	银黝铜矿、含银黝铜矿、硫锑铜银矿、硫铜银矿、砷硫锑铜银矿、锑硫砷铜银矿、辉锑铅银矿、螺状硫银矿、深红银矿、硫银铋矿、硫铋铅银矿、自然银、角银矿、脆银矿、辉硫铋银矿、方辉锑银矿、辉铜银矿、氯溴银矿、银黄锡矿、维硫铋铅银矿、针硫铋银矿、硫铋铜银铅矿、含硒硫铋银矿、硫铋铅锑银矿
	内蒙古双尖子山	大	400	多金属-Ag	硫锑铜银矿、硫银锡矿、辉锡银矿、深红银矿、黝锑银矿、辉银矿、金银矿、自然银
	江西万年虎家尖	中	250	Au-Ag	银黝铜矿为主，深红银矿、辉锑铅银矿为次，辉银矿、螺状硫银矿、辉锑银矿、方辉锑银矿、脆银矿、黝锑银矿、硫锑铅银矿、含锑自然银、六方锑银矿、脆硫锑银矿、淡红银矿、银黝锡矿、硫铁银矿、硫锡银矿、硫银铋矿、自然金、银金矿、自然银少量
	云南白牛厂	大	170	Pb-Zn-Sn-Ag	银黝铜矿、黝锑银矿、硫锑铜银矿、深红银矿、辉锑银矿、自然银、脆银矿为主，辉锑铅银矿、柱硫锑铅银矿、辉银矿、硫铜银矿、银黄锡矿、硫银铋矿少量，含银矿物有辉锑铋铅矿、硫锑铅矿、斜辉锑铅矿、蓝辉铜矿
	广西芒场马鞍山	大	203	Sn-Sb-Pb-Zn-Ag	铅银黝铜矿、硫锑铅银矿、捷辉锑铅银矿、银黝铜矿、辉锑铅银矿、柱硫锑铅银矿、脆硫锑铅银矿、辉锑银铅矿
	广西芒场大山			Sn-Sb-Pb-Zn-Ag	铁银黝铜矿、辉锑银矿、银黝铜矿、深红银矿、含银辉铋矿、含银铁黝铜矿

类型	矿区名称	银矿规模	银品位 /g·t^{-1}	矿化类型	银矿物组成
脉型	甘肃梭梭井			Pb-Ag	银黝铜矿、辉银矿、螺状硫银矿、硫铜银矿
	湖南石景冲	中	>200	Pb-Zn-Ag	银黝铜矿为主，自然银、螺状硫银矿、深红银矿、淡红银矿、黝锑银矿少量
	云南芦塘坝	中	195	Pb-Zn-Sn-Ag	自然银、辉银矿、黝锑银矿、硫锑铜银矿、硫锑铜银矿
	黑龙江小西林	中	63.64	Pb-Zn-Ag	深红银矿、自然银、脆银矿、硫铜银矿、银黝铜矿
	吉林松树川	点		Pb-Zn-Ag	自然银、辉银矿、硫砷铜银矿、银黝铜矿、硫锑铜银矿
	吉林地局子	小	25	多金属-Ag	杂方辉锑银矿、硫锑铜银矿、辉铜银矿、硫银铋矿、杂方硫锑银矿（等轴！）、硫碲铜银矿
	广东海丰	小	30.8~36.47	Pn-Zn-Sn-Ag	硫铋银矿、银黝铜矿、银锑黝铜矿、深红银矿、黝锑银矿、脆银矿、自然银、金银矿
	广东茶洞	小	250.7	多金属-As-Ag	辉银矿、螺状硫银矿、银黝铜矿、深红银矿、辉铜银矿、硫锡银矿、硫铜银矿、锑银矿、硫锑铜银矿、硫铋铅银矿、银金矿、自然银
	内蒙古潘家沟			Pb-Ag	辉锑银矿、辉银矿、自然银、银黝铜矿、角银矿
	江苏小茅山	点	104	Cu-Ag	自然银、银铋硫盐
	辽宁青城子	中	74.1	Pb-(Zn)-Ag	辉银矿、银黝铜矿、深红银矿、硫锑铜银矿、自然银、螺状硫银矿、黑硫银锡矿
	辽宁高家堡子	大	80~500	(Pb-Zn)-Ag	自然银、六方银锑矿、辉银矿、脆银矿、深红银矿、银黝铜矿、辉锑银矿、方辉银矿、金银矿、银金矿、辉碲银矿
	辽宁兰化营	中	109	Pb-Zn-Ag	辉银矿、自然银、银黝铜矿
	辽宁迷力营子	小	>100	Au-Ag	自然金-自然银系列
	吉林夹皮沟	小	151	Au-Ag	自然金-自然银系列
	江西小龙良坪	点		Pb-Zn-Cu-Ag	银黝铜矿、银黝锡矿、辉硒银矿、辉银矿、自然银
	广东大尖山	中	53.72	Pb-Zn-Ag	银黝铜矿为主，螺状硫银矿、黝锑银矿、深红银矿为次，自然金、自然银、黑硫银锡矿、硫锑银矿、斜方辉锑银矿少量
	内蒙古银官山		161.459	Pb-Cu-Ag	自然金、银金矿、自然银、辉银矿、黑硫银锡矿
	江苏栖霞山	大	79	Mn-Pb-Zn-Ag	辉银矿、深红银矿、银黝铜矿、碲银矿、块硫铋银矿、硫铋铅银矿、含铅碲铋银矿、脆硫铋铅银矿、银金矿、自然金、碲铋铅银矿

续表 5-5

类型	矿区名称	银矿规模	银品位/g·t⁻¹	矿化类型	银矿物组成
脉型	贵州地虎	小	175.98	多金属-Ag	金银矿、硫锑铜银矿、银黝铜矿
	四川大水沟	小		Te-Bi-Ag	六方碲银矿、自然金、自然银、碲金矿、自然碲、硫碲铋矿、辉碲铋矿、史碲银矿
	广西茶山	小	50	Sb-Ag	银黝铜矿
	江西丰林李家			W-Ag	自然银、锑银矿、辉银矿、银黝铜矿、深红银矿、硫铁银矿
	广东玉水	中		Cu-多金属-Ag	硫铜银矿、辉银矿、银金矿、自然金
	河南榆林坪			Pb-Ag	自然银、含银黝铜矿、银黝铜矿、硫铜银矿、含银锌黝铜矿、硫铁铜银矿、含银铜蓝、含银斑铜矿
矽卡岩型	内蒙古白音诺	大	31.36	Pb-Zn-Ag	硫锑铅银矿、硫锑铜银矿、辉铋铅银矿、自然银、辉银矿、银金矿、深红银矿、碲银矿、锑银矿、硫铋铅银矿、银铋金矿、含银黄铁矿、含银硫铋铅矿
	北京银冶岭	中	173.22	Pb-Zn-Ag	硫砷银矿、铋铅银矿
	吉林天宝山	小	30.25	Pb-Zn-Ag	自然银、辉银矿、螺状硫银矿、硫铁银矿、硫铜银矿、辉铜银矿、硫银铋矿
	辽宁八家子	大	186	Pb-Zn-Ag	自然银、辉银矿、金银矿、硫银铋矿、银黝铜矿、黑硫银锡矿、脆银矿、深红银矿、碲银矿、硫银锡矿
	黑龙江小西林南沟	小	83.48	Pb-Zn-Ag	辉银矿、砷辉银矿、碲银矿、银金矿、自然金、碲铋银矿
	浙江建德铜官	中	95.48	多金属-Ag	银金矿、辉银矿、银黝铜矿、碲银矿、硫碲银矿、碲铋银矿、银铜铅铋矿、含银黝铜矿、含银硫铋铅矿
	黑龙江三矿沟	小	8.99	Cu-Fe-Ag	自然银、金银矿、银金矿、银黝铜矿
	湖北鸡笼山	小	27.4	Cu-Ag	自然金、银金矿、金银矿、含金铜银矿、含铜金银矿、碲金矿、自然银
	湖北铜山口		12.5	Cu-Ag	碲银矿、含金自然银、金银矿、银金矿、自然金
	江西城门山	大	9.93	Cu-S-Ag	自然金为主，金碲化物、自然银少量
	安徽铜官山笔山矿			Cu-Ag	自然金、自然银、银金矿、碲银矿、硫铋铅银矿
	黑龙江松江	小	46.38	Cu-Ag	自然银、碲银矿、辉碲银矿、硫铜银矿、硫铋铜银矿、硫银锡矿、银黝铜矿、辉银矿、银金矿、金银矿
	辽宁华铜	小	220	Cu-Au-Ag	自然金、金银矿、硫铋银矿、硫铋碲银矿、碲银矿、碲铋银矿
	安徽铜陵金口岭	点	17.04	Cu-Ag	硫碲铋银矿、碲银矿、自然金、自然银、银金矿、金银矿、硫铁铜银矿、硫铁银矿

类型	矿区名称	银矿规模	银品位 /g·t⁻¹	矿化类型	银矿物组成
矽卡岩型	湖南黄沙坪	中	92	Pb-Zn-Ag	辉银矿、辉锑银矿、自然银、碲银矿、银黝铜矿、深红银矿、淡红银矿、银黝铜矿、银黝锡矿、含银黝锡矿、硫铜银矿、银黄锡矿、柱硫锑铅银矿、脆银矿、含银砷黝铜矿、含银锌黝铜矿
	湖南宝山铅锌银矿	大	151	Pb-Zn-Ag	深红银矿、银黝铜矿、硫锑银矿、辉银矿、硫锑铜银矿、淡红银矿、自然银、银金矿、自然金、黝锑银矿、硫铋铅银矿、硫砷铜银矿、螺状硫银矿、碲银矿、辉锑银矿、砷硫锑铜银矿
	湖南柿竹园	小	36	W-Sn-Bi-Pb-Zn-Ag	金银矿、自然银、银黝铜矿、黝锑银矿、淡红银矿、脆银矿、辉银矿、硫锑铜银矿、硫铁铜银矿、辉硫锑铅银矿、辉铜银矿、锑银矿、硫锑铋矿、脆硫锑铅银矿、自然金、银金矿、硫铋铜银矿、含银铜蓝
	湖南康家湾	大	86.8	Pb-Zn-Au-Ag	深红银矿、淡红银矿、银黝铜矿、辉银矿、硫铜银矿为主，碲银矿、自然银、自然金、硫锑铜银矿、脆银矿、金银矿、银金矿、硫砷铜银矿、火红锑银矿、黄银矿少量
	广东大宝山	大	82.6	W-Fe-Cu-Pb-Zn-Ag	银黝铜矿、黝锑银矿为主，银金矿、辉银矿、锑银矿、深红银矿、碲银矿、硫锑铜银矿为次
	江苏潭山	小	60~90.45	Pb-Zn-Ag	针硫铋银矿、硫银铋矿、块硫铋银矿、辉银矿、硫铁银矿、含银砷黝铜矿
	江西宝山	中	118.25	(W)-Pb-Zn-Ag	含银黝铜矿、银黝铜矿、硫锑铜银矿、辉银矿、螺状硫银矿、脆银矿、辉银银矿、自然银、硫铜银矿、硫铅铋银矿、辉铋银铅矿、含银硫锑铅矿
	湖南铜山岭	大	105.3	多金属-Ag	自然银、金银矿、自然金、银的硫盐
	湖南七宝山	大	100~180	多金属-Ag	自然银、螺状硫银矿、银黝铜矿、金银矿、碲银矿、硫银铋矿
	西藏昂青	大	54.16~222.37	多金属-Ag	辉银矿、含银黝铜矿
	安徽铜陵凤凰山	中	13.91	Cu-Ag	自然金、银金矿、硫银铋矿、硒银矿、碲银矿、硫铋铜银铅矿
	湖北铜绿山	中	11.72	Cu-Ag	银金矿、自然金
	湖北丰山南缘	小	27.4	Cu-Ag	银金矿、自然金
	湖北大冶鸡冠咀		13.64	Cu-Au-Ag	自然金、银金矿、碲银矿
	湖南水口山	小	44.7	Pb-Zn-Ag	银金矿、自然金、银黝铜矿、硫铜银矿、自然银、碲银矿、硫铋铅银矿、含银黝铜矿

类型	矿区名称	银矿规模	银品位 /g·t^{-1}	矿化类型	银矿物组成
矽卡岩型	江西天排山	大	14.4	Cu-S-Ag	自然银、辉银矿、硫锑铅银矿、硫铋银矿、深红银矿、碲银矿、粒碲银矿、块硫铋银矿、针硫铋银矿、块辉铅铋银矿、硫铜银矿、含银辉铅铋矿
	广西新民	小	90.2	Cu-Ag	自然银、辉银矿、硫铋铅银矿、银黝铜矿、角银矿、银铁矾、硫铋铅银矿、自然金、硫铋银矿
	广西大厂	大	23.39	Sn-Sb-Pb-Zn-Ag	深红银矿为主，银黝铜矿、金银矿、自然银、黝锑银矿、脆银矿次之，辉锑银矿、锑银矿、硫铋银矿、硫铋矿、硫铋铅银矿、辉锑铅银矿、硫锑锡矿、块硫铋银矿、硫锑铜银矿、硫锑银铅矿、银锑黝铜矿少量
	广西佛子冲	小	51.7	Pb-Zn-Ag	脆银矿、银铅硫盐、硫银铋矿、自然银
	江西武山	大	8.91	Cu-S-Ag	辉银矿、硒银矿
	广西拉么	中	65.53	Zn-Cu-Ag	银黝铜矿、黝锑银矿、辉银矿、深红银矿、螺状硫银矿、自然金
	辽宁肖家营子	小	20	Mo-Ag	自然银、硫银铋矿、螺状硫银矿、碲银矿
	安徽鸡冠石	中	113.5~165.2	Pb-Zn-Ag	自然银、银金矿、金银矿、辉银矿、自然金、银黝铜矿
	辽宁桓仁	小	21	Pb-Zn-Ag	自然银
	吉林放牛沟	小	9.17	多金属-S-Fe-Ag	辉银矿
	黑龙江二股西山	中	114.05	Fe-多金属-Ag	自然银、碲银矿
	云南老厂竹林	中	38.8	多金属-Ag	硫铋银矿、辉锑银矿、辉银矿
	甘肃安西花牛山	中	123	Pb-Zn-Ag	银黝铜矿为主，深红银矿为次，辉锑银矿、锑银矿、硫铁银矿、杂辉锑银铅矿少量
	云南都龙	大	11.3	Sn-Zn-Ag	深红银矿、辉银矿、螺状硫银矿为主，自然银、硫铋银矿、硫铋铅银矿为次
沉积岩型	云南麒麟厂	中	99.8	Pb-Zn-Ag	辉银矿、螺状硫银矿、深红银矿、锌银黝铜矿为主，脆银矿、自然银、辉铜银矿、硫锑铜银矿、锑硫砷铜银矿为次
	陕西铅硐山	中	23.53	Pb-Zn-Ag	深红银矿、自然银、含铜自然银、含铜辉银矿、螺状硫银矿、含银黝铜矿、含银硫锑铜银矿
	云南云龙白羊厂	小	128.41	(Pb)-Cu-Ag	深红银矿、淡红银矿、辉银矿

类型	矿区名称	银矿规模	银品位/g·t⁻¹	矿化类型	银矿物组成
沉积岩型	湖北白果园	大	69~89.16	(P)-V-Ag	辉硒银矿、辉银矿-螺状硫银矿、硒银矿、硫银锗矿含硒变种、自然银
	四川天宝山	中	93.57	Pb-Zn-Ag	黝锑银矿、银黝铜矿、深红银矿、辉银矿、脆银矿、辉锑铅银矿、方辉锑银矿、含银闪锌矿
	广东淡水	中	37.97	Pb-Zn-Ag	银黝铜矿为主，自然银少量
	广东凡口	大	118	Pb-Zn-Ag	银黝铜矿、深红银矿为主，淡红银矿、辉银矿、脆银矿、硫锑铜银矿、汞黝铜矿、硫锑铅银矿、自然银、硫银铅矿、含银硫锑铅矿少量
	江西乐华	中	64.6	Mn-Pb-Zn-Ag	深红银矿、硫锑银矿、硫锑铅银矿、辉银矿、自然银、辉银矿、银黝铜矿、黝锑银矿
	陕西银洞子	大	107.3	Pb-Zn-(Cu)-Ag	辉银矿、含铜螺状硫银矿、银黝铜矿、含银砷黝铜矿、硫锑铅银矿、硫锑银矿、深红银矿、淡红银矿、自然银、含银自然铜、含银黝铜矿、银铜的硫锑化物
	陕西银母寺	小	37.94	Pb-Zn-Ag	深红银矿、黝锑银矿
	甘肃厂坝	中	14.61	Pb-Zn-Ag	汞银矿、深红银矿、银黝铜矿、含银砷黝铜矿
	海南乐昌杨柳塘	小	52.7	Pb-Zn-Ag	银黝铜矿
	海南石碌	小	15.05	Cu-Fe-Co-Ag	硫银铋矿、汞银矿
	四川大铜厂	中	54.64	Cu-Ag	辉硒银矿、硫铜银矿、辉铜银矿、氯角银矿、自然银、自然金、硒铜银矿、硫硒银矿、硒银矿、含银辉铜矿、含银红硒铜矿、含银硒铜矿
	甘肃邓家山	中	14	Pb-Zn-Ag	汞银矿、银辉铜矿、银锑黝铜矿、银金矿、自然金、硫锑银矿、深红银矿、柱硫锑铜银矿、含银脆硫锑铜矿
	甘肃毕家山	中	23.72	Pb-Zn-Ag	银锑黝铜矿
	甘肃洛坝	中	31.1	Pb-Zn-Ag	银黝铜矿
	江西新余铁山	小	200	Fe-Ag	辉银矿、银黝铜矿、含银砷黝铜矿
	云南大姚六苴	中	16.5	Cu-Ag	辉银矿、自然银、硫砷铜银矿、硫铜银矿、角银矿、硫铁铜银矿、含银砷黝铜矿、含银辉铜矿
	云南东川滥泥坪	小	9.05	Cu-Ag	自然金、银金矿、金银矿、角银矿、含银砷黝铜矿
	湖南柏坊	中	56.5	U-Cu-Ag	辉银矿、螺状硫银矿、自然银、汞银矿、银黝铜矿、硫砷铜银矿、银金矿
	湖南张家仑		100~382	V-Ag	碘银矿、自然银、银铁矾、含银黄铁矿、含银胆矾、含银蓝铜矾

类型	矿区名称	银矿规模	银品位/g·t⁻¹	矿化类型	银矿物组成
斑岩型	江西冷水坑	大	24.51~204.2	Pb-Zn-Ag	辉银矿为主，自然银为次，角银矿、深红银矿、淡红银矿、硫砷铜银矿、硫铜银矿、自然金、银金矿、金银矿、硫银锡矿少量
	江西富家坞	大	3.34	（Au-Ag）-Cu-Mo	银黝铜矿、自然金、银金矿、碲银矿、辉银矿
	江西洋鸡山	小		Cu-Au-Ag	银黝铜矿、自然金、银金矿、碲银矿、辉银矿
	广东莲花山	小	140~155	（Cu）-Sn-W-Ag	银金矿、自然金、硫锑银矿、角银矿、深红银矿、锑银矿
	辽宁锦西水泉	小	112.37	Au-Ag	自然银、银金矿、含银自然金
	辽宁红石砬子	小	293.5	Au-Ag	汞银矿、溴汞银矿、硫铜银矿、银金矿、自然金
	辽宁北票二道沟	小	80.17	Au-Ag	银黝铜矿、自然金
	辽宁夏县望宝山	小	80~100	多金属-Ag	银黝铜矿、辉银矿、自然金
	辽宁兰家沟	小	<50	Cu-Mo-Ag	银黝铜矿、辉银矿、自然银
	黑龙江多宝山	大	1.886	Cu-Mo-Ag	银黝铜矿、辉银矿、自然金
	江西鲍家	大	146.21	Mn-Pb-Zn-Ag	螺状硫银矿、自然银、硫银锡矿、深红银矿、淡红银矿
	内蒙古甲乌拉-查干不拉根	大	250	Pb-Zn-Ag	银黝铜矿、辉锑银矿、自然银、辉银矿、碲银矿、硫铋铅银矿、含银辉铋铅矿
	湖南宝山铜矿	小	12.n	Cu-Ag	银金矿、自然金、硫铋铅银矿、含硒硫铋铅银矿、硫锑铜银矿、砷硫锑铜银矿、锑硫砷铜银矿、硫碲铜银矿、辉碲铋银矿、含硒锑硫铋铅银矿、银黝铜矿、碲铋银矿、碲银矿、硫铜银矿、含银黝铜矿、含银砷黝铜矿、含银黝锡矿、含银硫铋铅矿、含银辉碲铋矿
变质岩型	河南破山	大	278	（Pb-Zn）-Ag	辉银矿、螺状硫银矿、自然银为主，硫锑铜银矿、硫砷铜银矿、辉锑铅银矿、银黝铜矿、碲金矿、辉铜银矿、辉锑银矿、围山矿、金银矿、银金矿、深红银矿、淡红银矿、硫铜银矿、角银矿、β汞金矿（桐柏矿）为次
	陕西道岔沟	小	72.54	Pb-Zn-Ag	银金矿、碲金矿、金银矿、自然金、银黝铜矿
	河南桐柏大河	小	31.573	Cu-Zn-Ag	自然银、辉银矿

类型	矿区名称	银矿规模	银品位/g·t⁻¹	矿化类型	银矿物组成
变质岩型	浙江银坑山	中	305.85	Au-Ag	自然银、金银矿、银金矿、自然金、辉银矿-螺状硫银矿、碲银矿、碲金银矿、碲铋银矿、硫锑铜银矿、辉铅铋银矿、辉铜银矿、硒辉银矿、硒硫锑铜银矿
	江西铁砂街	中	83.65	Cu-Fe-Ag	银黝铜矿、深红银矿、硫锑锌银矿、硫铁银矿、硫锑铜银矿、银金矿、自然银、辉银矿、含银硫铋铅矿
	江西东乡枫林	中	13.35	Cu-Ag	自然金、银金矿、银黝铜矿、深红银矿、锑银矿、辉银矿、含锑自然银、辉锑银矿、中银黄铁矿、银黝锡矿、自然金
	江西朱溪	小	38.55	W-Cu-Ag	自然金、辉银矿、银黝铜矿、碲银矿、辉银矿
岩浆岩型	新疆喀拉通克	小	5.2	Cu-Ni-(PGE)-Au-Ag	自然金、银金矿、自然银、碲银矿、银碲钯矿、六方碲银矿、碲铋银矿、银碲钯矿、银镍黄铁矿、深红银矿、硫铁银矿、含银铋碲钯矿、含银镍碲钯矿
	甘肃金川	大	5~7	Ni-Cu-(PGE)-Au-Ag	自然银、碲银矿、六方碲银矿、银碲钯矿、银镍黄铁矿、深红银矿、金银矿、含铂金银矿、碲铋银矿、铋碲镍银钯矿、自然金、银金矿、含碲银金矿、含碲自然金、碲金银矿、碲铅银矿、铋银钯矿、碲银钯矿、含银铋碲银钯矿、含银锡锑铂钯矿
	云南金宝山	小	2.3	PGE-Ag	银金矿、自然金
	吉林集安西岔	小	359.6/32.58	Au-Ag	银黝铜矿、深红银矿、自然金、辉银矿、碲金银矿
铁锰帽型	湖北阳新银山	中	86.53	Pb-Zn-Ag	自然银、辉银矿、银金矿、硫铋铅银矿、淡红银矿、深红银矿
	安徽新桥	中	217.13	Fe-Au-Cu-Ag	自然银、辉银矿、螺状硫银矿、银金矿、自然金
	江苏平山头		235	Au-(Pb-Zn-Cu)-Ag	辉银矿、银铁矾、自然银、角银矿、淡红银矿、砷硒银矿
	内蒙古额仁陶勒盖	大	238.56	Mn-Ag	自然银、角银矿、碘银矿、脆银矿、辉银矿、螺状硫银矿、硒银矿；原生带中有银黝铜矿、深红银矿、淡红银矿、辉锑银矿、硫铜银矿、硫锑银矿、硫锑铜银矿、硫砷铜银矿、砷硫锑铜银矿、含银黝铜矿等
	云南鹤庆北衙	中	44.8~72.9	Pb-Ag	自然金
	河北姑子沟	小	302	Mn-Pb-Zn-Ag	辉银矿、自然银、银黝铜矿、银金矿、自然金、深红银矿、辉铜银矿
	河北相广		165	Mn-Ag	溴角银矿、氯溴银矿、溴银矿、碘银矿、卤银矿、辉银矿、自然银、深红银矿、银金矿、螺状硫银矿、含银黝铜矿

类型	矿区名称	银矿规模	银品位/g·t⁻¹	矿化类型	银矿物组成
铁锰帽型	河北满汉土	小	178.7	Mn-Pb-Zn-Ag	自然银、硫砷锑铜银矿、锑硫砷铜银矿、银金矿、硫铜银矿、银黝铜矿、碲银矿
	广东丙村	小	106.75	Pb-Zn-Ag	银黝铜矿为主，深红银矿、硫锑铜银矿、自然金、银金矿、金银矿、碲金矿、螺状硫银矿、自然银、方辉锑银矿、含银硫锡矿、含银黝锡矿少量
	青海锡铁山沟北西	小	27.3~977	Mn-Pb-Ag	辉银矿、马硫铜银矿、角银矿、辉铜银矿、镉银黝铜、银金矿、金银矿、硫金银矿、碲金矿、自然银
	青海锡铁山铁锰帽	小	510	Mn-Pb-Ag	角银矿为主，自然银为次
	云南矿山厂1号混合矿	中	18.0	Pb-Zn-Ag	硫锑铜银矿、深红银矿、硫砷铜银矿、汞银矿、含铀深红银矿、银黝铜矿、淡红银矿、含铀淡红银矿、方银铜氯铅矿、自然银、银汞矿、硫汞银矿、辉银矿、螺状硫银矿、银锑黝铜矿、黝锑银矿、银砷黝铜矿
	云南矿山厂氧化矿	中	18.0	Pb-Zn-Ag	自然银、辉银矿、螺状硫银矿、硫锑铜银矿、锑硫砷铜银矿、银黝铜矿

银矿物的命名，由于矿物粒度细小，测试精度良莠不齐，各类书籍、手册命名方案不尽一致，加之资料更新滞后，导致一矿多名，新旧名称及习惯名称混用的现象时有发生。为保持资料的完整性，笔者除对错误的定名予以纠正删减外，对存在歧义的银矿物仍予保留，待后续工作中修定更正。

各类型矿床与矿化组合矿石银矿物组成特点，简略概述如下：

5.2.1.1 火山岩型矿床

火山岩型矿床中银矿物种类，依矿化组合类型不同而有差别。

（1）Pb-Zn-Ag组合。代表性的银矿物是硫锑铜银矿，它普遍出现在该类型的Pb-Zn-Ag组合中，而其他矿化组合的火山岩型矿床中未见出现。在陆相火山岩型与海相火山岩型矿床中都显示了这一特点。如青海锡铁山、浙江大岭口、云南澜沧老厂、吉林桦甸、河北营房、牛圈等。

（2）Pb-Zn-Cu-Ag组合。以呷村和银山为例，海相火山岩型矿床常见汞银矿物，如汞银金矿、硫汞铜银矿；陆相火山岩型矿床出现碲银矿物，如硫碲铜银矿、含银碲金矿。

（3）Au-Pb-Zn-Ag组合。以自然银、银金互化物和银的硫化物螺状硫银矿为主，如内蒙古长汉卜罗、河北小扣花营等。

（4）（Pb-Zn)-Au-Ag组合。以辉银矿、螺状硫银矿、自然银为主。如湖北银洞沟、浙江八宝山、河南皇城山等。

（5）Cu-Zn-Ag 与多金属-Ag 组合。以自然银、自然金、金银互化物和银的硫化物为主，如辽宁红透山、甘肃小铁山。

即矿化组合不同，银矿物种类也有差异，在进行伴生银的赋存状态研究中，可根据主金属的矿化组合类型，推断可能出现的典型银矿物（组合）。

5.2.1.2　脉型矿床

脉型矿床数量最多，银矿物种类最繁杂，矿化组合类型最丰富。常见的银矿物有银黝铜矿、辉银矿、螺状硫银矿、自然银及金银互化物等。但不同矿化组合的银矿物组成也有其特点。

（1）Pb-Zn-Ag 组合。该矿化组合银矿物，以银锑化物、银锑硫盐为主，属 Ag-Cu-Sb-S 和 Ag-(Cu)-Pb-Sb-S 多元体系，以硫锑铜银矿、硫铜银矿较常见。在黝铜矿族中，银黝铜矿与黝锑银矿可出现在一个矿床中，含银从 $n\% \sim n \times 10\%$，如湖南庵堂岭、石景冲，广东大尖山，云南白牛厂等。银的碲、铋矿物仅在部分矿床中呈微量产出，如湖南大坊的碲银矿，云南白牛厂的硫银铋矿。

（2）多金属-Ag 组合。该矿化组合以银锑硫盐为主，还常见 Ag-Bi-S 和 Ag-Bi-Pb-S 多元体系矿物，如吉林地局子的硫银铋矿，广东云浮茶洞的硫铋铅银矿。

（3）(Pb-Zn)-Au-Ag 组合。该组合常出现银黝铜矿-黝锑银矿系列，特别是富含银的黝锑银矿及硫锑铜银矿，如河北牛圈、广东庞西峒；多以辉银矿、螺状硫银矿、自然银和金银互化物为主要银矿物；对于伴生铅锌的矿区，可出现 Ag-Fe-S 矿物，如江西虎家尖、吉林山门的硫铁银矿。

（4）Cu-Ag 组合。该组合银矿物主要为自然银、金银互化物和银铋硫盐。如江苏小茅山。

（5）Sn-(W)-Pb-Zn-Ag 组合。该矿化组合出现的银矿物以银锑硫盐与银锑化物为主，常见深红银矿、淡红银矿、脆银矿，并出现较多的银铋硫盐、银锑铜硫盐、银锑铅硫盐和少量银锡硫盐矿物，如湖南柿竹园、广东厚婆坳、内蒙古大井子、广西珊瑚等。也有锑银矿产出，如湖南瑶岗仙、香花岭等。

（6）Sb-Pb-Ag 组合。该组合银矿物以银铋硫盐或银锑硫盐为主，兼有金银互化物及银铅铋铜硫盐，但锑银矿罕见，如广西镇龙山。

5.2.1.3　矽卡岩型矿床

矽卡岩型矿床银矿物组成特点：

（1）普遍出现自然银和金银互化物。

（2）在缺乏自然银的矿床中常见碲银矿。如黑龙江小西林南沟、湖北铜山口、辽宁华铜、广东大宝山等。

（3）银的铋硫盐和锑硫盐矿物多有产出。如内蒙古白音诺、黑龙江小西林、江西宝山。

（4）Pb-Zn-Ag 矿化组合。以 Ag-Bi-S，Ag-Bi-Pb-（Cu）-S 多元体系为特点，有些矿区，如甘肃花牛山的银铋金矿、硫铋银铅矿，江苏潭山、湖南七宝山的硫银铋矿，江西宝山的硫铅铋银矿等，还出现了 Ag-Fe-S 矿物。部分矿区出现 Ag-Te-（S）体系，如小西林。

（5）多金属-Ag 组合。该组合有两种情况，一是在出现自然银的矿床中，银矿物种类少，以 Ag，Ag-Te 系列为主，如湖南铜山岭、七宝山、辽宁桓仁、黑龙江二股西山等；二是在出现辉银矿的矿床中，显示 Ag-S，Ag-Sb-Cu-S 多元体系矿物并存，如广西拉么、吉林放牛沟、广东大宝山、浙江建德铜官等。

（6）Cu-Ag 组合。银的多元体系有 Ag -（Au），Ag-Te，Ag-Cu-S，Ag-Bi-Pb-S，Ag-Sb-（Bi）-S，Ag-Bi-Pb-（Cu）-S 等。自然银、金银互化物、碲银矿、碲铋银矿及碲铋硫化物为该组合矿床中代表性银矿物。如湖北铜山口、安徽铜官山笔山、金口岭、黑龙江松江、辽宁华铜、江西城门山等。银黝铜矿仅出现在少数矿区，如松江铜矿、广西新民。

5.2.1.4 沉积岩型矿床

沉积岩型伴生银矿中的银矿物种类，因矿化组合不同，差异明显。

（1）Pb-Zn-Ag 组合。1）对于矿石银品位大于 90g/t 的沉积岩型铅锌银矿床，辉银矿为主要的银矿物，同时有自然银产出，如云南麒麟厂、四川天宝山、广东凡口、陕西银洞子等。银品位小于 20g/t 者，有汞银矿产出，如甘肃厂坝、邓家山等。2）普遍出现 Ag-Sb-Cu-S，Ag-Sb-S，Ag-Sb-Pb-S 多元体系矿物，如银黝铜矿、深红银矿、硫锑铜银矿、硫锑铅银矿等。3）未见含铋系列银矿物。

（2）Cu-Ag 组合。以 Ag-Cu-S，Ag-卤化物，Ag-Se S 多元体系为特点。如大铜厂，有银金互化物，银的硒化物，银的卤化物、银硒硫化物产出。又如云南大姚六苴，有自然银和银的卤化物角银矿，还有硫铁铜银矿以及含银砷黝铜矿、含银辉铜矿等。它们是砂岩型铜矿具有代表性的银矿物组合。

（3）V-Ag 组合。以出现 Ag，Ag-S 以及 Ag-卤化物和 Ag-Se，Ag-Se-S 多元体系为特点，如湖北白果园和湖南张家仓等。

（4）U-Cu-Ag 组合。1）以 Ag，Ag-S，Ag-Hg 多元体系矿物为特点。2）与铜银矿床相反，未出现银的硒化物系列矿物，而有 Ag-Sb-Cu-S 多元体系矿物-银黝铜矿、砷硫铜银矿等。

5.2.1.5 斑岩型矿床

（1）Pb-Zn-Ag 组合。斑岩型铅锌银矿床，江西冷水坑最具有代表性，各矿区的银矿物种类基本相似，略有差异。如银路岭、鲍家矿区，银矿物均以辉银矿、螺状硫银矿为主，占矿石银总量的 60%～80%，其次为自然银，占矿石银总量 20%～25%，还有少量深红银矿、淡红银矿、硫银锡矿，银路岭还有硫砷铜银矿、角银矿、金银互化物。内蒙古甲乌拉还出现 Ag-Te，Ag-Bi-Pb-S 和 Ag-Sb-S 体系矿物。

（2）Cu-Mo-Ag 组合。以 Ag-Au 互化物，Ag-Cu-Sb-S，Ag-Au-S 体系为主，普遍出现银黝铜矿、自然银、自然金、辉银矿等，如江西富家坞，黑龙江多宝山等。

（3）Au-Ag 组合。以 Ag-Au 互化物为主，如自然银、银金矿、自然金比较普遍，有的矿区出现 Ag-卤化物，Ag-Hg 及 Ag-Cu-S 体系矿物，如辽宁红石碴子的汞银矿、溴汞银矿。也见有碲金银矿，如吉林西岔。

（4）W-Sn-Ag 组合。该组合矿床以广东莲花山矿区为代表，以 Ag-Sb-S 体系及金银互化物为主，还有角银矿产出。

5.2.1.6　变质岩型矿床

变质岩型矿床银矿物组成：

（1）Pb-Zn-Ag 组合。1）矿床中多数以金银互化物和辉银矿为主，如河南破山，辉银矿、自然银占银矿物总量的 90%，还有 Ag-Cu-S、Ag-Sb-Cu-S、Ag-Te、Ag-Hg 及 Ag-卤化物体系等。陕西道岔沟以金银互化物和银黝铜矿为主。2）未见含铋的银矿物。

（2）Cu-Ag 组合。1）以 Ag，Ag-Au 互化物和 Ag-S 为主。2）部分矿区有 Ag-Cu-Sb-S、Ag-Bi-Pb-S 及 Ag-Fe-S 硫盐矿物产出，如江西铁砂街。

（3）Au-Ag 组合。1）以 Ag，Ag-Au 互化物和 Ag-S 为主。2）有的矿区有 Ag-Te-Au，Ag-Te-Bi，Ag-Cu-Sb-S，Ag-Bi-Pb-S 银硫盐产出，如浙江银坑山。

5.2.1.7　岩浆岩型矿床

岩浆岩型含银矿床，主要指硫化铜镍矿床，如我国甘肃金川（Ag 5～7g/t）、新疆喀拉通克（Ag 5.2g/t）。矿床银品位虽然很低，但银矿物种类较多而复杂。

（1）Ag，Ag-Au，Ag-PGE 金属互化物。普遍出现自然金、自然银、金银矿、银金矿及含铂金银矿、银碲钯矿、碲银钯矿、碲钯银矿、银碲铋钯矿、碲铋银钯矿、铋银钯矿、铋碲镍银钯矿等。

（2）Ag-Te，Ag-Te-Bi，Ag-Te-Pb 等碲化物。如碲银矿、六方碲银矿、碲铋银矿、碲铅银矿等。

（3）Ag-Sb-S 矿物。矿石中银锑矿物很少见，仅发现深红银矿，含量甚微。

（4）含银的镍矿物。如银镍黄铁矿、含银铋碲镍矿等。

（5）含银的 PGE 矿物。如含银锡锑铂钯矿。

5.2.1.8 铁锰帽型矿床

铁锰帽型矿床银矿物组成特点：

（1）Pb-Zn-Ag 组合。以含银较高矿物为主，如自然银、辉银矿、螺状硫银矿等；当有 Cu 共生时，出现硒银矿，如江苏平山头。银与金、碲金属互化物较常见。

（2）Mn-Ag 组合。常见银的卤化物，如锡铁山沟北西，角银矿为主，自然银为次；河北相广，以溴角银矿、碘银矿、氯溴银矿、溴银矿为主，还有辉银矿、自然银及 Ag-Cu-Sb-S 等系列银矿物。

（3）Mn-Pb-Zn-Ag 组合。该矿化组合的银矿物组成比较丰富，既有 Ag-Cu-Sb-As-S 系列，又有 Ag-Cu-S 和 Ag-Te 系列矿物产出。如河北满汉土。

（4）尚可见原生银矿物。残留的原生银矿物，常见的有银黝铜矿、深红银矿，少部分辉银矿等。而辉银矿（大量的）、硫铜银矿、自然银及金银互化物等为氧化作用的产物。未见银的铋矿物出现。

综上研究发现，有色金属伴生银矿床的矿石中某些银矿物种类，形成于特定的成矿地质环境，具有一定的成因内涵。如硒银矿为外生成矿作用的产物；银的卤化物产于矿床氧化带或次生富集带；碲银矿物质来自深源，形成于中高温成矿作用；汞银矿产于外生成矿作用和海相火山成矿作用。仅对银的成因标型矿物予以梳理归纳（见表 5-6）。

表 5-6 银的成因标型矿物

典型银矿物	矿化类型	矿床成因类型	成矿作用
银黝铜矿类	Pb-Zn-Ag	沉积型，脉型	外生，中-低温
	（Pb-Zn）-Au-Ag	脉型	中-低温
	Cu-Mo-Ag	斑岩型	中温为主
硫锑铜银矿	Pb-Zn-Ag	火山岩型，脉型，变质岩型	中-低温为主
银锑化物，锑硫盐	（Pb-Zn）-Sn-W-Ag	脉型，斑岩型	中-高温
	Sb-Pb-Ag，Pb-Zn-Ag	脉型，沉积岩型	中-低温，外生
自然银，金银互化物，银硫化物	Cu-Ag	火山岩型，变质岩型	中温为主
	（Pb-Zn）-Au-Ag	斑岩型，铁锰帽型	中温，外生
	Pb-Zn-Ag	沉积岩型	外生
碲银矿，碲铋银矿	Pb-Zn-Ag	矽卡岩型	中-高温
PGE-银矿物	Cu-Ni-Ag	岩浆岩型	高温为主
硫银铋矿，硫铋铅银矿	Cu-多金属-Ag	矽卡岩型，脉型	中温，中-低温
银汞互化物	Pb-Zn-Cu-Ag	沉积岩型，火山岩型	外生，中-低温
银硒化物	Cu-Ag，V-Ag	沉积岩型	外生
银卤化物	(Pb-Zn)-Au-Ag，Mn-Ag	铁锰帽型	外生

5.2.2　银沉淀、共生与演化

5.2.2.1　水热条件下银矿物的沉淀、共生与演化

成矿元素在水热条件下有选择的与某些元素亲和，形成某种形式的配合物、阴离子团等进行迁移，又在适宜的物理化学条件下析出沉淀而形成矿物。通过国内外学者对大量矿床包裹体成分测试与水热试验研究得知，Nb、Ta 对 N、O、F 有明显的亲和性，Pb、Zn、Ag 对 P、S、Cl 有明显的亲和性。

在热水溶液中，水对地壳中元素的运移和富集起到重要作用。从配合物水解反应通式（王玉荣，1991 年）：$[ML]^{n-}+mH_2O=[ML_{i-n}(OH)_m]^{n-}+mL^-+mH^+$ 可知，配合物或阴离子团的水解作用与中心离子的极化力、键能（M-L）大小、水在高温高压下的性质和电离度（HL）有关。

配合物随温度、压力的增高而水解作用增强，特别是当温度高于超临界高温条件下，压力影响明显；成矿元素配合物的中心离子极化力（E2/r）愈大，水解作用愈强，因此，对于同一元素，低价比高价稳定。溶液的酸碱度（pH 值）直接影响水解作用的进行，酸性和碱性化合物对成矿元素的迁移有利，矿质通常在近于中性的介质中沉淀。共价键配合物在水热流体中有较强的挥发性，如 AgCl、Hg_2S、$FeCl_2$ 等，易在浅部成矿。

由于高温高压环境中配合物不稳定，因此超临界高温岩浆热液对高价极化力强的难溶元素（如 Pt、Pd、Nb、Ta、Zr、Hf、REE 等）的成矿作用有关。在低温低压环境中配合物相对稳定，对不易水解的低价元素（如 Ag^+），在低温热液蚀变中易富集成矿。对于强烈水解的高价元素易在地表形成残积矿产（如 Fe^{3+}、Ti^{4+}、Nb^{5+}、Ta^{5+}、Sn^{4+} 等）。

5.2.2.2　浅成低温热液中的多金属锑银矿物沉淀、共生与演化

富含多种元素的酸性地下热卤水，当沿破碎带上升遇到泥岩时，由于泥岩中钾、钙等碱金属的参与，矿液性质由酸性向弱碱性转化，环境仍趋氧化，围岩中的碳质受氧化生成 CO_2，继而与矿液中 Fe、Mn、Ca、Mg 结合成碳酸盐，因氧的大量消耗，环境向还原条件转化，各种金属配合物相继分解形成硫化物（黄铁矿、闪锌矿、方铅矿、辉锑矿等）和硫盐。银从配合物中分解出来之后，由于其亲硫性，以及其沉淀剂 C 与 Pb 的存在，在矿化中、晚期，Ag 易与 Sb、C、S 结合，生成含银硫盐。剩余的 Ag，由于 Ag、Pb、As 浓度下降，Au、Sb 相对富集，于矿化晚期，与 Au 结合，生成金银锑化物，如生成滴状或微细粒状方锑金矿（含 Ag 6.85% ~ 7.75%）沿辉锑矿双晶纹或微裂隙分布。低温热液矿化往往有 Au 的参与，矿质中 Au、Ag 主要来自地下深源，Pb、Zn、Sb 等为包括围岩在内的多来源。

这类矿石常具有胶状构造、塑性变形构造、微细球粒构造。具有成矿后的构造变形与迁移富集作用。在其网脉状矿带顶部具有冷水冷凝带。

5.2.2.3 银（金）与锰质、碳质、磷质的关系

锰质、碳质与黏土质对金、银均有极强的吸附作用，使银（金）在锰土（软锰矿、菱锰矿等）、铁锰帽及黑色富碳质的黏土中出现，银甚至与锰质、碳质共生富集成矿，据 M. M. 康斯坦丁诺夫（1979 年）研究，富磷层位可发现金的富集。银、金在铁锰帽中的共生与富集程度还受很多因素的制约，特别是银与金对某些元素的亲和能力差异明显。相对而言，富铅锌锰者富银，富砷（毒砂）、碲者富金。另外，锡、铜对银有一定亲和力，铜对金也有一定亲和力。如锡铁山沟北西铁锰帽型银矿，含 Pb 达 7.3%，Ag 可达 27.3~977g/t，Au 仅 0.47g/t；内蒙古额仁陶勒盖锰银矿，含 Ag 81.33~1525g/t，平均 238.56g/t，矿体含锰 5.92%~16.22%，平均 12.50%；江苏栖霞山铅锌银矿，含 Ag 90g/t，Au 0.67g/t，Pb 2.66%，Zn 4.73%，Mn 6.99%，C 0.684%；而新桥金银矿，含 Ag 217.13g/t，Au 达 4.04g/t，As 0.3%，Pb 0.47%；青海夺确壳金砷矿，含 Ag 51.27g/t，Au 2.94g/t，As 10.52%，Cu 0.43%。

5.2.2.4 金、银成矿与演化

（1）金、银地球化学性质。银的电离势为 7.574eV，金为 9.22eV，银的电离势低于金，因此银以自然元素状态产出的几率低于金，自然金是金的最主要产出形式，而自然银仅是银的重要产出形式之一，还形成大量银的硫化物、硫盐矿物，与自然银具有同样重要的位置。

根据费尔斯曼提供的部分金属离子的能量系数（见表 5-7），银的离子能量系数低于铅、锌、铜、砷、金，因而银与这些金属比较，晶出的时间最晚，析出的温度最低。

表 5-7 离子能量系数及矿物共生序数

离 子	Fe^{3+}	As^{3+}	Zn^{2+}	Fe^{2+}	Cu^{2+}	Cd^{2+}	Pb^{2+}	Au	Ag
能量系数	5.15	4.69	2.20	2.12	2.10	2.00	1.65	0.65	0.60
矿物	毒砂		黄铁矿		黄铜矿		闪锌矿	方铅矿	银矿物
共生序数	3.3		2.9		2.4		1.7	1.4	0.6

在成矿过程中，银具有强亲硫性、强疏氧性。如脉型锡多金属银矿床中，显示了 Sn 与 Ag 不相关，而 Ag 与 Cu、Pb、Zn 相关密切。如云南都龙锡锌多金属矿区，Ag 与 Pb 相关，Sn 与 Zn 相关，Cu 与 Sn、Zn 不相关，说明银与晚期铅矿

化有关，银与锡、锌、铜等并非同期成矿。青海锡铁山银铅锌矿区，显示 Ag 与 Pb 相关，Ag 与 Zn 弱相关，Au 与 As 相关。

矿物之间的共生关系取决于矿物的共生序数。大量矿床的实际观察与测试结果也显示，银在硫化物中的聚集力由方铅矿→闪锌矿→黄铜矿→黄铁矿→毒砂→磁黄铁矿递减，而金在硫化物中的含量顺序恰好相反，显示银的强亲硫性，金的强亲铁性。即在贫硫、富铁（砷）的中-弱酸性介质中，金在磁黄铁矿、毒砂、黄铁矿中得到富集；而在富硫、贫铁的中-碱性还原条件下，方铅矿、黄铜矿、闪锌矿等成为银的主要载体矿物。

（2）Au/Ag 比值与沉淀条件。一般情况下，Au/Ag 比值可作为成矿介质的指示剂。Au/Ag 比值 $>0. n\times10^{-2}$ 时为中-弱酸性介质；Au/Ag 比值 $<0. n\times10^{-2}$ 时为中-弱碱性介质（罗贤昌，1988 年）。M. C. 萨哈洛夫等人（1983 年）实验表明，自然金可以在很宽的 Au/Ag 比值范围形成，而以银为主的矿物只出现在银远高于金的条件下。在金与银分异作用过程中，溶液的阴离子和阳离子成分起着重要作用：溶液中富集的卤素阴离子（Cl^-、F^-）可以促进银的沉淀并降低金银沉淀物中金的成色，而碳酸盐阴离子（CO_3^{2-}、HCO^-）则延缓了银的还原过程，金的成色可以提高。溶液中 Mn^{2+}、Ca^{2+}、Mg^{2+}、Na^+、K^+ 等阳离子，其中锰属于变价元素，在溶液的氧化-还原反应过程中 Mn^{2+} 易转变成 Mn^{4+}，有助于 Ag^+ 还原到自然状态；Ca^{2+} 会使银的沉积过程容易进行，而金的析出愈加困难；溶液中 Mg^{2+} 的存在会加速 Au-Ag 矿物沉淀而不影响其成分；Na^+ 大大延缓银的析出过程，而 K^+ 将延缓金的析出过程，所以当存在 K^+ 离子时，利于富银矿物沉淀。金在相对富钠离子（$Na^+ > K^+$）的介质中易富集成矿，银在相对富钾离子（$K^+ > Na^+$）的介质中易富集成矿。因而在金矿区中常伴随钠化，银矿区则钾化强烈。

实验也表明，热液的物理-化学参数对银的聚集和金与银的分异有直接影响，当介质氧化-还原电位比较高的情况下银沉降得非常强烈，而氧化-还原电位（Eh 值）较低时，金急剧沉淀。

金迁移过程中对介质性质（pH 值）要求并不苛刻，在酸性与碱性介质中均可迁移；银在酸性介质中表现出活泼型，以离子或络阴离子团迁移，在碱性介质中，迁移受到限制，随之沉淀。

金、银在成矿过程中的沉淀与分异，主要取决于成矿地球化学环境及矿液性质演化。在某些条件下金与银紧密共生，某些条件下金与银逐渐分离，在某些条件下金与银又可彻底分离。这种若即若离或分异，说明金与银沉淀富集过程对矿液动态平衡条件的选择颇为不同。

（3）金与银成矿阶段差异。金与银的地球化学性质差异，还体现在矿液递进演化体系中富集顺序的不同。成矿早阶段，或某矿化阶段的早期富金，成矿晚阶段，或同一矿化阶段的晚期富银。在矿液演化的较高温度阶段富含金，较低温度阶段富含银。这已为大量矿床成矿规律所证实。

（4）金与银亲和元素的差异。通过各类有色金属矿床伴生银矿石矿物共生组合规律研究，认为在多种矿质共存的矿液中，银与金在晶出过程中优先选择的亲和元素有明显不同。假定硫与其他成矿元素具有相近的亲和效应，银在矿质动态递进演化过程中的亲和序列，可能按以下顺序依次进行：

Mn—Zn—Sn—Pb—Bi—Ag—Sb—Cu—Au—As—Fe—S

沿着以上序列自左而右，共价键还原性增强，自右而左，离子键氧化性增强。从这个序列不难推断，在还原条件下，银可进入锑、铋、铜矿物中，在偏氧化或弱氧化条件下，银主要进入铅、锡、锌矿物中，或与 Bi、Sn、Cu、Sb 等形成硫盐。在氧化条件下，银可被铁氧化物或黏土、锰土所吸附。金在还原条件下，主要进入毒砂或黄铁矿中，在弱氧化条件下，进入黄铜矿，或与银生成互化物，在强氧化条件下存在于富锰的环境中。

成矿过程中，矿液中某些矿质不断沉淀和交替补充的动态变化情况下，各种元素对于亲和元素可能同时面临着双向或多向选择的复杂局面，上式可反映总体演化规律。

（5）金与银成矿差异。正是由于金、银在成矿过程中地球化学行为的差异，才导致矿化分带的产生。金沉淀早于银。从矿物共生组合建造可以得知，金主要富集于高-中温热液阶段，特别是毒砂、黄铁矿、黄铜矿矿物组合中。而银主要富集于中-低温热液阶段，如黝铜矿、黝锡矿、方铅矿、闪锌矿、黄铜矿及硫盐等矿物组合中。

金银互化物的金含量，结晶较早的，金含量较高，银含量较低。如红透山（银）铜锌矿矿石中的单体金矿物，早结晶的中心部位含金 58.79%，晚结晶的边缘部位含金 48.40%[58]；金矿物结晶持续时间较长，颗粒较大，含金较高，银含量较低（见图 5-34～图 5-36）。

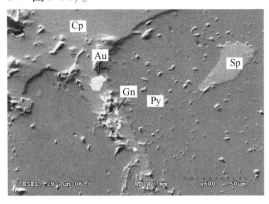

图 5-34　银金矿（Au）边部含 Au 48.40%，中心含 Au 58.79%

SEM 图像　红透山

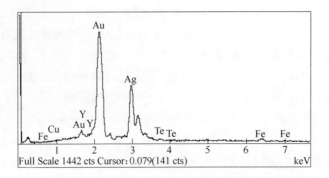

图 5-35 银金矿的边部含 Au 48.40%能谱图

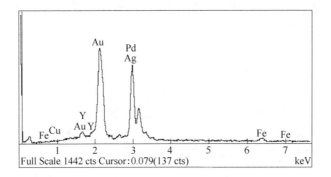

图 5-36 银金矿的中心含 Au 58.79%能谱图

研究发现，不同粒度金矿物的金、银含量变化规律是，早晶出的粗颗粒者含金较高，晚结晶的细颗粒者含银较高，如红透山矿区，产在闪锌矿中的三粒金矿物，仅相距 0.5~2.5μm，上部的银金矿粒径 6.5μm×7.6μm，金成色 492；下部的金银矿粒径 5.6μm×6.0μm，金成色 475；中部的金银矿粒径 1.27μm，金成色仅 373（见图 5-37）。

又如锡铁山银铅锌矿矿石，产在磁铁矿中的两粒金银矿[34]，相距 120μm，上部银金矿的粒径 18μm×28μm，金成色 678，下部银金矿粒径 10μm×18μm，金成色 522（见图 5-38）。也呈现了晶出较早粒度较大者，含金较高含银较低，晶出较晚粒度较小者，含金较低银较高的规律。

成矿早期至晚期，银矿物由复杂硫化物与硫盐向简单硫化物或者单元素矿物演化，矿物含银量逐渐增高，晚期矿化的高含银矿物增多。

不同产状矿石的金、银含量差异明显，矿体中心矿石的金、银含量均高于矿体顶板和底板，矿体顶板矿石含金高于底板，含银低于矿体底板矿石（见表 5-8）[58]。

图 5-37 银金矿（Au-Ag）的金成色：粗粒 492，中粒 475，细粒 373

SEM 图像 红透山

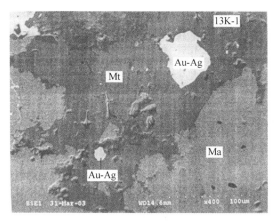

图 5-38 银金矿（Au-Ag）的金成色：粗粒 678，细粒 522

SEM 图像 锡铁山

表 5-8 红透山（银）锌铜矿不同产状矿石的金、银含量 （g/t）

元素含量 \ 矿石产状	矿体顶板	矿体中心	矿体底板	矿区
Au	4.04	6.186	0.098	红透山
Ag	5.23	59.45	37.72	

（6）金、银于载体矿物中的分布。硫化物是金、银最好的沉淀剂，但金与银对载体硫化物的选择具有明显差异。银在载体矿物中的富集趋势自高而低为：硫盐-复杂硫化物-方铅矿-闪锌矿-黄铜矿-锰矿物等；而金在载体矿物中的分布自高而低的趋势为：黄铁矿-毒砂-磁黄铁矿-磁铁矿-黄铜矿-闪锌矿-方铅矿。

（7）金与银的成矿时代。在成矿时代选择上，金的成矿时代跨度大，从元古代至新生代，均有金矿产出，老地层中金的资源颇为丰富。银在中生代之后才得到富集。

（8）金与银的赋矿空间。在金与银赋矿空间方面，虽然金与银基本上属于深源浅成成矿，但对于内生金属矿床而言，通常金的富集部位比银为深。在同一个矿田（床）成矿分带中常见有上部铅锌银，下部为铜硫金；上部富含铅银，下部富锌铜金；上部锑铅银，下部铜砷金；近成矿岩体富含金，远离成矿岩体则富含银，如银山、八家子、锡铁山、高家堡子、红透山等。也有的形成于低温热液-次生富集作用的矿区显示上金（银）下铜，如紫金山铜金矿。

（9）银与金的成矿专属性。银具有岩浆热液成矿专属性。据统计，有近77%的银矿储量与岩浆热液作用有关。特别是那些分异指数较高，固结指数较小，K_2O/Na_2O 比值较大的酸性与超酸性成矿母岩，银的矿化越好。金的岩浆成矿专属性远不如银明显，有 59% 的金矿储量与岩浆热液作用有关，并与中酸性岩浆关系密切。砂金矿储量就占金矿总储量的 15%，而砂矿中不形成银的工业矿床。可见在表生环境下，金与银比较，具有明显的稳定性和再生富集能力。如黑龙江团结沟等砂金矿中的狗头金（质量可达 2~4kg），即是有力的证明。而银的次生富集作用仅限于硫化矿床氧化带及铁锰帽中，砂矿中的银仅有少量或微量存在于自然金或金银互化物中，偶见自然银。

5.2.3 银矿物成矿演化规律

5.2.3.1 银矿物组合的影响因素

经 176 个伴生银矿区银矿物的组成研究，认为矿床中银矿物组合受多重因素制约，主要取决于成矿地质作用、流体性质、地球化学环境和金属矿物结晶习性等。银的铋、碲矿物多出现在成矿温度偏高的矿床中，主要与岩浆热液或岩浆期后热液有关，如火山岩型、矽卡岩型、脉型等；而银的锑硫化物与硫盐矿物分布比较广泛，多出现在中-低温热液矿床中，特别是与铅、锌、铜、锡、锑、钨、铁等关系密切；银的硒化物属于低温矿物，主要产于低温热液及外生沉积环境；银的卤化物多产在次生富集带、氧化带及表生环境中。

5.2.3.2 银成矿演化规律

矿化早期至晚期，银矿化的演化特点：银的矿物相由复杂→简单演变，由银硫盐→银硫化物→简单金属银矿物演化；银矿物含银量，由低含银矿物→高含银矿物演变，就同一个类质同象系列而言，由低银端员相向高银端员相演化。

银矿物的晶出形态，由固溶体分离的乳浊状→显微包体→连生体→裂隙充填的微细脉→单矿物个体演变；银矿物嵌布粒度，由小→大变化，即由微细粒向中粗粒演变。就同一个矿区而言，不同成矿期，或同一成矿期不同矿化阶段的矿体中，银矿物种类也有明显不同。

主要银矿物的演化关系如图5-39所示。

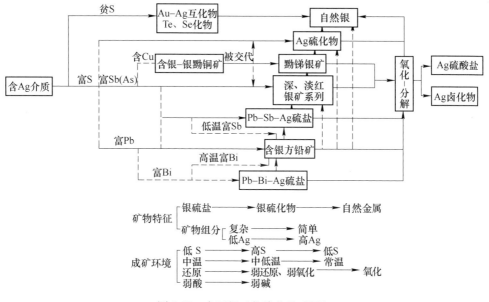

图5-39 主要银矿物演化关系图解

5.2.3.3 银成矿演化实例

例1 湖北银洞沟（铅锌金）银矿

矿床含 Ag 173.56g/t，Au 1.8g/t，Pb 0.276%，Zn 0.51%。矿化早期，银矿物以含银小于20%的硫盐为主，如银黝铜矿；矿化中期，银矿物以含银小于50%的硫化物为主，如辉铜银矿、深红银矿，此时含银较高的矿物如螺状硫银矿开始出现；矿化晚期，银矿物以含银50%~95%的简单硫化物和单质银矿物为主（见表5-9）[10]。

表5-9 湖北银洞沟（铅锌金）银矿床矿化阶段与银矿物

矿化阶段	矿化早期	矿化中期	矿化晚期
主要银矿物	银黝铜矿	辉铜银矿、螺状硫银矿	自然银、金银互化物
次要银矿物	银金矿	金银矿、深红银矿	辉铜银矿、螺状硫银矿
矿物含 Ag/%	<20	20~50	50~95

例2 湖南宝山铅锌银矿床

宝山矿区早期矿化形成的含银单铜矿体，Ag 12.9g/t，Au 0.609g/t，Pb 0.38%，

Zn 0.124%，Cu 1.39%；晚期形成的铅锌银矿体，含 Ag 151g/t，Pb 6.31%，Zn 6.896%。比较两类矿体银矿物组成（见表 5-10）。

表 5-10　湖南宝山矿区两类矿体银矿物组成[63,106]

矿化系列	含银铜矿体	铅锌银矿体
Au-Ag	银金矿、金银矿、自然银	自然银、银金矿
S-Ag	辉银矿、螺状硫银矿、硫银矿	辉银矿、螺状硫银矿
S-Bi-Pb-Ag	硫铋铅银矿、含银硫铋铅矿	硫铋铅银矿
S-Bi-Cu-Ag	硫铋铜银铅矿	
S-Sb-As-Cu-Ag	硫锑铜银矿、砷硫锑铜银矿、锑硫砷铜银矿、银黝铜矿、含银黝铜矿、含银砷黝铜矿、含银黝锡矿	深红银矿、硫铜银矿、硫锑铜银矿、淡红银矿、银黝铜矿、辉锑银矿、硫砷铜银矿、黝锑银矿
S-Te-Bi-Cu-Ag	硫碲铜银矿、辉碲铋银矿、含银辉碲铋矿、碲铋银矿	
Te-Ag	碲银矿	碲银矿

宝山矿区两类矿体银矿物组成的差异：（1）铜矿体中含银矿物种类较多，而铅锌矿体未发现类似的含银矿物；（2）铜矿体中银的碲铋硫盐矿物丰富，铅锌银矿体中未发现；（3）铜矿体中有 Ag-Bi-Cu-S 系列矿物，铅锌银矿体中未出现；（4）在 Ag-Sb-As-Cu-S 系列中，铜矿体中的银矿物多属于低银端员银矿物，而铅锌银矿体中出现的多为高银端员银矿物。如银黝铜矿-黝锑银矿族中，铜矿体缺少富银的黝锑银矿。

本区含银铜矿体，为斑岩成矿作用，铜钼（铼）矿化期的产物，成矿温度较高。铅锌银矿体形成于矿化中-晚期，距离岩体较远，形成温度较低，属于中-低温热液成矿作用的产物。

例 3　四川呷村铅锌铜银矿

矿床含 Ag 248.5g/t，Pb 1.84%，Zn 2.74%，Cu 0.16%。矿化早期，银矿物以银黝铜矿为主；矿化中期，以铜银金矿、硫汞银铜矿为主；矿化晚期，以自然金、汞银金矿、硫铜银矿为主；表生期，以辉银矿、螺状硫银矿为主。从矿化早期至表生期，银矿物的含银量由低至高演化。

5.3　伴生银矿石工艺特征

5.3.1　伴生银矿石工艺类型

影响矿石工艺性质的重要因素是矿床成因，矿石矿化组合类型，矿石结构构造，主金属与伴生有益有害组分含量，矿石氧化程度与泥含量，载体矿物与银物组成，银矿物粒度与嵌布特征，银的配分情况等。

依据矿石氧化程度划分的工艺类型：氧化矿石-主金属氧化率超过50%；硫化矿石-主金属氧化率小于30%；混合矿石-主金属氧化率为30%~50%。不同工艺类型矿石，银含量差别明显。如云南麒麟厂3号主矿体顶部氧化矿含Ag 36g/t，低于原生矿石的99.8g/t，产生了贫化，而硫化矿与氧化矿交接部位矿石含Ag 485.18g/t(张泰身，1988年)，形成了明显的次生富集。又如湖北城门山(银)铜矿[64]，氧化矿石含Ag 21.5g/t，Au 0.30g/t；混合矿石含Ag 14.0g/t，Au 0.37g/t；原生矿石含Ag 8.47g/t，Au 0.27g/t，氧化过程使矿石中的银和金稍有富集。

根据工业要求，矿山现场考察，并参考目前银的回收工艺可能达到的水平，从选别的难易程度，可将伴生银矿石划分为三种工艺类型，即易选矿石、可选矿石和难选矿石。各类型主要特征如下。

5.3.1.1 易选矿石类型

主金属与伴生有益组分含量高。$w(Pb + Zn) > 8\%$，$w(Ag) > 80g/t$；$w(Pb + Zn) < 8\%$，但$w(Pb) > w(Zn)$，伴生元素以Ag、Au为主。矿石氧化率小于10%。银矿物粒度大于30μm占2/3以上。银矿物呈粒间型、裂隙型嵌布为主，主金属硫化物种类简单，脉石以石英、方解石、长石为主，少量绢云母与高岭石。当矿石为贫硫的(Pb-Zn)-(Au)-Ag，Pb-Zn-Ag与Cu-Pb-Zn-Ag，较易选。火山岩型、脉型(特别是破碎带蚀变岩型)伴生银矿石均可列入易选型矿石。上述类型矿石银的回收率可超过80%，有些矿山银的回收率超过85%。

5.3.1.2 可选矿石类型

矿石中$w(Pb+Zn)$为3%~8%，$w(Ag) > 50g/t$；矿石氧化率小于20%。银矿物粒度大于10μm占2/3以上。银矿物呈粒间型、裂隙型、包裹型嵌布。矿石以团块状、浸染状、块状为主，也有梳状、溶蚀状，交代残留结构较发育。可含少量氧化物。主金属硫化物和硫盐种类较多，金属矿物除方铅矿、闪锌矿、黄铜矿、黄铁矿、锡石、黑钨矿外，还可出现磁黄铁矿、毒砂、黝铜矿、锡的硫盐，微量斑铜矿、蓝铜矿等，银矿物中银金互化物、硫化物和硫盐均有出现，脉石以石英、长石、碳酸盐类，还有矽卡岩类矿物，少量绢云母和高岭石类黏土质矿物。矿化组合类型有Pb-Zn-Ag与Pb-Zn-Cu-Ag、Pb-Zn-Sn(W)-Ag、Pb-Zn-Sb-Ag型。矿石成因类型有脉型、变质岩型、沉积岩型和部分斑岩型，该工艺类型矿石的银回收率可达70%~80%。

5.3.1.3 难选矿石类型

矿石中$w(Pb + Zn) < 3\%$，$w(Ag) < 50g/t$；矿石氧化率大于20%。银矿物

粒度小于 10μm 者占 2/3 以上。银矿物以包裹型为主，部分银矿物与硫化物、硫盐呈连生型产出。矿物经历了长期氧化蚀变过程，而使矿石构造变得复杂，除上述两种矿石工艺类型可见的矿石构造之外，还可见鲕状、环带状、网脉状及氧化矿石常见的胶状、结核状、皮壳状等构造。金属矿物种类复杂，除铅、锌、铜、铁、铋、锑、锡、砷硫化物与硫盐，银矿物以硫盐为主。脉石矿物中出现一定量的黏土和碳质，这些也是影响银矿物可浮性的重要因素之一。矿化组合以 Pb-Zn-Ag 型、Sn-Pb-Zn-Ag 型、Pb-Zn-Cu-Ag 型为主，还有 W、Sn、Mo、Bi、Sb、Mn 等两种或两种以上金属的参与。矿石成因以矽卡岩型、沉积岩型、铁锰帽型居多，少量脉型。该工业类型矿石银的回收率在 50% ~ 60% 左右。

对于某些斑岩型、矽卡岩型的 Cu-Ag 矿床，银的选矿回收率更低，如斑岩型的德兴铜矿，在 30% 左右；山西胡家峪铜矿，为 21.4%。但砂岩型铜银矿床，银的选矿回收率较高，如大姚达到 79.8%；大铜厂可达 75%。说明矿石成因也是影响伴生银矿石银的选矿回收率的重要因素之一。

5.3.2 银矿物嵌布粒度

银矿物嵌布粒度，直接影响伴生银矿石磨矿过程中银矿物的解离程度，针对不同粒度选择不同的选矿工艺，方能够获得最佳回收效果。

据 51 个伴生银矿床，包括火山岩型 9 个矿区，变质岩型 2 个矿区，沉积岩型 5 个，矽卡岩型 5 个，脉型 26 个，铁锰帽型 4 个矿区，20 几种/类银矿物，包括自然银、金银互化物、自然金、辉银矿、螺状硫银矿、银黝铜矿、黝锑银矿、深红银矿、淡红银矿、脆银矿、硫锑铜银矿、硫砷铜银矿、硫铜银矿、辉铜银矿、马硫铜银矿、银铋硫盐、银锡硫盐、银锑硫盐、银锑铅硫盐、银碲化物、银硒化物、银卤化物等，进行了嵌布粒度统计，因基础数据过于繁杂，仅将银矿物粒度嵌布特点综合概括如下。

5.3.2.1 银矿物粒度与品位

总体上，银矿物粒度细小，主要在 0.00x ~ 0.0x mm，少量达到 0.2mm，个别 >1mm。当矿床的银品位较高时，银矿物粒度较大，反之则反。如八家子，银品位 183g/t，银矿物粒度 0.007 ~ 2.0mm；高家堡子，银品位 80 ~ 500g/t，银矿物粒度在 0.002 ~ 1.5mm；黑龙江小西林，银品位 63.7g/t，银矿物粒度在 0.01 ~ 0.4mm；辽宁红透山，银品位 32.35g/t，银矿物粒度小于 0.002mm 的占 98.8%。

5.3.2.2 银矿物粒度与矿石含金性

通常含金的伴生银矿床，银矿物粒度较大。如呷村矿床，伴生 Au 0.13 ~ 0.48g/t，银矿物粒度 0.007 ~ 0.5mm；湖北银洞沟，含 Au 1.8g/t，银矿物粒度多在 0.02~0.3mm，含银自然金粒度可达 2mm 左右。浙江治岭头，含 Au 12.1g/t，银矿物粒度 0.01~0.5mm；吉林山门，含金 0.83~3g/t，银矿物粒度一般 0.02~0.17mm，个别达 3mm。

5.3.2.3 银矿物粒度与矿床矿石类型

不同类型矿床，银矿物粒度也有差异：

（1）火山岩型。银矿物粒度中等。如浙江大岭口，在 0.005~0.1mm；江西银山，在 0.004~0.04mm，金银互化物粒度较大，个别 0.07mm；小铁山，在 0.01~0.04mm。

（2）矽卡岩型。银矿物粒度较细小，在 0.003~0.02mm。如江西宝山，在 0.003~0.012mm；甘肃花牛山，在 0.005~0.015mm。

（3）脉型。Ag 品位>150g/t 的矿石，银矿物粒度在 0.007~2mm；Ag<150g/t 的矿石，银矿物粒度以 0.001~0.05mm 为主。其中破碎带蚀变岩型矿床，银矿物粒度较大，如虎家尖矿床，在 0.005~0.5mm，个别深红银矿粒度达 2mm，肉眼可见；庞西峒，银矿物粒度在 0.006~0.7mm，个别 1.0mm，肉眼可见。

（4）斑岩型。银矿物粒度中-细粒均有产出，在 0.001~0.2mm，如冷水坑。小西南岔金银铜矿，自然金粒度 0.01~0.5mm，大于 0.074mm 者占 80% 以上，银金矿粒度更大，个别达 0.3×1.5mm。

（5）岩浆岩型。银矿物粒度细小。多在 0.01~0.02mm 之间，最大粒径 0.05mm。如喀拉通克、金川。

（6）沉积岩型。银矿物粒度细至中粒。铅锌银矿石银矿物粒度较小，如四川天宝山，在 0.002~0.025mm；云南麒麟厂，以 0.02~0.05mm 为主，占银矿物总量的 41%；铜银矿床，银矿物粒度相对较大，如四川大铜厂，在 0.002~0.154mm。

（7）变质岩型。银矿物粒度粗细不等，如河南破山，银矿物粒度 0.02~0.25mm。浙江治岭头[82]，银矿物粒度大于 0.1mm 占 4%，0.1~0.06mm 占 16%，小于 0.06mm 的占 80%。

（8）铁锰帽型。银矿物粒度一般较粗，如河北满汉土，银矿物粒度在 0.001~1.6mm；河北相广为 0.02~0.5mm；内蒙古喀仁陶勒盖为 0.01~0.5mm。另外，氧化矿石银矿物粒度与硫化矿石相比较，前者粒度粗大，如大姚氧化矿石的银矿物粒度为 0.15~0.8mm，硫化矿石的仅 0.0383~0.15mm。

5.3.2.4 银矿物粒度与银矿物种类

银矿物的粒度也受银矿物结晶力、结晶习性的影响。不同种类银矿物，结晶粒度有明显差别。据统计：

（1）自然银及金银互化物。粒度多在 $0.01 \sim 0.20$mm，部分小于 2μm，有的可大于 1mm，如庞西峒的自然银 $0.3 \sim 1$mm。山东十里堡、湖北银洞沟的自然银长度可达 1m，河南桐柏自然银有十几厘米至几十厘米的自然银产出（彩图 70）。金银互化物的粒度远小于自然银，如十里堡的金银矿粒度大于 0.1mm 的占 22%，小于 0.05mm 的占 77.7%。

（2）辉银矿-螺状硫银矿。粒度多在 $0.005 \sim 0.05$mm，最小在 1μm 以下，最大的肉眼可见，粒度可大于 1mm，如庞西峒的在 $0.1 \sim 0.7$mm，满汉土的在 $0.001 \sim 1.6$mm。

（3）银黝铜矿-黝锑银矿。粒度大小不一，多在 $0.002 \sim 0.4$mm，少数达几个 mm。如高家堡子为 $0.002 \sim 1.5$mm；黄沙坪为 $0.002 \sim 0.95$mm；石景冲可达几个 mm。

（4）深红银矿-淡红银矿。粒度多在 $0.001 \sim 0.06$mm，深红银矿也可出现几个 mm 的单晶或聚晶，甚至肉眼可见，如虎家尖。但是淡红银矿粒度很少超过 0.05mm。

（5）脆银矿。是矿石中易见而含量很少的矿物，粒度细小，多在 $0.001 \sim 0.02$mm，甚至更细，如沉积岩型的四川天宝山；有的矿床大于 0.05mm，如矽卡岩型的黄沙坪。

（6）银的锑化物、银铜硫化物，粒度多在 $0.004 \sim 0.3$mm，如四川呷村硫铜银矿，在 $0.05 \sim 0.5$mm，湖北银洞沟在 $0.07 \sim 0.1$mm。银锑硫盐、银锑铜硫盐，粒度一般小于 0.05mm，甚至小于 0.01mm，如锡铁山、花牛山、广西宾阳等。

（7）银铋硫化物及硫盐。银矿物的粒度在 $0.001 \sim 0.02$mm，一般不大于 0.01mm，少数达到 $0.03 \sim 0.06$mm，个别矿区，如湖南宝山达到 $0.03 \sim 0.228$mm。

（8）银铋铅硫盐。粒度中等，在 $0.01 \sim 0.045$mm，如广东凡口。

（9）银锡硫盐。粒度 $0.001 \sim 0.3$mm，细粒者如宝山，在 $0.002 \sim 0.004$mm，八家子在 0.001mm 左右，较粗粒者如孟恩陶勒盖，在 $0.007 \sim 0.3$mm。

（10）银碲化物。粒度多在 $0.001 \sim 0.05$mm，少数矿区如浙江冶岭头可达到 $0.01 \sim 0.5$mm。

（11）银硒化物。粒度比较细小，多数矿区以 $0.00x$ mm 为主，大铜厂的银硒化物粒度相对较粗大，可达到 0.154mm。

（12）银卤化物。粒度大小不一，在 $0.00x \sim 0.5$mm，如湖南七宝山，在 $0.0015 \sim 0.1$mm，喀仁陶勒盖在 $0.05 \sim 0.2$mm。

（13）银的 PGE 化物。粒度较细小，多在 $0.01 \sim 0.02$mm 之间，个别大于 0.05mm，如喀拉通克的银碲钯矿，粒度 $0.02 \sim 0.03$mm，银碲铋钯矿的粒度多在 $0.01 \sim 0.02$mm 之间。

5.3.2.5 银矿物嵌布粒度与选矿生产的关系

银矿物嵌布粒度与选矿生产关系密切。作为一个生产矿山，如果矿石中银矿物粒度较均匀，无论是以粗粒级或较细粒级为主，磨矿细度与选矿工艺的选择相对简单些。如果银矿物嵌布粒度粗粒与细粒级均占相当比率，在设计流程时，应对可解离为单体的银矿物和不能解离为单体（或被包裹在硫化物中）的银矿物兼顾，才能获得较高的回收率。

如黄沙坪铅锌银矿，矿石中主要银矿物粗、细粒均有，银矿物粒度大于50μm 的占银矿物总量的 19.05%，在 50~20μm 的占 23.8%，20~2μm 的占31.7%，而小于 2μm 的银矿物占 25%。矿山据此研究结果修改了选矿工艺，而采取粗粒、细粒兼顾方案，使银矿选矿回收率提高了 2%。可以认为，银矿物嵌布粒度研究对选矿工艺的正确选择具有重要意义。

5.3.3 银矿物嵌布类型

5.3.3.1 银矿物嵌布类型

矿石中银矿物与载体矿物间的成生状态，称为嵌布关系，对银矿物在选矿中的解离度和回收率有重要影响。按照银矿物与载体矿物的嵌布关系可划分为 4 种类型，即包裹型、粒间型、裂隙型与连生型。当银矿物被包裹在其他硫化物、硫盐或脉石矿物中，为包裹型；当银矿物嵌布在载体矿物粒间或晶界处，为粒间型；当银矿物嵌布于载体矿物隙间或呈微脉状充填在裂隙中者，为裂隙型；当银矿物与其他矿物连生产出，称为连生型。在矿石加工过程中，呈粒间型、裂隙型的银矿物，易与主金属矿物或脉石矿物解离；呈包裹型、连生型的银矿物则不易解离成单体。

银矿物与载体矿物的嵌布关系，因矿区、矿石类型而异。

例如：黄沙坪、锡铁山、红透山等矿区银矿物的嵌布特征（见表 5-11~表 5-13）[22,34,58]。

表 5-11 黄沙坪（银）铅锌矿银矿物嵌布特征

矿物名称 \ 分布率/%	包裹型	粒间型	裂隙型	连生型	合计/%
方铅矿	1.6	25.4	6.4	7.9	41.3
闪锌矿	3.2	25.4	6.4	1.6	36.6
黄铜矿	1.6			1.6	3.2
其他金属矿物	1.6	11.1			19.1
脉石	6.4				
小计	14.4	61.9	12.8	11.1	100.2

表 5-12　锡铁山（银）铅锌矿金银互化物嵌布特征

嵌布类型	包裹型				连生型					粒间型	裂隙型	合计
矿物名称	Gn	Sp	Py	脉石	Gn	Sp	Py	Mt，He	脉石			
矿物颗粒数	26	21	8	94	42	21	18	2	5	130	11	378
百分比/%	6.88	5.56	2.11	24.87	11.11	5.56	4.76	0.53	1.32	34.39	2.91	100
小计	39.42				23.28					34.39	2.91	100

注：矿物代号：Gn—方铅矿；Sp—闪锌矿；Py—黄铁矿；Mt—磁铁矿；He—赤铁矿。

表 5-13　红透山（银）锌铜矿银矿物嵌布特征

嵌布类型	包裹型	连生型	粒间型	裂隙型	合计
银颗粒数	299	111	62	25	497
百分比/%	60.16	22.33	12.48	5.03	100

从上述三个矿区伴生银矿石银的嵌布研究结果比较，可以清楚的看出，黄沙坪（银）铅锌矿石中的包裹型与连生型银占矿石中银总量的 25.5%；锡铁山（银）铅锌矿石银矿物的包裹型银与连生型银占矿石银总量的 62.7%；红透山（银）铜锌矿石中银矿物呈包裹型者占 60.16%，连生型者占 22.33%，即难以解离的银矿物占总量的 82.49%。依据矿石中银矿物的自然成生状态，在不采取特殊工艺的情况下，可推测银的回收结果，黄沙坪矿区高于锡铁山，而红透山矿区将是最低的。

我国主要伴生银矿石中银矿物的嵌布类型及载体矿物中的分布见表 5-14。

从表 5-14 列出的 45 个矿区银矿物的嵌布查定结果，总的特点是：矿石中银矿物以包裹型为主的占统计矿区总数的 46.7%；以粒间型为主的占统计总数的 35.6%；以裂隙型为主的占统计总数的 17.8%；而连生型银矿物在被统计矿床中均未占有重要位置。

5.3.3.2　方铅矿与银矿物成生状态

方铅矿是银的最主要载体矿物。银矿物在方铅矿中以包裹型嵌布为主的矿床占统计总数的 60.4%，银矿物以粒间型为主的占矿床统计总数的 29.2%，银矿物以裂隙型为主者仅占矿床统计总数的 8.3%。但有些矿区银矿物以粒间型嵌布为主，包裹型为次，如黄沙坪、小西林、八家子、个旧新厂等。

5.3.3.3　闪锌矿与银矿物成生状态

闪锌矿是仅次于方铅矿的重要银载体矿物。据统计，与闪锌矿有关的银矿物呈包裹型的占统计总数的 45.9%，粒间型占 35.1%，裂隙型占 18.9%。有些矿区

表 5-14　银矿物嵌布类型及载体矿物中的分布[10,18,22,34,36,51,52,54,58,63,66,106~110]

矿床类型	矿区	包裹型						粒间型						裂隙型						连生型	
		suld	Gn	Sp	Py	Cp	Vs	suld	Gn	Sp	Py	Cp	Vs	Gn	Sp	Py	Cp	Vs	suld	Vs	suld
火山岩型	辽宁红透山	+++																	+		+
	四川呷村	+++																	++		+
	湖北银洞沟	++											+++								
	河北牛圈							++			++		++								
	浙江大岭口	++																			+
	江西银山			++					+++		+++										++
	青海锡铁山								++	++	+++	+++									
	浙江拔茅							+++													
变质岩型	浙江治岭头		+++					+++			+++	++	+							Mn++	
	河南破山		+++	++	++						+++	++	++			++				++	
	湖北银洞子		+++	++		++							+++								
	四川天宝山		+++	++		+-	++						+++	++	++	+					
	云南麒麟厂		+++			+++				+	+								+++	+	
沉积岩型	江西宝山		+++						++		Po++		+								+
	黑龙江小西林		++	+					+++	++	Po++		++								
	吉林天宝山								+++	+++	Po++		+++								
砂卡岩型	辽宁八家子		+					+++	++	++	++										
	湖南水口山		++	++	++		++		+++	+++				++							++
	湖南黄沙坪		++	++					+++	+	+	+			++	+	+				+
	湖南宝山		+++	++					+		++	+									
	广西大厂								Are++				++								
	广西佛子冲		+++																		

续表 5-14

矿床类型	矿区	包裹型						粒间型						裂隙型						连生型	
		suld	Gn	Sp	Py	Cp	Vs	suld	Gn	Sp	Py	Cp	Vs	suld	Gn	Sp	Py	Cp	Vs	Vs	suld
砂卡岩型	江苏谭山		+++													++					
	湖南蛇形坪		+++	++		++							++								
	吉林山门		++					+++					+++							+++	
	广东庞西峒																	+++		+++	
	江西虎家尖		++						Are+				++		+++			+++		+++	
	湖南大坊																				
	云南白牛厂		+++						++	+		++	+		+++				+++		
	广东大尖山		+++			++															
	广西镇龙山		+++			++							++			+					
	内蒙古大井子		+++	++		++			++	+	+	++	++								
脉型	湖南香花岭		+++	++					++	+			++								
	广东厚婆坳		+++																		
	广东金子窝		+++																		
	云南芦塘坝							+++													
	湖南石景冲		+++	++	++									Are++		+++	+++		++	++	+
	广西芒厂			++	Are+				+++	+++	Po+			Are++		++	Po++				
	云南新厂								+++												+
	广东水吉		++				++								+++						
	广西大望山																				
斑岩型	湖南宝山铜矿		++	++					+							+++					
	江西冷水坑		+++	++							+					++			+++		
铁锰型	内蒙古孟恩陶勒盖		+++	++																	Mn++
	广东丙村															++				+++	
铁帽型	河北满汉土		+++	++			++														+

注：+++主要；++次要；+少量；矿物代号：suld—硫化物；Gn—方铅矿；Sp—闪锌矿；Py—黄铁矿；Cp—黄铜矿；Po—磁黄铁矿；Are—毒砂；Mn—锰矿物；Vs—脉石。

闪锌矿的粒间型银所占比率与方铅矿接近，如黄沙坪；有的矿区银矿物以闪锌矿中的粒间型银为主，如水口山。也有的矿区银矿物以闪锌矿中裂隙型为主，包裹型为次，如冷水坑。选矿工艺中，应注意闪锌矿中粒间型与裂隙型银矿物粒度与含量研究，以便科学确定其选矿工艺，加强可解离的独立银矿物的有效回收。

5.3.3.4 其他硫化物、脉石与银矿物成生状态

黄铁矿中包裹的银矿物所占比率较少，仅在7%的矿床中占次要位置；粒间型为主者占矿床总数的9%，为次者占5%；裂隙型约占5%，如石景冲。

黄铜矿中呈包裹型的银矿物占统计总数的19%，低于方铅矿；呈粒间型的占9%；个别矿区以裂隙型为主，如庞西峒。有的矿区部分银矿物产在锰矿裂隙中，如冶岭头；少数矿区黄铜矿中银矿物呈裂隙型或包裹型者低于方铅矿、闪锌矿。

还有些银矿物产在毒砂或磁黄铁矿、磁铁矿、赤铁矿的裂隙中，少量银矿物被上述矿物包裹，如湖南石景冲、云南芒厂等。

脉石中银矿物以裂隙型为主，粒间型为次，

5.3.3.5 银矿物的嵌布与成因

银矿物嵌布的成因内涵，其中包裹型，意味着银矿物与载体矿物两者的沉淀作用相继发生，被载体矿物包裹的物质在温度降低和含量过饱和的情况下，以固溶体出溶方式结晶而成；连生型的成生顺序比较复杂，应综合总体矿化阶段和矿物生成世代予以判断；粒间型和裂隙型嵌布的矿物，通常沿着载体矿物界面或载体矿物边缘、空穴、孔隙、裂隙沉淀，其晶出晚于载体矿物。

银矿物嵌布与矿石成因有一定关系：

（1）沉积岩型矿石。银矿物主要以包裹型为主，粒间型、裂隙型仅占次要位置，银矿物与载体矿物连生现象少见。

（2）变质岩型矿石。银矿物以粒间型为主，包裹型为次，裂隙型少见，银矿物与硫化物呈连生型也有出现。

（3）火山岩型矿石。银矿物主要为粒间型，其次为包裹型，再次为裂隙型，连生型者常见。

（4）矽卡岩型矿石。银矿物以包裹型为主，被方铅矿包裹的银矿物为主要嵌布状态，其次是粒间型，银矿物可存于黄铁矿、方铅矿或脉石矿物粒间，裂隙型较少，连生型少见。

（5）脉型矿石。银矿物嵌布以方铅矿中的包裹型为主，但矿床亚类的不同也有差异。以银为主伴生铅锌的破碎带蚀变岩型矿床，银矿物以裂隙型为主，粒间型为次，包裹型较少，银矿物主要分布于硫化物与脉石矿物裂隙中；银铅锌共生矿床，如湖南大坊、石景冲、广西芒场马鞍山等，银矿物以粒间型或裂隙型为主，包裹型为次。伴生银铅锌矿床，银矿物均以包裹型为主，粒间型为次。

（6）斑岩型矿石。银矿物以裂隙型为主，包裹型为次，粒间型的较少。

（7）岩浆岩型矿石。银矿物以包裹型为主，裂隙型较少。

（8）铁锰帽型矿石。银矿物以包裹型为主，或包裹在残留的硫化物中，或铅氧化物白铅矿、铅矾中，裂隙型为次，粒间型的较少。

5.3.3.6 银矿物嵌布类型与选矿关系

在选矿中，银矿物的解离，由易至难依次为：裂隙型、粒间型、连生型、包裹型。

有关银矿物嵌布的研究结果，可作为选矿工艺设计和改进的地质依据，以便更恰当的选择选别工艺流程、药剂等，提高矿山银的回收率。

5.3.4 银矿物赋存状态研究实例

例1 广东廉江铅锌银矿

脉型（破碎带蚀变岩型）矿床。矿石品位：Ag 409.73g/t，Au 0.81g/t，Pb 0.73%，Zn 0.62%。主要银矿物的嵌布特征[54]：

自然银：常呈丝状、毛发状、片状、不规则粒状、细脉-微脉状，个别形成立方体与八面体的聚晶。主要包裹在方铅矿中，次被闪锌矿包裹，或呈细脉-微脉状穿切硫化物，或与辉银矿-螺状硫银矿交生（彩图28）。

辉银矿-螺状硫银矿：粒径较粗，从0.05~1.0mm不等，0.1~0.4mm居多。产在方铅矿、闪锌矿、黄铁矿粒间、裂隙中，或呈微脉状交代上述硫化物，或呈出熔体被包裹在硫化物中（彩图29）。

硫铜银矿：呈丝状、柳叶状、微细脉状、叶片状或粒状。包裹在方铅矿、闪锌矿中，或在硫化物接触处，或与深红银矿交生，或沿边缘交代辉银矿-螺状硫银矿（彩图30）。

辉铜银矿：呈粒状或叶片状集合体被硫化物包裹，或呈微细脉状穿切自然银。

硫铁银矿：多呈细小粒状，与深红银矿连生，或沿辉银矿-螺状硫银矿边缘交代（彩图30）。

硫锑铜银矿-硫砷铜银矿：呈粒状或它形集合体，以被包裹状态产在黄铜矿、方铅矿等硫化物中，或与辉银矿-螺状硫银矿形成蠕虫状连生（彩图31~32）。

银黝铜矿-黝锑银矿：多呈粒状、细脉-微脉状，包裹在方铅矿等硫化物中，或在方铅矿中呈不混溶结构，或呈脉状充填在黄铜矿隙间。可见银黝铜矿中的硫锑铜银矿出熔体，被包裹在黄铜矿中（彩图33）。

深红银矿：多呈细粒状、微脉状，充填在铅锌硫化物或其他银矿物中，或与硫铁银矿、硫铜银矿构成小脉，沿黄铁矿与辉银矿-螺状硫银矿界面侵入，或呈环边状交代辉银矿-螺状硫银矿，或与辉银矿-螺状硫银矿连生并沿裂隙交代闪锌矿（彩图34）。

例2 江西冷水坑银路岭铅锌银矿

斑岩型矿床。矿石品位：Ag 204.2%，Pb 0.90%，Zn 1.32%。

自然银和辉银矿-螺状硫银矿：产出形态多样，主要有：（1）固溶体分离结构，如乳滴状、棒状、质点状，分布于方铅矿中。（2）呈被膜状，分布于闪锌矿的裂隙、孔洞或表面。（3）呈枝状、微脉状、不规则状，充填于黄铁矿、闪锌矿、菱铁矿中。（4）辉银矿-螺状硫银矿被自然银交代，分布于菱铁锰矿中。（5）呈不规则状，充填于脉石和岩石的裂隙中。

深红银矿：常呈乳滴状或微细粒状分布方铅矿中。

银黝铜矿、银金矿：多出现在铜硫矿石中。

冷水坑的银矿物与方铅矿、闪锌矿关系最为密切，绝大多数银矿物产在这两种矿物中。其中62.08%的辉银矿-螺状硫银矿分布在闪锌矿中，使其成为比方铅矿更重要的载银矿物。

冷水坑银矿物在载体矿物中的分布见表5-15。

表 5-15　冷水坑铅锌银矿床银矿物在载体矿物中的分布率[10]　　　（%）

载体矿物 ＼ 银矿物	辉银矿-螺状硫银矿	深红银矿	硫银锡矿	自然银
闪锌矿	62.08	2.85	48.54	36.46
方铅矿	16.49	82.92	51.38	49.45
黄铁矿	14.31	5.65	0.07	3.91
脉石	7.08	8.58	未计	10.18
合　计	99.96	100.00	99.99	100.00

例3 辽宁八家子铅锌银矿

矽卡岩型矿床。矿石品位：Ag 183g/t，Pb 1.81%，Zn 2.05%。

可从主要银矿物在载体矿物中的分布，了解两者的嵌布关系（见表5-16）。

表 5-16　八家子铅锌银矿主要银矿物在载体矿物中的分布率[10]　　　（%）

载体矿物 ＼ 银矿物	自然银	黑硫银锡矿	金银矿	辉银矿
方铅矿	30.66	26.50	3.45	58.24
闪锌矿	18.75	3.93	21.84	13.19
赤铁矿		0.27		10.99
脉石	3.13	0.68	41.38	
金属硫化物粒间	47.46	64.01	27.59	17.58
金属硫化物与脉石间		4.61	5.74	
合　计	100	100	100	100

自然银：多呈不规则的细脉状、扁条状、圆粒状、乳滴状，主要赋存于方铅矿与闪锌矿粒间，其次包裹于两者的晶体中。

黑硫银锡矿：以方铅矿与闪锌矿粒间，或者金属硫化物与脉石的接触处为主，包裹在方铅矿中的为次。

金银矿：主要分布于脉石矿物中，其次为方铅矿与闪锌矿的接触处，或者包裹于闪锌矿中。

辉银矿-螺状硫银矿：多呈细脉状、圆粒状或乳滴状，包裹于方铅矿中，或沿方铅矿的解理贯穿交代，少部分产于方铅矿与闪锌矿粒间。

脆银矿：多呈细长条柱状或者板状晶体，嵌布在方铅矿中，也有少量分布于黑硫银锡矿中。

例4 湖北银洞沟（金）银矿

陆相火山岩型矿床。矿石品位：Ag 173.56g/t，Au 1.76g/t，Pb 0.276%，Zn 0.51%。主要银矿物嵌布特征[10]：

金银互化物：以粒间型嵌布为主，占92.94%；包裹型次之，占5.51%。

辉铜银矿：以粒间型嵌布于石英、白云石之间，少数呈包裹型分布于金银互化物、黄铜矿、银黝铜矿、黄铁矿、白云石中。常与黄铜矿、自然银连生，也与方铅矿、闪锌矿、黄铁矿、硫铜银矿、银黝铜矿密切共生。

辉银矿-螺状硫银矿：产出状态与辉铜银矿类似。

银黝铜矿：多嵌布在石英、白云石粒间，绿泥石叶片间，少数包裹在方铅矿、黄铜矿、白云石或硫铜银矿中。

例5 湖南黄沙坪（银）铅锌矿

矽卡岩型矿床。矿石品位：Ag 92.0g/t，Pb 4.26%，Zn 6.89%。主要银矿物赋存特征：

深红银矿-淡红银矿：深红银矿在本区分布比较广泛，粒度比较细小，自形晶及半自形晶柱状、它形晶粒状，呈微细脉状或填隙状分布。多产在方铅矿或闪锌矿裂隙中，或方铅矿与方铅矿，或方铅矿与闪锌矿粒间，粒度几十至200μm。淡红银矿粒度微细，约1μm左右，有时与深红银矿连生（彩图35~37）。

柱硫锑铅银矿：粒度细小，多在3~16μm。常出现在方铅矿与硫盐矿物隙间，是交代硫化物与硫盐矿物的产物。呈近于等轴的粒状、不规则状或乳浊状（彩图38）。

银黝锡矿-含银黝锡矿：粒度细小，多小于2μm，部分40~60μm。多分布于方铅矿与闪锌矿裂隙中（彩图39）。

脆银矿：含量较少，分布不广泛。多呈蠕虫状出熔体产在闪锌矿中，与细粒黝锡矿、石英连生。

辉锑银矿：呈粒状，分布于方铅矿三角形解理穴中，或产在闪锌矿裂隙里，粒度多小于5μm（彩图40）。

辉银矿-螺状硫银矿：粒度细小，在2μm以下，产在方铅矿中，与金红石连生。

矿石中还发现有微晶银、非晶态银和类质同象银存在（见上述）。

例6 四川天宝山（银）铅锌矿

沉积岩型矿床。矿石品位：Ag 93.57g/t，Pb 1.504%，Zn 10.089%。主要银矿物嵌布特征[76]：

银黝铜矿：多与方铅矿连生，并包裹于方铅矿中，少数交代闪锌矿或黄铁矿、黄铜矿（彩图41）。

深红银矿：呈柱状、椭圆状、细小粒状，包裹在方铅矿中，其次充填在方铅矿裂隙中，与脆银矿密切连生。

脆银矿：呈不规则粒状、片状，嵌布在方铅矿中，与深红银矿、方辉锑银矿密切共生（彩图42）。

辉锑铅银矿：主要与方辉锑银矿、脆银矿连晶，嵌布于方铅矿中，或包裹于脆银矿内（彩图43）。

方辉锑银矿：呈不规则状包裹于方铅矿中（彩图44）。

例7 江西铁砂街铜银矿

变质岩型矿床。矿石品位：Ag 83.65g/t，Pb 2.075%，Zn 0.507%，Cu 1.066%。主要银矿物嵌布特征：

银黝铜矿：多呈粒状产于黄铜矿中，或呈浸染状赋存在脉石中。

硫锑铜银矿：见于富含毒砂的矿石中，呈柱状、板柱状的细小颗粒，与辉铋矿、黄铜矿密切共生。

深红银矿：常呈细粒小柱状、散粒状，分布于方铅矿中。

自然银：以极细小粒状（0.003mm）与黄铜矿、银黝铜矿共生。

辉银矿-螺状硫银矿：产出状态与自然银相似。

银金矿：多呈粒状、散粒状、细脉状，与辉铋矿紧密共生，产于毒砂中。

脉石中的银矿物占31%。银矿物主要与黄铜矿、脉石关系密切（据董振环，1978年）。

例8 青海锡铁山（银）铅锌矿

海相火山岩型矿床。矿石品位：Ag 42.9g/t，Pb 4.16%，Zn 4.86%，Sn 0.087%。主要银矿物嵌布特征：

自然银：粒度微细，仅1~3μm，呈菊花状、乳滴状，产在脉石中或与辉银矿-螺状硫银矿脉中，或辉银矿-螺状硫银矿与脉石的界面处（见图5-6）。

辉银矿-螺状硫银矿：粒度通常小于10μm，常见于脉石中，也有呈乳滴状或不规则粒状产在方铅矿中（见图5-40）。

图5-40　辉银矿-螺状硫银矿（Ag-S）交代方铅矿（Gn），
被包裹在闪锌矿（Sp）中
SEM图像　锡铁山

硫金银矿：呈微细乳滴状和微脉状。或在银金矿边部呈环边状构造，产于钾长石或石英中；或呈不规则微脉状与白铅矿交生，产在方铅矿隙间（见图5-41、图5-42，彩图45）。

图5-41　硫金银矿（Ag-Au-S）呈镶边状于银金矿（Au-Ag）边部，
产于钾长石（Si-Al-K-O）中
SEM图像　锡铁山

黝锑银矿：常呈不规则粒状，与黄铜矿连生，产于方铅矿中。粒度3~8μm（见图5-43）。

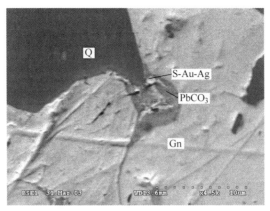

图 5-42 硫金银矿（S-Au-Ag）呈微脉状与白铅矿（PbCO₃）交生，
产在方铅矿（Gn）隙间
SEM 图像 锡铁山

图 5-43 黝锑银矿（Ag）与微粒黄铜矿（Cp）连生，产在方铅矿（Gn）中
SEM 图像 锡铁山

硫砷铜银矿-硫锑铜银矿：呈微细粒，产在方铅矿、闪锌矿中，或呈他形粒状或梯形切面，与细粒方铅矿同期晶出（见图 5-44）。

银黝铜矿：粒度较细小，一般小于 20μm。与闪锌矿连生，或产在方铅矿中，或呈不规则粒状产于白铅矿边部（见图 5-45）。

自然金-金银互化物：矿石中金矿物粒度多在 0.074mm 以下。形态多样，以粒状、麦粒状居多，次为乳滴状、片状，少量呈柱状、棒状、连晶状、枝杈状、微脉状。金矿物的分布较为复杂，可呈包裹型产在脉石、方铅矿、闪锌矿及白铁矿中，也与闪锌矿、磁铁矿、赤铁矿、白铁矿及方铅矿连生产出，或嵌部在上述矿物或两种脉石矿物粒间，或呈微脉状产在铅锌硫化物与脉石隙间（见图 5-46、图 5-47，彩图 46~49）。

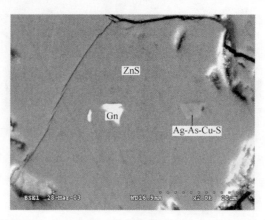

图 5-44　硫砷铜银矿（Ag-As-Cu-S）与方铅矿（Gn）产在闪锌矿（ZnS）中
SEM 图像　锡铁山

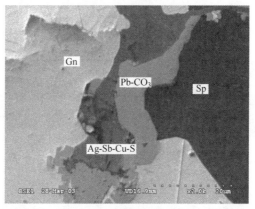

图 5-45　银黝铜矿（Ag-Sb-Cu-S）产在白铅矿（Pb-CO$_3$）与方铅矿（Gn）间
SEM 图像　锡铁山

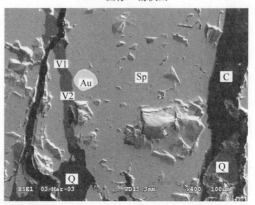

图 5-46　乳滴状自然金（Au）包裹在闪锌矿（Sp）中，有石英菱铁矿脉
（V1，左侧）和石英方解石脉（C，Q 右侧）产出
SEM 图像　锡铁山

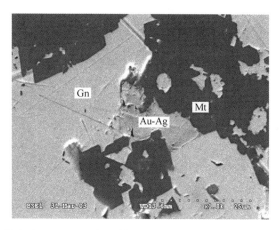

图 5-47　银金矿（Au-Ag）与磁铁矿（Mt）连生，于方铅矿（Gn）隙间
SEM 图像　锡铁山

例9　内蒙古双尖子山铅锌银矿

脉型矿床。矿石品位：Ag 400g/t，Pb 1.80%，Zn 11.94%，Sn 1.9%（单样含量）。银矿物赋存特征：

银黝铜矿：常呈不规则粒状，圆粒状。与细粒黄铜矿、方铅矿或脉石连生，产在闪锌矿与方铅矿晶界间的方铅矿一侧（彩图 50）。

深红银矿：为主要的银矿物之一。呈柱状晶体、板状晶体产于方铅矿中，或与细粒黄铜矿、方铅矿连生，产于粗晶方铅矿中（彩图 51）。

淡红银矿：含量少于深红银矿，粒度较细。与方铅矿构成蠕虫状连晶结构，产在黄铜矿与闪锌矿晶界间的黄铜矿一侧，或呈针状，与板条状深红银矿、乳滴状银黝铜矿分布于方铅矿中（彩图 52）。

辉银矿-螺状硫银矿：沿方铅矿解理出溶，富集在解理交叉部位，与深红银矿-淡红银矿构成的板状连晶，硫锑铜银矿赋存在方铅矿解理中（彩图 53）。

硫锑铜银矿：可与银黝铜矿连生，产在方铅矿中（彩图 54）。

硫铜银矿、辉锑银矿：两者连生，交代银黝铜矿，析出自然银（彩图 55）。

例10　湖南宝山铜矿

斑岩型。矿石综合样品位：Ag 12.9g/t，Au 0.609g/t，Cu 1.44%（矿区品位），Pb 0.38%，Zn 0.124%。主要银矿物嵌布特征：

自然金-金银互化物：主要分布在黄铜矿、黝铜矿-砷黝铜矿、黄铁矿等颗粒之间或其裂隙中，或被包裹在上述矿物中（彩图 56~58）。

银黝铜矿-含银黝铜矿-含银砷黝铜矿：矿物颗粒多呈不规则粒状、圆粒状、微脉-网脉状。分布于黄铜矿、黝铜矿、方铅矿等晶粒间、颗粒内或裂隙中，或与脉石、黄铜矿、其他银矿物连晶产出（彩图 59）。

碲铋银矿、碲银矿：含量较少。可呈脉状产在砷黝铜矿中（彩图 60）。

辉碲铋银矿、辉碲铋矿：可呈不规则粒状分布于砷黝铜矿、黄铜矿内及其裂隙中，可与自然金连晶，产在砷黝铜矿与黄铜矿粒间的砷黝铜矿一侧（彩图 61）。

例 11　云南矿山厂（银）铅锌矿

铁锰帽型-氧化型矿床。矿石品位：Ag 38.4g/t，Pb 1.80%，Zn 11.94%。主要银矿物嵌布特征[77]：

自然银：呈细小粒状、乳滴状或不规则片状，产于残留方铅矿与脉石隙间，或被方铅矿包裹（彩图 62）。

辉银矿-螺状硫银矿：多呈乳滴状、细小圆粒状，或与白铅矿中残留的方铅矿连生，产于白铅矿中，或产于方铅矿和脉石矿物之间（彩图 63）。

硫锑铜银矿：多呈拉长的柱状、粒状、叶片状、乳滴状，包裹于方铅矿中，部分呈微脉状充填在白铅矿与方铅矿之间，也见硫锑铜银矿与银黝铜矿连生产于方铅矿中（彩图 64）。

硫锑砷铜银矿：呈圆柱状、不规则粒状，包裹于残留的方铅矿中（彩图 65）。

银黝铜矿：呈他形粒状、细脉-微脉状，或与硫锑铜银矿连生，包裹在方铅矿中，或呈不混溶体存在于方铅矿中，或与铅黄连生，分布于残存闪锌矿和脉石隙间。

矿山厂银矿物产出形态与分布率见表 5-17。

表 5-17　矿山厂氧化矿银矿物产出形态与分布率[85]　　　　　（%）

产出形态 矿物名称	粒状	叶片状	长柱状	微脉状	小计
自然银	88.2	11.8			8.6
辉银矿-螺状硫银矿	82.1	14.3		3.6	14.1
硫锑铜银矿-锑硫砷铜银矿	23.5	55.6	16.4	3.5	42.9
银黝铜矿	61.8	35.3		2.9	34.3
合　计	50.5	39.4	7.1	3.0	99.9

显然，矿山厂氧化矿石的银矿物产出形态以粒状为主，占总量的 50.5%，叶片状为次，占总量的 39.4%，长柱状与微脉状少量，分别占 7.1% 和 3.0%。

通过各种矿床类型 11 个矿区矿石银矿物赋存状态研究实例，可以较全面了解不同类型矿床银矿物的嵌布特点，揭示银矿物形态及与载体矿物嵌布关系的复杂性与多样性，不同银矿物可以有截然不同的嵌布形式，而同一类型矿床银矿物嵌布的主要类型却有相似之处，这些规律的探寻可深化银矿物工艺性质的研究，有效指导银矿选矿工艺设计。

5.4　银的物相分析与银金属量配分

5.4.1　银的物相分析

5.4.1.1　物相分析作用与实践

研究银的赋存状态多应用高精度显微镜和各种高技术测试手段，如电子探针、离子探针、透射电子显微镜、拉曼光谱、核磁共振、顺磁共振以及隧道显微镜等。这些方法用于探讨微区问题，发挥了重要作用。然而在大规模生产中，若确定不同类型矿石中各类相态的银相对含量却比较困难。目前采用的基本手段仍然是物相分析，即根据矿石元素和矿物组成特征，选取适当试剂，分阶段溶解与测定，以求得各相态银的相对含量。

如方铅矿，是银的最主要载体矿物，通过银的赋存状态研究获悉，其中大多数矿床中的银呈独立银矿物，并以被包裹形式赋存于方铅矿中。这是由于在温度较高时，方铅矿形成的初始过程中捕获了 Ag^+ 等杂质元素，在温度降低的情况下，原来形成的混晶发生了分解，以包裹体形式从主体矿物中出溶。另外有少部分银是以超显微包裹体的形式嵌布，在常规显微镜下难以发现，并不能据此判定这部分银是以类质同象形式存在。因为扫面电子显微镜、电子探针检测的最小微区为 $1\mu m$，银的特征 X 射线像在 $1\mu m$ 范围内呈均匀分布，有可能是类质同象，也有可能是独立的微粒银矿物。应用物相分析-控制溶解实验，即用一些特定的化学试剂溶解方铅矿，也不能保证所有的银矿物都不被溶解，尽可能做到其中的有些银矿物不被溶解，另一些银矿物溶解，进而分别测算各类银矿物的含量。例如康家湾矿区，将-0.074mm（-200 目）的方铅矿单矿物样品用 2% 的硝酸铁、硝酸汞浸出，在控制方铅矿溶解量的条件下，结果是：方铅矿中的自然银完全溶解，仅有银黝铜矿完全不溶，而辉银矿、螺状硫银矿、深红银矿等矿物溶解率为 4%~5%。后者就是物相分析的难点。

总体上，其他硫化物的聚银能力不及方铅矿。闪锌矿由于晶格收缩弹性较大，尚能容纳少量的 Ag 以类质同象形式进入其晶格。但是，这类矿物如果含银较高，则必定是有细小含银方铅矿或其他银矿物如银黝铜矿等混入。至于黄铁矿、磁黄铁矿中的银，与该类矿物中由硫缺位引起的晶格缺陷有关，含银量较低，仅为几十 g/t。

部分伴生银矿银的物相分析结果见表 5-18，表明矿石样品细度在-200 目占 60%~70% 的情况下，仅少部分银解离成单体，大部分银以包裹形式赋存在各种载体矿物中。部分矿区因方铅矿含量远低于闪锌矿，出现方铅矿中银的配分低于闪锌矿的情况，如四川天宝山、甘肃厂坝等。

表 5-18　伴生银矿区矿石银的物相分析[34,35,58,63,88,92,111~114]

矿区	裸露银 自然银 含量/g·t⁻¹	占有率/%	硫化银及硫酸盐银 含量/g·t⁻¹	占有率/%	其他银 含量/g·t⁻¹	占有率/%	包裹银 方铅矿中 含量/g·t⁻¹	占有率/%	闪锌矿中 含量/g·t⁻¹	占有率/%	黄铁矿/黄铜矿中 含量/g·t⁻¹	占有率/%	其他硫化物中 含量/g·t⁻¹	占有率/%	脉石及硅酸盐中 含量/g·t⁻¹	占有率/%
松树川	0.50	0.1							393.4①	82.0					86.0	17.9
杉树林	0.10	0.08	21.75	17.60			14.30	11.57	68.40	55.36					19.00	15.38
锡铁山 氧化矿	1.00	0.59	118.00②	69.41	0.50	0.29	36.50	21.47	5.00	3.53	6.00	3.53			2.00	1.18
天宝山	<0.01	<0.01	38.00	39.48			13.00	13.50	41.00	42.60	4.00	4.16			0.25	0.26
厂坝			26.00	44.50	0.06	0.10	0.28	0.50	13.00	22.30	18.80	32.10			0.34	0.60
红透山	1.00	2.40	20.00	48.80					11.00	26.80	5.00Cp	12.20	3.00Py	7.30	1.00	2.40
小铁山	13.20	8.50	71.67	46.10	0.15	0.10	52.25	33.60	12.25	7.90	4.25	2.70			1.67	1.10
东乡铜矿	0.50	0.90	45.00	79.60			10.00③	17.70			<0.50Cp	<0.90			<0.50	<0.90
宝山铜矿	<0.50	<3.23					1.50	9.68	2.00	12.90	5.00Cp	32.25			0.50	3.23
锡铁山 Cc 型	40.50④	31.30					78.75	54.78	8.75	6.09	8.75	6.09			2.50	1.74
锡铁山 Sch 型	15.25④	21.55					38.75	54.76	6.38	9.02	9.13	12.90			1.25	1.77
长汉卜罗	6.25	4.42	10.11	6.78	0.21②	0.14	130.0①	87.12							2.31	1.55

注: Cc—碳酸盐; Sch—片岩; Py—黄铁矿; Cp—黄铜矿。
①硫化物总汇; ②含铝氧化物总汇; ③包括闪锌矿、辉铜矿中包裹银; ④单体裸露银总汇。
参考资料: 桂林矿产院(天宝山)。

据12个矿区矿石银的物相分析显示，当矿石磨矿细度-0.074mm（-200目）占65%~70%，裸露银（指解离的银矿物）占矿石银总量的比率从17.68%~80.50%，各类金属矿物包裹银为15.56%~87.12%，脉石矿物包裹银为0.26%~17.90%。裸露银的矿物相因矿区而异，总体上，以银的硫化物和硫盐银为主，占矿石银总量的6.78%~79.60%；自然银约占矿石总银量的0.01%~21.55%；其他银矿物中银为矿石银总量的0.10%~49.60%。银的硫化物和硫盐银约占方铅矿中银的91%，闪锌矿中银的83%~88%，黄铁矿中银的78%~89%。金银互化物中银在上述三种矿物中所占比例较小，为1.9%~6.9%。

物相分析历经几十年的实验研究，技术方法有了提升和创新，由于银矿物相十分复杂，各类银矿物的定量分析方案的选择，一般性的试验难以达到理想程度。物相分析必须密切结合矿石物质组分研究，准确判定银的各相态含量，为指导生产提供科学依据。

5.4.1.2 银的物相分析实例

这里再举几个伴生银矿石的物相分析实例，以说明其在银的工艺矿物学研究中的重要意义。

例1 黄沙坪（银）铅锌矿

黄沙坪（银）铅锌矿各种单矿物银物相分析见表5-19[22]。

表5-19 湖南黄沙坪（银）铅锌矿石单矿物的银物相分析结果[22]

矿物名称	自然银		硫化银与硫盐银		硫化物中银		其他矿物中银		类质同象银	
	Ag /g·t⁻¹	占有率 /%	Ag /g·t⁻¹	占有率 /%	Ag /g·t⁻¹	占有率 /%	Ag /g·t⁻¹	占有率 /%	Ag /g·t⁻¹	占有率 /%
方铅矿	0.30	0.04	136.00	17.92	597.00	78.68	18.84	2.48	6.64	0.88
闪锌矿	0.38	0.70	12.80	23.61	40.84	75.38	<0.10	<0.18	<0.10	<0.18
毒砂	0.28	0.81	19.00	54.79	15.20	43.83	<0.10	<0.29	<0.10	<0.29
黄铁矿	0.11	1.10	4.80	48.05	4.88	48.85	<0.10	<1.00	<0.10	<1.00
不纯黄铁矿	0.36	0.45	31.00	38.59	48.78	60.72	0.10	0.12	<0.10	<0.12
磁黄铁矿	<0.10	<1.15	6.00	68.73	2.43	27.84	<0.10	<1.15	<0.10	<1.15
黄铜矿	0.28	0.33	16.00	18.74	68.56	80.32	0.42	0.49	<0.10	<0.12
其他	<0.10	<1.92	2.66	51.15	2.24	43.08	<0.10	<1.92	<0.10	<1.92
小计	8.06	0.77	228.60	21.9	779.93	74.72	19.86	1.90	7.34	0.70

黄沙坪矿石的各种单矿物中，类质同象银以方铅矿中含量最高，为6.64g/t，占方铅矿中银总量的0.88%，其余矿物中类质同象银含量甚微；主要金属硫化物方铅矿、闪锌矿、黄铁矿、毒砂和黄铜矿中的硫化物中银占有绝对优势，银的占

有率分别达到78.68%、75.38%、48.85%、43.83%和80.32%，次为硫化银与硫盐银，银的占有率分别为17.92%、23.61%、48.05%、54.79%和18.74%；而磁黄铁矿和其他非金属矿物中的硫化银和硫盐银含量与占有率高于硫化物中银；各类矿物中，自然银的含银量和占有率均较低，与类质同象银接近。

例2　锡铁山（银）铅锌矿

锡铁山（银）铅锌矿矿石物相分析见表5-20。

表5-20　青海锡铁山（银）铅锌矿矿石物相分析结果[34]

矿石类型	银化学相	单体裸露银	方铅矿中银	闪锌矿中银	黄铁矿中银	脉石中银	银合量
大理岩型	Ag 含量/g·t⁻¹	44.99	78.75	8.75	8.75	2.5	143.75
	Ag 分布率/%	31.30	54.78	6.09	6.09	1.74	100.0
片岩型	Ag 含量/g·t⁻¹	15.25	38.75	6.38	9.13	1.25	70.76
	Ag 分布率/%	21.55	54.76	9.02	12.90	1.77	100.01

锡铁山矿区两种矿石类型比较，大理岩型矿石单体裸露银的银含量和银分布率均高于片岩型矿石；而方铅矿中包裹银的分布率，两种矿石类型相近；闪锌矿中、黄铁矿中包裹银片岩型矿石高于大理岩型；两种类型矿石的脉石中包裹银分布率相近。选矿中应重视单体裸露银的回收，特别是对于大理岩型矿石尤为重要。

例3　红透山（银）锌铜矿

红透山（银）锌铜矿矿石物相分析见表5-21。

表5-21　辽宁红透山（银）锌铜矿矿石物相分析[58]

银化学相态	Ag 含量/g·t⁻¹	分布率/%
裸露银	20.84	49.60
闪锌矿包裹银	0.41	0.98
铜矿物包裹银	1.06	2.52
铁矿物中银	2.00	4.76
硅酸盐包裹银	17.71	42.15
小　计	42.02	100.0

当矿石细度接近生产实际时，有较多的银从载体矿物中解离，矿石裸露银含量最高，达20.84g/t，Ag分布率占49.60%；闪锌矿中包裹银含量最低，分布率仅0.98%；铁矿物，主要指硫铁矿，矿石中磁铁矿含量很低，小于1%，银分布率较低，为4.76%；铜矿物包裹银低于硫铁矿，银分布率仅2.52%；硅酸盐包裹银含量较高，银分布率仅低于裸露银，达42.15%。提高银回收率的关键是硅酸盐中包裹银的减少和裸露银的充分回收。

例4　长汉卜罗（银）铅锌矿

长汉卜罗（银）铅锌矿矿石银的物相分析见表5-22。

表 5-22　内蒙古长汉卜罗（银）铅锌矿矿石银的物相分析[35]

相态	Ag 含量/g·t⁻¹	分布率/%
铁氧化物中银	0.21	0.14
金属银	6.59	4.42
硫化物银	10.11	6.78
硫化物包裹银	130.00	87.12
其他银	2.31	1.55
合计	149.22	100.01
原矿石	149.00	

银的物相分析显示：

（1）铁氧化物中银，指褐铁矿、菱铁矿等包含的 Ag，含量较低，在 0.21g/t，银的分布率仅 0.14%；

（2）金属银，即单体裸露的金属银与金属互化物中 Ag，如金属互化物银金矿、碲金银矿、碲银矿、六方碲银矿等。即当矿石细度接近生产实际时，这部分 Ag 从载体矿物中解离，Ag 含量为 6.59g/t，Ag 分布率占 4.42%；

（3）硫化物银，即已经单体解离的银的硫化物与硫盐矿物，如辉银矿、银黝铜矿、黝锑银矿、硫银铋矿等。含 Ag 10.11g/t，分布率为 6.78%；

（4）硫化物包裹银，即在目前生产流程中尚未能从硫化物中解离出来的 Ag，含量最高，达到 130.00g/t，Ag 的分布率为 87.12%，占矿石中银的绝大部分；

（5）其他银，包括硅酸盐脉石等的包裹银，含量较低，在 2.31g/t，Ag 分布率为 1.55%，仅略高于铁氧化物中银。

长汉卜罗矿区银的物相分析结果显示，单体裸露银，包括金属银与硫化物银，银含量之和占矿石银分布率的 11.20%；而硫化物包裹银分布率最高，占 87.12%，这里包括铅、锌、铁硫化物中包裹银，若减去黄铁矿中的银的配分率 8.66%（注：即金属量配分计算结果，见表5-23），余数为 78.46%。以此结果推测，银的理想回收率可达 89.66%，这里包括裸露银和除黄铁矿之外的硫化物包裹银，与银金属量配分结果的理想回收率 86.05% 很接近。物相分析与金属量配分结果的互相印证，可以体现出研究的精准度。

在确保矿山生产铅、锌、铜等主金属回收率的前提下，根据不同类型伴生银矿石的物相分析结果，调整生产工艺，可达到提高银回收率与经济效益的双重效果。

5.4.2 银的金属量配分

矿石中银金属的平衡配分，是为求得银在矿石中各种矿物组分的分配比率，进而判断在现有生产技术条件下，回收银的主要对象，银的理想回收率（或称为预期理论回收率）。配分计算的前提是对矿石物质组分、赋存状态进行深入研究的基础上，定量计算银在矿石矿物中的含量与分配率，即进行银金属的平衡配分计算，其结果可作为选矿工艺设计和优化指标的依据。研究样品的制备，应密切结合生产实际，根据矿山当前选矿流程可能达到的磨矿细度（一般情况下是 $-0.074mm$（-200 目）细度达到 $60\% \sim 70\%$，少部分矿山达到 $75\% \sim 80\%$）和出矿品位制备样品，进行有关的测试与计算。

我国有色金属伴生银矿和部分伴生铅锌的银矿床矿石中银金属的配分结果见表 5-23 和表 5-24。

矿石的银金属量配分结果，为表述简便，分两部分列出，其一是载体矿物中银的配分（见表 5-23），其二是银矿物中银的配分（见表 5-24）。由于各矿区银赋存特点不同，所测试的项目也有所不同，银的配分结果难以做到诸项对比。譬如有些矿区载体矿物中的银矿物含银量不能单独计算，则包含在载体矿物中，如澜沧老厂；有些矿区，载体矿物与各种银矿物含银比率分别计算，如浙江大岭口（两个表的配分合计98%）；有些仅计算载体矿物与综合银矿物中银的分配比率，如山东十里堡、青海锡铁山；有个别矿区主要计算了银金属在各种银矿物中的分配率，如湖南宝山东部铅锌银矿。因此，进行银金属在矿石中分配规律的研究，就变得复杂了。尽管如此，从矿石中银的配分结果仍显示出银金属分配的主要特点。

5.4.2.1 方铅矿、闪锌矿中银的配分

（1）Pb-Zn-Ag 组合矿石。方铅矿中银的配分可达 $60\% \sim 90\%$，闪锌矿达到 $5\% \sim 20\%$，方铅矿中银的分配率明显大于闪锌矿，是闪锌矿的 3 倍至 10 余倍，如甘肃厂坝、湖南黄沙坪、康家湾、宝山、广东大尖山、黑龙江小西林、辽宁青城子、云南澜沧老厂、麒麟厂、内蒙古孟恩陶勒盖、青海锡铁山等；有的矿区达到 40 余倍，如内蒙古白银诺；个别矿区闪锌矿中银配分率大于方铅矿，如贵州杉树林、四川天宝山，原因有二，一是该类矿区矿石中闪锌矿含量远远大于方铅矿，Pb/Zn 比值低，分别为 0.275 和 0.168，二是被包裹在闪锌矿中的银矿物较多。

（2）Pb-Zn-Sn（W）-Ag 组合矿石。可分两种情况，其中矿区的 Pb、Zn 含量均可达到工业品位者，银配分特点与 Pb-Zn-Ag 组合类似，如湖南香花岭、瑶岗仙、广东金子窝、长铺、厚婆坳、广西马鞍山等矿区；对于低 Pb 高 Zn 矿床，如广西大厂矿区，闪锌矿银的配分率 $6\% \sim 10\%$，方铅矿中银配分率低至微不足道。

表 5-23　矿石的银金属量配分[10,22,34,35,37,52,58,63,64,76,77,87~89,107~110,112,114~118]　　　　　　　　　　　（%）

矿床类型	矿区名称	Gn	Sp	Cp	Py	Po	Are	Jmt	Stn	Cst	X	Td	Vs	Fg	Oy	Y	备注
	河北青羊沟	63.13	5.22	0.41	24.97								6.27				华北有色所
	辽宁青城子	85.89	6.43		3.69								3.99				应瑞良
	湖南香花岭	71.90	8.40				1.30						18.4				梁有彬
	广东厚婆坳	37.80	13.23		38.15		Py中						8.82			49.70	肖恩玲
	湖南瑶岗仙	14.73	4.34	5.23	1.97		2.81		6.77		0.28			51.51	9.46		梁有彬
	广西箭猪坡	4.46	0.25					90.91		0.002	3.77		0.61				成都地院
	吉林山门										20.30					73.50	李殿东
		64.99	20.69		8.67		1.25						4.40				李艺
	广东大尖山	85.75	4.94		7.00								2.31				广州有色金属研究院
脉型	内蒙古大井子铜锡矿	9.33	2.95	71.15	12.47	0.02	0.31			0.11			2.32				[109]
	内蒙古大井子铅锌矿	49.34	19.10	21.85	7.06	0.01	0.29			0.03			3.02				[110]
	广西马鞍山矿	30.13	6.05		4.16			Adr4.85			2.71			50.09			邹锡青
	贵州杉树林	14.464	76.493		8.811								0.232				[112]
	江西虎豪尖					6.78										99.74	[52]
	广东金子㙏	82.18	5.00		1.35												杨树德
	黑龙江小西林	84.54	9.41		2.44	3.62											桂林院
	江苏虎爪山	12.40	12.40		38.20						C1.64		2.90	32.00			周卫宁
	湖南石景冲	20.257	5.838		2.193							Py0.11	10.497	61.104	0.11		王莆仁
		2.19	0.46		19.01		26.55						4.55	47.26			

续表 5-23

矿床类型	矿区名称	矿物															备注
		Gn	Sp	Cp	Py	Po	Are	Jmt	Stn	Cst	X	Td	Vs	Fg	Oy	Y	
脉型	广西镇龙山	79.39	2.80	0.78			2.63				6.75		6.66				都安之
	江西黄沙		13.50	20.50	9.55								9.70			46.10	李启津
	内蒙古长汉卜罗	77.447	8.605		8.660								5.288				文献 [35]
	云南澜沧老厂	78.80	8.60		12.60												文献 [37]
火山岩型	内蒙古孟恩陶勒盖	77.67	19.31										3.02				内蒙古地矿局
	浙江大岭口	0.051	0.287	0.051	0.927		0.270				0.25						文献 [10]
	河北小扣花营	1.67	1.44		16.48								96.38				华北地勘局
	青海锡铁山	71.82	4.55										6.89			6.89	Dol 型 [34]
	青海锡铁山	59.65	11.96		24.96								3.42				Sis 型 [34]
	辽宁红透山		4.95	30.53	13.58	16.88							4.95			29.11	文献 [58]
	辽宁八家子	20.37	2.91	3.88	3.55						13.91					51.13	曾楠石
	湖南宝山	71.30	11.20		6.60	1.00						C3.50	2.20			4.20	湖南有色所
	广东大宝山	84.44				6.90					12.39		3.17				李艺
矽卡岩型	江西宝山	69.10	1.30	2.00	0.20							16.40	4.40				文献 [107]
	内蒙古白音诺	72.88	1.569	0.595	0.041	17.50	0.167				0.012						内蒙古地矿局
	江西城门山	3.56	3.56	8.13	37.63								50.59				文献 [64]
	湖北丰山南缘1①			69.90	11.53						Mt0.09		17.72				文献 [117]

矿床类型	矿区名称	矿物															备注
		Gn	Sp	Cp	P}	Po	Are	Jmt	Stn	Cst	X	Td	Vs	Fg	Oy	Y	
矽卡岩型	湖北丰山南缘501①			28.19	35.52								34.27				文献[118]
	安徽凤凰山			14.30	24.29								16.35			28.45	李艺
	安徽铜山口			43.90	7.85								45.21				杨树德
	湖南黄沙坪	69.73	15.34	0.73	3.41	0.33	1.56				6.93		1.30				文献[22]
	湖南鸭公塘	12.17	3.92	10.71	21.78												杨树德
	湖南康家湾	79.48	8.86		7.37				0.66		Mt8.76		4.29				文献[119]
	湖南柿竹园	53.73	11.00		5.71	1.49	Py中						18.85				李艺
	广西大厂100号	微	11.33		2.33	5.34	2.00	36.37		0.98	2.63		2.47			36.55	北京矿冶研究总院
	广西大厂大山		6.79		15.93	1.03	21.58				1.78			52.89			邹锡青
	广东长铺	55.11	1.99		10.46	17.69				0.17			14.58				文献[89]
	广西铜坑		7.68	1.23①	5.80	0.05	1.00	9.07		0.36	1.15①		7.23			65.77①	北京矿冶研究总院
	广西大厂92号		8.456	0.520	14.836	0.256	5.156	8.716	4.816	0.016			2.380			53.380	文献[108]
	广西佛子冲	63.24	24.88	1.75									7.78				杨树德
	甘肃花牛山	66.16	5.35		1.59	2.75							2.64				文献[120]
斑岩型	湖南宝山铜矿		0.53	86.72	1.80								10.94				文献[63]
岩浆岩型	甘肃金川东采区富铜矿			12.90		14.63					Mt4.22	Pn28.20	35.50			4.26	文献[87]

续表 5-23

矿床类型	矿区名称	Gn	Sp	Cp	Py	Po	Are	Jmt	Stn	Cst	X	Td	Vs	Fg	Oy	Y	备注
变质岩型	江西铁砂街	14.12	13.01	3.39	3.04	2.57							63.87				江西地勘局
	江西东乡Ⅶ号			0.75	5.10						铁氧化物 13.24	Bn56.82	24.09				文献[116]
	云南澜泥坪			94.78													李达明
沉积岩型	陕西铅硐山	67.47	18.82		2.18				Cc6.00				2.71				西北有色所
	四川天宝山	25.49	50.05		0.20								24.26				文献[76]
	广东凡口	54.00	34.70	8.60						Q2.82			2.70				北京矿冶研究总院
	云南麒麟厂	84.67	12.44		2.16								0.73				文献[77]
	甘肃厂坝	67.77	24.33		0.37	0.29							7.23				文献[88]
	湖南柏坊			95.30②													杨树德
	云南大姚			91.69②							0.58						丁俊华
	湖北白果园				61.54		Py 中						6.00			37.88	文献[10]
铁锰帽型	广东丙村	61.10	19.70		8.00											5.20	广东有色所

注：Gn—方铅矿；Sp—闪锌矿；Py—黄铁矿；Po—磁黄铁矿；Are—毒砂；Jmt—脆硫锑铅矿；Adr—硫锑铅银矿；Stn—黝锡银矿；Cst—锡石；Fg—银黝铜矿；Bn—斑铜矿；Mt—磁铁矿；Pn—镍黄铁矿；Css—白铅矿；X—其他金属矿物；Vs—综合银矿物；Td—黝铜矿；Stm—黝锡银矿；Oy—其他银矿物；Y—综合银矿物；Cc—碳酸盐；Q—石英；C—有机碳；Dol—碳酸盐型矿石；Sis—片岩型矿石。

① 据电子探针分析计算；② 铜矿物与银矿物之和。

表 5-24　矿石的银金属量配分—银矿矿物为主[10, 77, 117]　　　　　　　　　　　　　　　　　(%)

矿床类型	矿区名称	Gn	Sp	Cp	Py	Kt	Ar-Ac	Pyr	Slv	Apr	Sth	Fg	Caf	Cry	Oy	Bar	Vs	备注
砂卡岩型	辽宁八家子					4.66	2.40		13.72		2.44①		79.18					文献[10]
砂卡岩型	湖南宝山						76.71~82.52		1.60~2.05			12.14~14.66			3.64~7.05			湖南有色所
砂卡岩型	湖南宝山山东						41.30	0.41	13.35	31.63		8.80			0.51			宝山矿
火山岩型	湖南康家湾						0.72	33.42	0.74	0.67	20.65	7.64			18.08			文献[119]
火山岩型	浙江大岭口						80.34		3.45			11.77		3.09				文献[10]
火山岩型	河南皇城山	1.20					88.00		2.70								8.10	文献[10]
斑岩型	江西冷水坑		45.87				85.80		10.40									曾卫胜
斑岩型	江西鲍家	X25.32					35.83	0.83	17.32				1.03				19.77	姚安平
沉积型	云南麒麟厂	5.50	16.002	1.026	3.561		49.81	21.92		22.04	0.71	5.52						文献[77]
脉型	广东庞西垌	3.95	6.61	1.37	7.62		56.35			1.198		10.48				0.0084	5.87	广东七〇四队
脉型	广东庞西垌						35.05		30.43			11.00			0.399			
脉型	山东十里堡	14.99 中					79.32		5.79								5.79	文献[10]

注：Gn—方铅矿；Sp—闪锌矿；Cp—黄铜矿；Py—黄铁矿；Kt—金银矿；Ar-Ac—辉银矿-螺状硫银矿；Pyr—深红银矿；Slv—自然银；Apr—硫锑砷铜银矿；Sth—螺状硫银矿；Fg—银黝铜矿；Caf—硫锑银矿；Cry—脆银矿；Cry—角银矿；X—其他金属矿物；Oy—其他银矿物；Bar—重晶石；Vs—综合脉石。

① 含 Ar-Ac。

（3）Pb-Zn-Sb-Ag 组合矿石。方铅矿与闪锌矿中银的分配特点，与 Pb-Zn-Ag 组合相似，矿石中银配分率以方铅矿中银或脆硫锑铅矿中银为主，并占绝对优势，如广西镇龙山、箭猪坡矿区。

（4）(Pb-Zn)-Ag 组合矿石，即伴生铅锌的银矿石，矿石中大部分银分配在综合银矿物中，方铅矿中银的配分率仅为 4%~20%，闪锌矿中为 0.5%~6%，如吉林山门、山东十里堡、湖南石景冲等；江西虎家尖银矿的综合银矿物银的配分率达 99.74%。

（5）(Pb-Zn)-Au-Ag 组合矿石，矿石中银绝大部分分配于银矿物中，如河南皇城山，方铅矿中银配分率为 1.2%，而银矿物中银的配分率高达 90.7%。

（6）Pb-Zn-Ag 组合矿石与 Pb-Zn-Sn(W)-Ag 组合矿石银的配分比较。前者方铅矿、闪锌矿银配分率平均为 55.72%(26 件) 与 15.75%(26)，后者方铅矿、闪锌矿银配分率为 39.44%(9) 与 7.35%(13)，前者均高于后者。

5.4.2.2　黄铜矿中银的配分

（1）Pb-Zn-Ag 组合矿石。脉型矿石黄铜矿中银配分率仅有青羊沟，在 0.41%；火山岩型矿石黄铜矿的银配分率很低，浙江大岭口仅 0.051%。矽卡岩型矿石黄铜矿中银的配分率一般较低，在 0.595%~3.88%，个别矿区，如湖南鸭公塘黄铜矿银配分率达到 10.71%。沉积岩型 Pb-Zn-Ag 矿石，一般含黄铜矿较少，难以提取黄铜矿单矿物，仅广东凡口矿区黄铜矿银配分率为 8.60%。在计算有黄铜矿配分率的 8 个 Pb-Zn-Ag 矿床中，黄铜矿银配分率超过闪锌矿的有 3 个，辽宁八家子、江西宝山、鸭公塘。但有些矿区尚没有黄铜矿精矿产品，黄铜矿中的银就难以得到充分回收。

（2）Pb-Zn-Sn(W)-Ag 组合矿石。黄铜矿中银配分率从 0.520%~5.23%。其中湖南瑶岗仙矿石黄铜矿银配分率为 5.23%，高于闪锌矿的 4.34%；而广西铜坑和大厂 92 号黄铜矿银配分率分别为 1.23% 和 0.520%，低于闪锌矿的 7.68% 和 8.456%。

（3）Cu-Sn-多金属-Ag 组合矿石。如内蒙古大井子，方铅矿的银配分率大于闪锌矿，铜锡为主的矿石，方铅矿、闪锌矿银的配分率较低，分别为 9.33%、2.95%，而黄铜矿的银配分率最高，可达 71.15%，黄铁矿的银配分率与铅锌矿物银的配分率之和相近；铅锌为主的矿石方铅矿的银配分率最高，可达 49.43%，依次为黄铜矿、闪锌矿、黄铁矿。闪锌矿略低于黄铜矿。

（4）Cu-Ag 组合矿石。黄铜矿为主要工业矿物，其银的配分率在载体矿物中占有绝对优势，从 14.30%~86.72%。有的矿床铜矿物以斑铜矿为主，如江西东乡矿区Ⅶ号矿体，斑铜矿的银配分率在 56.82%，而黄铜矿仅 0.75%。湖南宝山含银铜矿体，黄铜矿中银配分率达 86.72%，而黄铁矿中为 1.80%，闪锌矿中仅为 0.53%。

有些沉积岩型铜矿矿石中银的配分，铜矿物与银矿物之和可占 91.69%~95.30%，如湖南柏坊、云南大姚，银将随着铜精矿一同回收，银的回收率可达较高水平。而长江中下游部分矽卡岩型铜矿，黄铜矿银的配分率低于黄铁矿，如湖北丰山南缘 501 号、凤凰山，黄铜矿银的配分率分别是 28.19%、14.30%，而黄铁矿的银配分率分别是 35.52%、24.29%，黄铁矿中的银将随着硫精矿流失，直接影响了银的最终回收率。变质岩型黄铜矿中银配分率以云南滥泥坪最高，达 94.78%，江西铁砂街最低，仅 3.39%，东乡Ⅶ矿铜矿物的银配分率居中，为 57.57%，包括斑铜矿的 56.8% 和黄铜矿的 0.75%。

5.4.2.3 黄铁矿中银的配分

（1）Pb-Zn-Ag 组合矿石。黄铁矿中银的配分率变化很大，从 0.041%~38.2%。其中火山岩型矿床黄铁矿中银配分率从 0.927%~24.96%，并且同一矿区黄铁矿的银配分率常大于闪锌矿，是闪锌矿的 1.5~3 倍。在 7 个 Pb-Zn-Ag 组合的脉型矿床中，有 2 个矿区黄铁矿银的配分率大于闪锌矿，如河北青羊沟、江苏虎爪山；6 个 Pb-Zn-Ag 组合的矽卡岩型矿床中，有 2 个矿区黄铁矿银的配分率大于闪锌矿，如辽宁八家子、湖南鸭公塘；沉积岩型矿区黄铁矿银配分率均低于闪锌矿，如 Pb-Zn-Ag 组合矿石的四川天宝山铅锌矿，闪锌矿银配分率为 50.5%，而黄铁矿仅为 0.2%。铁锰帽型与沉积岩型相似。

（2）Pb-Zn-Sn（W）-Ag 组合矿石。黄铁矿中银配分率从 1.35%~38.15%，多数在 5% 左右。据统计，有 4 个矿区黄铁矿的银配分率高于闪锌矿，如广西大厂大山、92 号、长铺、广东厚婆坳等，厚婆坳的黄铁矿（含毒砂）银配分率达到 38.15%，略高于方铅矿的银配分率 37.80%。对于这类矿石的选矿工艺，应采取抑制硫、砷的特别措施，将银矿物富集到铅锌精矿中，以提高银的选矿回收率。

（3）Pb-Zn-Ag 组合、Pb-Zn-Sn（W）-Ag 组合及 Cu-Ag 组合矿石黄铁矿的银配分率比较。Pb-Zn-Ag 组合矿石黄铁矿银配分率平均值最低，为 8.10%（25 矿区，下同），依次为 10.41%（11）、17.85%（7）。有约 1/2 矿区的矿石中黄铁矿的银配分率超过闪锌矿。黄铁矿中银配分率超过黄铜矿的有 6 件，占黄铁矿银配分总数的 15%。如何降低黄铁矿中银的含量，是提高矿石伴生银回收率的重要环节。

5.4.2.4 其他金属矿物

（1）磁黄铁矿。磁黄铁矿银的配分率为 0.01%~17.69%，其中大于 5% 的有 7 件，占统计总数的 37%，大于 10% 的有 4 件，占 21%。如辽宁红透山的磁黄铁矿银配分率达 16.88%，内蒙古白银诺的磁黄铁矿银配分率为 17.50%，广东长铺的磁黄铁矿银配分率达 17.69%，这些矿区矿石的磁黄铁矿中的银最终将进入硫精矿而流失。

（2）毒砂。毒砂的银配分率，据 14 件矿区样品统计在 0.167% ~ 26.55%，其中 11 件银配分率小于 3.00%，对银回收的全局影响不大，另有 2 件银配分率大于 20%，如广西大厂大山毒砂的银配分率为 21.58%，超过黄铁矿，是闪锌矿银配分率的 3.2 倍；湖南石景冲的以黄铁矿和毒砂为主的矿石，毒砂的银配分率为 26.55%，降低这类矿石中毒砂的银含量，可有效提高银的回收率。

（3）锑、锡、铜硫盐。对于铅锌铜锡伴生银矿石或锌锑锡伴生银矿石，锑、锡、铜硫盐既是重要的工业矿物，也是银的重要载体矿物，如大厂 100 号的脆硫锑铅矿，银的配分率达 36.37%，箭猪坡达 90.91%，瑶岗仙的黝锡矿银的配分率 6.77%，江西宝山的黝铜矿银的配分率 16.40%。防止这些硫盐中银的流失对保证银的较高回收率也同样重要。

5.4.2.5　氧化矿石、混合矿石的银金属配分

根据国家颁布的标准，对于矿石氧化程度的界定是：铅锌硫化矿石：铅、锌氧化率小于 10%；混合矿石：铅、锌氧化率 10% ~ 30%；氧化矿石：铅、锌氧化率大于 30%。对于氧化矿石的矿石类型和矿物组成，与硫化矿石存在很大差异，氧化矿石的银金属配分与硫化矿石迥然不同。这里仅以 Pb-Zn-Ag 组合的氧化矿石和混合矿石中银金属的配分为例说明之。

（1）氧化矿石的银金属配分。如云南会泽矿山厂矿床，出露标高 2527m，氧化带垂深超过 800m，1880m 水平以上基本为氧化矿石，以下有氧化矿石、混合矿石、硫化矿石。1 号矿体终结于 1648m。据矿区 2203 ~ 2143m 矿石类型产出概率统计，氧化矿石占 97.7%，硫化铅锌矿石仅占 2.3%。经化学物相分析，综合研究大样中 Pb 的氧化率 84.04%，Zn 的氧化率 92.9%。

矿山厂氧化矿石中银的配分见表 5-25。

表 5-25　云南矿山厂氧化矿石中银的配分[85]

矿物名称	矿物质量分数/%	银含量/$g \cdot t^{-1}$	银配分量/$g \cdot t^{-1}$	银配分率/%
白铅矿	1.93	338	6.52	16.98
方铅矿	0.73	976	7.13	18.57
铅矾	0.075	434	0.33	0.86
铅铁矾、钒铅矿、砷铅矿	1.02	184.5	1.88	4.90
异极矿	22.50	1.5	0.34	0.89
菱锌矿、硅锌矿	7.03	72	5.06	13.18
闪锌矿	2.40	32	0.77	2.00
褐铁矿等①	34.33	26.06	8.94	23.28
白云石、方解石	9.98	1.8	0.18	0.47

矿物名称	矿物质量分数/%	银含量/g·t⁻¹	银配分量/g·t⁻¹	银配分率/%
石英、蛋白石	7.86	6.4	0.50	1.30
黏土	4.10	5.14	0.21	0.55
银矿物			6.54	17.03
合计			38.4	100.01

①包括赤铁矿、黄钾铁矾、纤铁矾等。

氧化矿石中铅的氧化物含量较高，约占矿石矿物的（质量分数）3.025%（包括白铅矿、铅矾、铅铁矾、钒铅矿、砷铅矿等），而硫化铅（方铅矿）仅占 0.73%，前者是后者的 4.1 倍；矿石中锌的氧化物（含异极矿、菱锌矿、硅锌矿等）占矿石矿物（质量分数）29.53%，是硫化锌（闪锌矿）的 12.3 倍。通过银的配分计算预测，矿山厂的氧化矿石银的理想回收率为 74.41%，这其中包括硫化铅中银 18.57%，硫化锌中银 2.00%，氧化铅中银 22.74%，氧化锌中银 14.07%以及银矿物中银 17.03%。

（2）混合矿石的银金属配分。对云南矿山厂 1844m 至 1764m 中段 54 件混合矿石单样和 6 件混合矿石组合样进行铅、锌氧化率化学物相分析，铅的氧化率 17.68%~29.86%，锌的氧化率 14.29%~30.71%。混合矿石银金属配分结果见表 5-26。

表 5-26 云南矿山厂混合矿石中银的配分[98]

矿物名称	矿物重量百分比	银含量/g·t⁻¹	银配分量/g·t⁻¹	银分配率/%
方铅矿①	6.947	742.0	51.5467	62.07
闪锌矿	32.21	37.10	11.9499	14.39
白铅矿、铅矾	4.201	220.0	9.2422	11.13
硅锌矿、异极矿、菱锌矿	24.21	26.27	6.3600	6.66
黄铁矿、白铁矿	6.58	22.90	1.5068	1.81
白云石、方解石	16.70	7.00	1.1690	1.41
其他金属矿物②	9.59	13.30	1.2755	1.54
总计			83.0501	100.01
综合大样			83.00	

①灰硫砷铅矿、灰硫锑铅矿、硫砷铅矿、硫锑铅矿等；②即铁氧化物褐铁矿、赤铁矿、黄钾铁矾等。

矿山厂混合矿石，与上述氧化矿石银的配分比较，混合矿石中方铅矿的银配分率明显增高，是氧化矿石的 3.3 倍，闪锌矿银的配分率是氧化矿石的 7.2 倍。

应用硫化矿石流程进行选矿作业，仅回收这两种铅锌硫化物，银的理想回收率即可达到76.46%。

对于混合矿石和含硫化矿的氧化矿石，采用优先选硫化矿，再选氧化矿的优先浮选流程，氧化矿再经过硫化钠硫化，添加捕收剂浮选，获得铅、锌精矿，或采用回转窑挥发富集等工艺，或采用重选法、混汞法、氰化法，获取银精矿，以及化学法选矿或冶炼，在获取的铅锌产品中，使矿石中硫化铅锌和氧化铅锌中银可随之得到回收。

5.4.2.6　银矿物中银的配分

（1）综合银矿物。综合银矿物，即生产中独立于其他矿物相的银矿物，其配分率指综合银矿物的银占矿石银总量的百分比。

1）(Pb-Zn)-Ag组合矿石，综合银矿物中银配分率高，在73.50%~99.74%。如山门、虎家尖。

2）Pb-Zn-Ag组合矿石，综合银矿物银配分率相差较大，如八家子为51.13%；锡铁山的综合银矿物的银配分率为6.89%。影响银矿物中银配分率的可能因素：一是矿石银品位的高低，银品位高，银矿物丰富；二是银矿物粒度大小，银矿物粒度大，易解离成单体；三是银矿物嵌布类型，以银矿物易解离程度自高而低的顺序是裂隙型、粒间型、连生型、包裹型。八家子矿区银品位183g/t，银矿物以粒间型和裂隙型为主，粒度0.007~2mm，多数大于0.07mm；锡铁山矿区银品位42.9g/t，银矿物粒度0.003~0.02mm，银矿物以包裹型和连生型（共占62.7%）为主。对照上述三种影响银配分率的因素可以明了，为何八家子、锡铁山矿区银矿物中银分配率有这么大的差异，当然也还有些其他因素的影响。

3）Cu-Zn-Sn-Ag组合矿石，表中列出的4个矿床综合银矿物中银的配分率，从36.55%~65.77%，其中广西铜坑矿床综合银矿物的银配分率最高，是用电子探针分析计算的，可能精度受一定影响，无论如何，说明生产过程矿石中有1/3~1/2的银以单体解离矿物相出现，这部分银的回收对矿石银的总回收率有重要影响。如大厂铜坑、100号、92号、厚婆坳等。

4）Pb-Zn-W-Ag组合矿石，如黄沙矿床，综合银矿物中银配分率为46.10%，与Cu-Zn-Sn-Ag组合矿石相近。

5）Cu-(Ni)-Ag组合矿石，如凤凰山、红透山，综合银矿物银的配分率相近，为28.45%和29.11%，这部分银矿物的充分回收，对提高银的回收率起到重要作用。金川铜镍矿的富铜矿体，综合银矿物银配分率较低，仅为4.26%，影响甚微。

（2）主要银矿物。仅以矿石中出现几率最多的辉银矿-螺状硫银矿、银黝铜矿、黝锑银矿、深红银矿、自然银、脆银矿等矿物银的配分进行比较研究。

1）辉银矿-螺状硫银矿，矿石中银的配分率变化范围在 0.72%～88.00%，平均52.98%(12 件配分，下同)，配分值超过其他类银矿物的有湖南宝山、宝山东、大岭口、冷水坑、鲍家、麒麟厂、十里堡、庞西峒等；仅有康家湾和八家子两个矿区为低值，在 0.72%～2.40%。

2）银黝铜矿与黝锑银矿，在矿石中银配分率变化范围从 5.52%～61.104%，平均27.96%(13)，有瑶岗仙、马鞍山、虎爪山、石景冲、大厂大山等矿床银黝铜矿与黝锑银矿的银配分率超过其他银矿物。麒麟厂和宝山东为较低值，在5.52%～8.80%。

3）深红银矿，在矿石中银的配分率在 0.41%～33.42%，平均 14.15%(4)，仅康家湾的深红银矿银配分率高于其他银矿物。

4）硫锑砷铜银矿，在矿石中银配分率从 0.67%～31.63%，平均 13.89%(4)，宝山东最高。

5）自然银，在矿石中银的配分率在 0.74%～30.43%，平均 9.97%(10)，其中庞西峒为最高值。自然银配分率大于10%的矿区还有鲍家、八家子、宝山东和冷水坑，均为含银较高的矿床，但自然银的银配分率一般居银矿物的第二位。

有的银矿物在某些矿区却占有较重要位置，如八家子的硫银锡矿，银配分率高达79.18%；康家湾的脆银矿，银配分率达 20.65%；其回收工艺上应给予格外关注。

通过上述对比可以看出，主要银矿物在矿石中的含银比率，总体上以辉银矿-螺状硫银矿最高，依次为银黝铜矿与黝锑银矿、深红银矿、硫锑砷铜银矿、自然银、脆银矿。不同矿区，主要银矿物的银配分率有明显差别，在进行选矿工艺研究中，应严格按照银矿物种类及配分率，有针对性的制定方案，对症下药，才能获得事半功倍的效果。

5.4.2.7 综合脉石中银的配分

（1）Pb-Zn-Ag 组合矿石。综合脉石中银的配分率一般小于10%，仅个别矿区，如四川天宝山综合脉石的银配分率达到24.26%。

（2）Pb-Zn-Sb-Ag 矿石组合。与 Pb-Zn-Ag 组合相似，综合脉石银配分率较低，在 0.61%～6.66%。

（3）Pb-Zn-Sn-（W）-Ag 组合矿石。综合脉石中银的配分率变化较大，据7个矿区统计，从 2.32%～18.85%，平均 7.70%。

（4）Cu-（Ni）-Ag 组合矿石。不同类型矿床脉石中银的配分率有所不同，据5个矽卡岩型 Cu-Ag 组合矿石综合脉石的银配分率在 16.35%～50.59%，平均

32.83%，即有约 1/3 的银损失在脉石中；变质岩型矿床综合脉石中银的配分率较高，如东乡Ⅶ为 24.09%，铁砂街高达 63.87%，这是造成银回收率低的重要原因。岩浆岩型 Cu-Ni-PGE-Ag 矿床组合矿石综合脉石的银配分率中等，如金川富铜矿为 35.50%。

（5）综合脉石中银的配分率较低，可有利于减少银的流失。

结　语

❯❯

（1）中国有色金属伴生银矿床，主要产于海相火山岩建造和碳酸盐以及碳酸盐与泥质岩交互沉积的建造中。多分布在海陆转换的部位，地台边缘凹陷断裂带、褶皱带，中深大断裂旁侧次级断裂交汇部位。火山盆地边缘环形与线性构造交切部位，特别是多环交切部位，推覆构造的内测边缘，中生代断陷盆地边部，对银成矿更为有利。燕山中晚期中酸性岩浆活动区，岩体规模小于 $10km^2$ 者，以及火山热液活动强烈地段，均为银矿产出的有利部位。矿床类型以火山岩型、脉型、斑岩型、矽卡岩型、沉积岩型、变质岩型为主。

（2）银在有色金属矿床中的富集因素比较复杂，赋存形式多样。简言之，银多富集于铅、锌、锡、钨、锑、铜、铋、钼等矿体的中上部，含矿断裂带的中部，含矿岩体的外带，热液成矿作用的中晚期。对那些上陡下缓矿体，由陡向缓转折部位，压扭性复合构造部位，矿化蚀变（如锰碳酸盐化、黄铁绢英岩化、碳酸盐化、重晶石化、钾化及碳质、硅质蚀变等）强烈而变质程度较浅的部位。

（3）银矿石的工业类型以硫化矿石为主，氧化矿石较少。矿石自然类型，以铅锌银矿石为最重要伴生银矿石类型，其他依次为银铅锌多金属矿石，银铜矿石，银锡铜矿石、银铅锌钨锡矿石，银铅锌锑矿石，而单银矿石、银钒矿石、银铀铜矿石、银铁锰质矿石所占比例较少。

（4）典型矿床矿石与围岩成矿元素相关分析表明，与 Ag 相关程度由高至低呈现出：Ag 与 Pb>Sb>Cu>Au>Sn>Zn。

（5）银的载体矿物，以矿石主金属矿物为主，脉石矿物为次。据 136 个伴生银矿区，56 种银载体矿物，2901 件银载体矿物单矿物分析数据统计，有色金属矿石中银的主要载体矿物银含量自高而低是：方铅矿 1529.0g/t（814 件单矿物平均，下同）、黄铜矿 375.69g/t（150）、闪锌矿 259.75g/t（776）、黄铁矿 141.26g/t（778）、毒砂 71.06g/t（64）、磁黄铁矿 32.28g/t（165）。脉石矿物，以石英、方解石为主，含 Ag 分别为 11.10g/t（64）与 18.09g/t（13）。

（6）银的赋存状态，主要形成独立银矿物，少至微量类质同象银、非晶态银与离子吸附银。世界已经发现的银矿物近 200 种，硫盐矿物占 50%以上。经测算，其中有色金属伴生银矿石中银矿物出现几率较高有自然银（93.3%表示出现几率，下同）、辉银矿（76.9%）、银黝铜矿（76.9%）、深红银矿（62.5%）、银金矿（57.7%）、金银矿（37.5%）、螺状硫银矿（33.7%）、硫锑铜银矿（30.8%）、硫铜银矿（28.8%）、碲银矿（26.9%）、自然金（24.0%）、黝锑银矿（21.2%）与脆银矿（20.2%）等。

（7）银矿物种类、成分及矿化系列均具有丰富的成因内涵。如硒银矿是低温热液及表生矿化作用的产物。碲银矿往往与深源中高温热液作用有关。银的卤化物是硫化矿床氧化带或铁锰帽的产物。银铋硫盐主要产在铅锌银矿床、铜银矿床与伴生银的锑/锡/钨等矿床中。不同成因与不同矿化组合矿石的银矿物组合不同，可根据其矿化组合类型推断可能出现的银矿物（组合）种类。

伴生银矿石中某些银矿物种类，形成于特定的成矿地质环境，文中对银的成因标型矿物予以梳理归纳。

（8）综合分析我国 176 个有色金属伴生银矿床银矿物的共生组合特点，认为银在自然界中主要出现 11 种多元体系。体系的形成与演变主要取决于成矿地球化学环境。不同的体系对银的成矿环境有不同的选择。银与其他元素的共性与演化受控于成矿流体性质及演化过程，以及与其他金属的亲和能力。在多种矿质共存的溶液中，硫与其他成矿元素具略有差异的亲和效应，银与其他元素的亲和序列可简写成：

$$Mn—Zn—Sn—Pb—Sb—Ag—Bi—Cu—Au—As—Fe$$

自左而右，共价键还原性增强，离子键氧化性减弱。在还原条件下，银易与铋、铜结合；在偏氧化或弱氧化条件下，银通常进入铅、锌矿物中；在氧化条件下，银易与锰结合进入铁锰帽中。而金在还原条件下，与砷、铁亲和，同毒砂、黄铁矿共生；在弱氧化条件下，与铜、铋亲合，与黄铜矿或自然铋、及铋的金属互化物共生；金甚至与银结合形成金银互化物；在强氧化条件下，金进入铁锰帽中。可见，在复杂的地质成矿环境中，银与金在多数情况下呈同源异位成矿。这也是导致银与其他金属共生与分离，银矿物与其他矿物伴共生与分带的主导因素。

（9）在同一个成矿序列中，银矿物主要富集在中低温成矿阶段，金赋存于中高温成矿阶段。金在外生条件下的再生能力远大于银。矿化早期至晚期，银矿物组合由复杂向简单演变，由银硫盐→银硫化物→银金属互化物→单质银。银矿物的银含量由低向高演变。同一类质同象系列矿物，则从低含银端员→高含银端员演变。成矿早期至晚期，银矿物粒度由小→大。银矿物结晶形态，由固溶体分离的乳浊状→显微包体→连生体→裂隙充填微细脉→单矿物个体演变。

（10）银矿物的嵌布特征与银矿化强度，矿床成因有一定联系。如沉积型银矿物，多以包裹型存在于载体矿物中。矽卡岩型银矿物，以包裹型为主，粒间型次之。变质岩型与火山岩型银矿物，粒间型为主，包裹型次之。脉型铅锌银矿物，粒间型和裂隙型为主，其中破碎带蚀变岩型银矿物，以裂隙型为主，粒间型次之。另外，富含银矿床（$w(\mathrm{Ag})>150\mathrm{g/t}$）银矿物以粒间型为主，裂隙型次之；贫银矿床（$w(\mathrm{Ag})<100\mathrm{g/t}$）银矿物以包裹型为主。同一种银矿物在不同成因矿石中可以出现不同嵌布状态，而相同成因矿石不同种类银矿物可出现相同的嵌布类型。

（11）据 12 个矿床矿石银的物相分析结果显示，当矿石磨矿细度 -200 目占65% ~ 70%，各矿区矿石的裸露银占矿石银总量的比率从 11.20% ~ 80.50%，各类金属矿物包裹银占矿石银总量的 15.56% ~ 87.12%，其中脉石矿物包裹银含量较低，为 0.26% ~ 17.90%。

有色金属伴生银的矿物相十分复杂，物相分析试验与矿石物质组分研究密切结合，有助于制定更佳选别流程，为指导生产提供科学依据。

（12）银的配分计算，是选矿工艺设计的依据。据 72 个矿区 77 件矿石银的配分结果可知，矿石中银的分布，主要取决于矿石成因、矿化组合、银矿物赋存状态等。同一个矿区不同矿石类型载体矿物银的配分结果也差别明显，如锡铁山大理岩型与片岩型铅锌银矿石，石景冲的铅锌银矿石与黄铁矿毒砂矿石，大井子的铜锡矿石与铅锌铜矿石等。

银矿物中银配分率，据几种主要银矿物银的配分结果比较，以辉银矿 - 螺状硫银矿最高，依次为银黝铜矿与黝锑银矿、深红银矿、硫锑砷铜银矿、自然银、脆银矿。不同矿床中银矿物的银配分率差别很大，提醒人们在进行选矿流程设计中，应严格根据主金属矿物银配分计算结果对症下药，方能获得事半功倍的效果。

（13）在有色金属伴生银矿石学研究中，进行野外考查和室内研究的矿区主要有庞西峒、山门、银洞沟、十里堡、冷水坑、大岭口、银山、德兴、天排山、乐华、丰山、瑶岗仙、香花岭、虎家尖、铁沙街、黄沙坪、宝山、水口山、康家湾、柏坊、柿竹园、石景冲、凡口、大宝山、富湾、丙村、大厂、镇龙山、锡铁山、金川二矿区、龙首矿区、喀拉通克、布伦口、小西林、天宝山、大铜厂、矿山厂、麒麟厂、八家子、红透山、长汉卜罗、芦塘坝、竹林、老厂、都龙、石碌、白果园等。

（14）有关建议。

1）据统计，我国伴生银的铅锌矿以及与铅锌有关的银矿床银金属储量占全国银总储量的 54%。铅精矿产银约占矿产银总产量的 50%，锌精矿产银约占矿产银总产量的 15%，铜精矿产银约占矿产银总产量的 30%。因而，铅锌铜矿中伴生银的回收是国家矿产银的最主要来源，在选矿、冶炼中应给予足够重视。

2）目前我国伴生银的生产回收，随着主金属采选冶回收工艺的改进，铅、锌选矿回收率已达到 85.5% 与 88.7%，伴生银的回收水平也有明显提高。铅锌银矿的银回收率为 70%~90%，铜及多金属矿中银的回收率为 50%~65%，比国外矿业发达国家低 10%~15%。银金属采选冶的总回收率约为 55%~65%，比矿业先进国家低 15%~20%。特别是地方中小采选冶企业，设备简陋，技术、工艺水平较滞后，生产中重主轻副现象依然存在。应加强管理与监督力度，制定一系列与法规配套的政策及适用于中小型采选及冶炼企业生产与综合回收的规范指标，切实推动提高伴生组分回收利用水平。

参 考 文 献

[1] 刘英俊，曹励明，李兆麟，等 . 元素地球化学 [M]. 北京：地质出版社，1979.

[2] 汪贻水，王志雄，沈建忠，等 . 六十四种有色金属 [M]. 长沙：中南工业大学出版社，1998.

[3] 武汉地质学院地球化学教研室 . 地球化学 [M]. 北京：地质出版社，1979.

[4] 余大良 . 黑色页岩型银矿 [G]. 对当前找矿工作中几个地质技术问题的建议 . 北京矿产地质研究所，1987：21-24.

[5] 王濮，潘兆橹，翁玲宝，等 . 系统矿物学 [M]. 北京：地质出版社，1984.

[6] A. E. 安东诺夫 . 银矿成矿作用的某些重要特征 [J]. 地质科技动态，1986(6).

[7] В. И. 斯米尔诺夫 . 矿床地质学 [M]. 矿床地质学翻译组，译校 . 北京：地质出版社，1981.

[8] 宋叔和，等 . 中国矿床学 [M]. 北京：地质出版社，1989.

[9] 孙传尧 . 选矿工程师手册 [M]. 北京：冶金工业出版社，2015.

[10] 王静纯，赖来仁，李明寰，等 . 中国银矿 [M]. 中国有色金属工业总公司北京矿产地质研究所，1990.

[11] 中国有色金属工业总公司北京矿产地质研究所 . 国外主要有色金属矿产 [M]. 北京：冶金工业出版社，1987.

[12] 地质部地矿司南岭铅锌矿专题组 . 南岭地区铅锌矿成矿规律 [M]. 长沙：湖南科学技术出版社，1992.

[13] 王昌烈，罗仕徽，胥友志，等 . 柿竹园钨多金属矿床地质 [M]. 北京：地质出版社，1987.

[14] 潭泽模，唐龙飞，等 . 广西大厂矿田 C、H、O 同位素及成矿流体来源研究 [J]. 矿产勘查，2014(5)：738-743.

[15] 王育民，朱家璧，余琼华，等 . 湖南铅锌矿地质 [M]. 北京：地质出版社，1988.

[16] 姚德贤，邓璟，杜金龄，等 . 广东银矿产出特征和矿床类型 [G]. 中国有色总公司吉林矿产地质研究所，冶金部长春黄金研究所，冶金部黄金情报网 . 金银矿产选集 (7)，1987：242-255.

[17] 黄曲豪，张长江，等 . 河北蔡家营铅-锌-银矿床矿物特征和金、银、铋赋存状态的研究 [J]. 地质学报，1991(2)：131-134.

[18] 中国有色金属工业总公司江西地质勘查局《江西银山铜铅锌金银矿床》编写组 . 江西银山铜铅锌金银矿床 [M]. 北京：地质出版社，1996.

[19] 李徽 . 陕西凤县铅硐山铅锌矿床伴生银的研究 [G]. 冶金工业部黄金情报网、冶金工业部长春黄金研究所 . 金银矿产选集 (5)，1985：203-210.

[20] 张毅刚 . 变质过程中流体作用的实验研究 [J]. 矿物岩石地球化学，1992(4)：199-201.

[21] 王静纯，申少华 . 八家子铅锌银矿床地质特征成矿模式及找矿前景 [R]. 北京矿产地质研究所，1993.

[22] 王静纯，梁博益 . 黄沙坪铅锌矿伴生银赋存状态研究 [R]. 北京矿产地质研究所，1989.

[23] 朱红卫，朱卫东，赵春霞. 河南龙门店银矿床地质特征及找矿标志 [J]. 矿产勘查，2017，2(8)：257-264.

[24] 张巧梅，解庆东，等. 河南铁炉坪银矿床地质地球化学特征研究 [J]. 地质找矿论丛，2002，17(2)：121-126.

[25] 崔银亮，蒋顺德，等. 云南金平龙脖河矿床的成矿流体特征 [J]. 地质与勘探，2008，44(2)：55-61.

[26] 当代有色金属工业编委会. 新中国有色金属地质事业 [G]. 中国有色金属工业总公司，1987.

[27] 蒋斌斌，祝新友，黄行凯，等. 内蒙古双尖子银多金属矿床 S、Pb 同位素特征及成矿机制探讨 [J]. 矿产勘查，2017，6(8)：1010-1019.

[28] 黄镇强. 冷水坑碳酸盐型银矿床成因探讨 [J]. 江西地质，1992，6(1)：6.

[29] 刘迅. 江西冷水坑银铅锌矿田构造地球化学的若干问题 [J]. 大地构造与成矿学，1991，15(1)：47-49.

[30] 吴尚全. 吉林小西南岔金（铜）矿床的矿物组合分带性 [G]. 冶金工业部黄金情报网. 金银矿产选集 (4)，1985：118-126.

[31] 沈存利，高有库. 内蒙古罕山林场铜银锡多金属矿床的发现及意义 [J]. 矿产勘查，2013(5)：475-484.

[32] 邬介人. 西北海相火山岩地区块状硫化物矿床伴生金银的成矿地质特征及其前景的展望 [G]. 全国金矿地质领导小组办公室，贵金属地质编辑委员会. 贵金属地质，1988 (1-2)：115-125.

[33] 梁瑞，白家军，等. 浅谈脉岩在热液矿床成矿中的作用——以河北蔡家营铅锌银矿床为例 [J]. 矿产勘查，2012(6)：767-773.

[34] 王静纯. 锡铁山铅锌矿金银赋存状态查定及稀贵金属富集规律探索 [R]. 北京矿产地质研究所，2003.

[35] 王静纯，周圆圆，张国龙，等. 内蒙古翁牛特旗长汉卜罗铅锌矿伴生银金赋存状态与尾矿综合利用考查研究 [R]. 北京矿产地质研究院，2014.

[36] 四川省地矿局 108 队. 四川省白玉县呷村银多金属矿床详查地质报告 [R]. 四川省地矿局 108 队，1984.

[37] 徐天秀. 云南澜沧县老厂铜银铅矿床 [R]. 中国铜矿找矿新进展. 中国有色金属工业总公司地质勘查总局—矿产地质系列丛书 No. 001，1993：399-415.

[38] 侯俊富，吴连方，张革利，等. 西藏昂青银多金属矿床地质特征及成矿规律 [J]. 矿产勘查，2017，5(8)：732-740.

[39] 李益智，胡家刚，蔡明海，等。广西大厂铜坑矿床流体包裹体研究 [J]. 矿产勘查，2017 (18)：37-53.

[40] 张泰身. 云南银的富集特征与控矿因素 [R]. 全国金矿地质领导小组办公室，贵金属地质编辑委员会. 贵金属地质，1988(1-2)：105-114.

[41] 涂光炽，等. 中国层控矿床地球化学（第一卷）[M]. 北京：科学出版社，1984.

[42] 王华田，袁旭音. 论治岭头金矿床的成因 [C]. // 金矿地质论文集（第 1 辑）. 北京：地质出版社，1990：224-235.

［43］梁有彬. 硫化铜镍矿床伴生金银的赋存特征及其经济价值［G］. 全国金矿地质领导小组办公室，贵金属地质编辑委员会. 贵金属地质，1988(1-2)：71-76.

［44］赵昌龙. 新疆喀拉通克一号硫化铜镍矿床中伴生金银的富集规律与综合利用［G］. 全国金矿地质领导小组办公室，贵金属地质编辑委员会. 贵金属地质，1988(1-2)：352-362.

［45］云南驰宏锌锗股份有限公司. 云南会泽县矿山厂铅锌矿山资源接替调查总分析［G］. 国土资源部矿山找矿办公室. 2005.

［46］刘成维，谷振飞，等. 河北相广锰银矿床成矿特征与形成机理［J］. 矿产勘查，2012(2)：165-170.

［47］刘成雄，陈树清，等. 河北省涿鹿县辉耀乡相广锰银矿详查地质报告［R］. 河北省地矿局第三地质大队，2010.

［48］申珊. 对宝山西铅锌矿床分带及地球化学特征的认识［R］. 湖南有色地质研究所，1987.

［49］C. C. сирнов. 斯米尔诺夫. 硫化矿床氧化带［M］. 地质部编辑出版室译. 北京：地质出版社，1955.

［50］田维胜，邵俭波. 四平山门银矿床地质特征［J］. 矿床地质，1991(3)．

［51］许晓峰. 河北丰宁牛圈浅成低温热液银金矿床成矿模式［J］. 华北有色金属地质，1991(1)：7.

［52］何全泊. 江西万年银矿地质特征及找矿方法［C］.∥中国银矿地质勘查研讨会论文集，1992：44-69.

［53］韦国深. 广西望天洞银金矿床地质特征及找矿标志探讨［J］. 矿产勘查，2011(4)：364-368.

［54］王静纯，简小忠，杨竞红，等. 广东廉江银矿-40米与-80米中段矿石银的赋存状态研究［R］. 北京矿产地质研究所、广东廉江银矿，1996.

［55］王昊，路坦. 河南铁炉坪银铅矿床地质特征及找矿标志［J］. 矿产勘查，2013(2)：137-145.

［56］欧超仁. 广西镇龙山北部银矿地质-地球化学特征［C］.∥中国银矿地质勘查研讨会论文集，1992：107 110.

［57］银剑钊. 世界首例独立碲矿床的成矿机理及成矿模式［M］. 重庆：重庆出版社，1996.

［58］王静纯，余大良. 红透山铅锌矿床伴生金属元素查定研究［R］. 北京矿产地质研究院，2007.

［59］邢永亮，刘家军，等. 内蒙古拜仁达坝银铅锌多金属矿床中银的赋存状态［C］.∥第九届矿床会议论文集. 北京：地质出版社，2008：297-298．

［60］高德容，苏廷宝，等. 内蒙古甲乌拉-查干铅锌银矿床成矿地质特征及找矿实践［J］. 矿产勘查，2016(3)：391-398.

［61］游志成，郭英杰，黎道立，等. 江西铜（多金属）矿伴生金银的成矿规律及找矿标志［J］. 贵金属地质，1988(1-2)：151-157.

［62］王静纯. 新疆红海铜锌矿床矿化特征与金赋存状态探查［R］. 北京矿产地质研究院，2016.

［63］王静纯，姚永，申少华，等. 湖南桂阳宝山铅锌银矿单铜矿体伴生金银赋存状态及分布

规律研究报告［R］. 北京矿产地质研究所，1990.

［64］李德银. 江西城门山铜矿床中伴生金银的赋存规律［J］. 贵金属地质，1988（1-2）：236-248.

［65］杜青松，李志华，鄂阿强，等. 大兴安岭中南段矽卡岩型铅锌矿床地质特征及成因［J］. 矿产勘查，2017，3（8）：366-373.

［66］中国矿床发现史江西卷编委会. 中国矿床发现史江西卷［M］. 北京：地质出版社，1996.

［67］曾祥伟，付伟，滕建青，等. 铅锌矿石中硫化物化学成分的成因指示意义——以广西佛子冲矿床为例［J］. 矿产勘查，2017，5（8）：849-857.

［68］张祖林，周明缓. 江西铅山永平铜矿床［S］. 中国铜矿新进展. 中国有色金属工业总公司地质勘查总局—矿产地质系列丛书 No.001，1993：247-259.

［69］苏亚汝，黎应书，等，广西大厂锡矿田 100 号矿体成矿模型的建立［J］. 有色金属，2007（3）：21-25.

［70］黄民智，唐韶华. 大厂锡矿矿石学概论［M］. 北京：北京科学技术出版社，1988.

［71］李永达，周明仁. 湖北大冶鸡冠嘴铜金多金属矿床地质特征［S］. 中国铜矿新展. 中国有色金属工业总公司地质勘查总局—矿产地质系列丛书 No.001，1993：304-317.

［72］王静纯，余大良. 都龙矿区矿床伴生组分查定与综合利用研究［R］. 北京矿产地质研究院，云南华联锌铟股份有限公司，2007.

［73］西南有色金属地质勘查局. 云南老君山锡锌多金属矿床地质［G］. 中国有色金属工业总公司地质勘查总局—矿产地质系列丛书 No.012，1997.

［74］辛天贵，程细音，等. 青海赛什塘矽卡岩型铜矿床成因探讨［J］. 矿产勘查，2013（3）：257-265。

［75］郑庆年. 广东凡口铅锌矿［M］. 北京：冶金工业出版社，1996.

［76］王静纯，杨竞红，简晓忠，等. 四川会理天宝山铅锌矿伴生银赋存状态研究［R］. 北京矿产地质研究所，1991.

［77］王静纯. 云南麒麟厂铅锌矿伴生银赋存状态研究［R］. 北京矿产地质研究所，1990.

［78］柳贺昌，林文达. 滇东北铅锌银矿床规律研究［M］. 昆明：云南大学出版社，1999.

［79］李世佩. 甘肃厂坝—李家沟铅锌矿床伴生金银赋存状态及富集规律［J］. 贵金属地质，1988（1-2）：388-395.

［80］朱连君. 四川会理县鹿厂铜矿床［G］. 中国铜矿找矿新进展. 中国有色金属工业总公司地质勘查总局—矿产地质系列丛书 No.001，1993：341-348.

［81］王根，张道江. 云南大姚六苴铜矿床［G］. 中国铜矿找矿新进展. 中国有色金属工业总公司地质勘查总局—矿产地质系列丛书 No.001，1993：437-448.

［82］罗镇宽. 浙江银坑山金银矿床复杂金银矿物的研究［J］. 金银矿产选集，1985（4）：145-155.

［83］汤中立，李文渊. 金川铜镍硫化物（含铂）矿床成矿模式及地质对比［M］. 北京：地质出版社，1995.

［84］杨玉春，陈敏清，赵桂芳，等. 新疆富蕴县喀拉通克硫化铜镍矿区 1 号矿体矿石物质成分与有用元素赋存状态研究报告［R］. 冶金部天津地质研究院，新疆有色金属工业公司

喀拉通克铜镍矿，1991.

[85] 王静纯.会泽矿山厂氧化铅锌矿石伴生银赋存状态研究［G］.北京矿产地质研究所，云南会泽铅锌矿，1997.

[86] 周伟平.湖南桂阳宝山西部铜矿床地质特征［J］.矿产勘查，2011(5)：475-478.

[87] 王静纯，施晶，方楠.金川龙首矿东采区1160水平以上矿石伴生金银赋存状态研究［R］.北京矿产地质研究所，1996.

[88] 王莉绢，等.甘肃厂坝铅锌矿伴生银赋存状态及分布规律研究［G］.北京矿产地质研究所，1992..

[89] 何双梅，等.广东长铺铅锌矿伴生银赋存状态研究［G］.北京矿产地质研究所，1993..

[90] 缪远新，祝新友，等.贵州杉树林铅锌矿伴生银赋存状态研究［G］.北京矿产地质研究所，1991.

[91] 齐钒宇，张志，祝新友，等.湖南宝山铜铅锌多金属矿床成矿元素分带特征及地质意义［J］.矿产勘查，2017，2(8)：358-365.

[92] 何双梅，等.辽宁红透山铜矿床中伴生银赋存状态研究［R］.北京矿产地质研究所，1992.

[93] 李传明.银山铜硫金带与铅锌银带的演化规律与金银的富集因素［G］.贵金属地质，1988(1-2)：306-311.

[94] 王增润，等.香花岭锡多金属矿床硫化物中伴生银的赋存状态，综合利用及找矿前景研究［R］.北京矿冶研究总院，1987.

[95] 宫欢民，崔玉学.梭梭井银铅矿床银的赋存状态及其与回收率的关系［J］.地质与勘探，1991：29-30.

[96] 欧超人.湖南铜山岭伴生金银矽卡岩矿床的地质地球化学特征［G］.贵金属地质，1988(1-2)：297-305.

[97] 李明寰.秦岭泥盆系层控多金属矿床伴生银的赋存状态及富集规律［G］.贵金属地质，1988（1-2)：388-395.

[98] 王静纯，余大良，陈民扬，等.云南会泽铅锌矿矿山厂1号矿体混合矿石成矿序列及伴生银锗镉赋存状态研究报告［R］.北京矿产地质研究所，云南驰宏锌锗股份有限公司，2002.

[99] 西北冶金地质勘探公司地质研究所.白银小铁山多金属矿床中伴生分散、贵金属元素赋存规律的研究［R］.西北有色地质研究所，1966.

[100] G.J.格兰特，等.国外银矿及典型矿床［G］.吴太平译.白银地质勘查基金办公室，中国地质矿产信息研究院，1991：286-306.

[101] 张振儒，等.金矿物研究［M］.长沙：中南工业大学出版社，1989.

[102] 蔡长金，陆荣军，宋湘荣，等.中国金矿物志［M］.北京：冶金工业出版社，1994.

[103] Жирнов А М. Гипогецное коллоидное и мегаколлоидное 30лото. Зал. Всесоюэн. минер. об, 1981, 3 (110)：278.

[104] 刘卫.安康矿无公度调制结构研究及湖南黄沙坪铅锌矿床中银的显微赋存状态的透射电镜研究［D］.武汉，中国地质大学，1990.

[105] 赖乙雄，等.铜矿石中金银赋存状态的研究［J］.地球化学，1980(12).

[106] 刘荣军. 宝山矿床银赋存特征及其分布规律初探 [J]. 江西地质, 1991, 2(5): 134-135.

[107] 王莉娟, 等. 江西荡坪钨矿宝山铅锌矿区伴生银矿石工艺矿物学研究 [R]. 北京矿产地质研究所, 1988.

[108] 赖来仁, 等. 大厂铜坑细脉带矿体及长坡 92 号矿体银的赋存状态研究报告 [R]. 桂林矿产地质研究院, 1989.

[109] 张丽彦. 大井铜、银、锡多金属矿床伴生银的赋存状态及工艺矿物学研究 (第一部分) 铜锡类型矿石银的工艺矿物学 [R]. 北京矿冶研究总院, 1989.

[110] 张丽彦. 大井铜、银、锡多金属矿床伴生银的赋存状态及工艺矿物学研究 (第二部分) 铅锌类型矿石银的工艺矿物学 [R]. 北京矿冶研究总院, 1989.

[111] 何双梅, 等. 吉林省桦甸县松树川银矿床 (点) 银赋存状态研究 [R]. 北京矿产地质研究所, 1990.

[112] 缪远新, 等. 青海锡铁山富金银氧化矿金银赋存状态查定及地质规律研究 [R]. 北京矿产地质研究所, 1989.

[113] 汪淑芬. 小铁山矿床 3-5 中段伴生金银赋存状态及分布规律 [R]. 北京矿冶研究总院, 1988.

[114] 吴俞斌, 等. 江西东乡铜矿蚀变岩中金银赋存状态及金银工艺矿物学研究 [R]. 北京矿产地质研究所, 1990.

[115] 丁俊华, 周卫宁, 等. 湖北丰山铜矿南缘一号矿体金 (银) 的赋存状态及分布规律研究 [R]. 桂林矿产地质研究院, 1989.

[116] 丁俊华, 周卫宁, 等. 湖北丰山铜矿北缘 501 号矿体金 (银) 的赋存状态及分布规律研究 [R]. 桂林矿产地质研究院, 1989.

[117] 红钢, 等. 康家湾铅锌金矿有价元素赋存状态及工艺矿物学研究 [R]. 北京矿冶研究总院, 1988.

[118] 西北矿冶研究院. 花牛山铅锌矿入选矿石银的赋存状态研究及损失原因考查 [R], 1987.

附　　录

矿物及矿石组分代号

矿物名称	代　号	矿物名称	代　号
黄铁矿	Py	硫铜银矿	Str
方铅矿	Gn	硫铁银矿	Sbg
闪锌矿	Sp	银黝锡矿	Hct
黄铜矿	Cp	辉碲铋银矿	Tmg
磁黄铁矿	Po	方辉锑银矿	Pyr
磁铁矿	Mt	红硒铜矿	Um
赤铁矿	He	碲银矿	Hs
白铁矿	Ma	碲铋银矿	Hbs
毒砂	Are	硫锑银铅矿	Adr
自然金	Au	硫锑砷铜银矿	Apr
自然银	Ag、Slv	硫银锡矿	Caf
金银矿	Kt	角银矿	Cry
银金矿	Et	辉碲铋矿	Tm
自然铋	Bi	白铅矿	Css
黝铜矿	Tt/Td	萤石	Flu
砷黝铜矿	Tn	菱铁矿	Sm
辉铜矿	Cha	孔雀石	Mal
辉碲铋矿	Tm	褐铁矿	Lim
黝锡矿	Stn	长石	An
脆硫锑铅矿	Jmt	方解石	Cc
镍黄铁矿	Pn	白云石	Dol
斑铜矿	Bn	石英	Q
锡石	Cst	绢云母	Ser
银黝铜矿	Fg	绿泥石	Che
辉银矿	Ar	重晶石	Bar
螺状硫银矿	Ac	硫化物	Suld
深红银矿	Pg	锰矿物	Mn
淡红银矿	Ps	有机碳	C
脆银矿	Sth	脉石	Gu
柱硫锑铅银矿	Frs	综合脉石	Vs
硫金银矿	Ug	其他金属矿物	X
辉锑铅银矿	Dp	其他银矿物	Oy
硫锑铜银矿	Pol	碳酸盐型矿石	Dol-Mab
硫铋银矿	Hbs	片岩型矿石	Sis
辉锑银矿	Mgy	片岩	Sch

彩图1　庞西峒　条带状铅锌银矿石　方解石呈条带或团块状分布　自然银和银金矿肉眼可见　F5断裂

彩图4　长汉卜罗　硅质（白色）–闪锌矿（深棕色）–方铅矿（钢灰色）–黄铁矿（黄色）条带相间　1号矿体

彩图2　红透山　块状银铜矿石（Cu）赋存于向斜轴部　–767中段25穿

彩图5　矿山厂　褐铁矿矿石　黄褐色葡萄状构造　Ag 1.43g/t　十一中段9穿

彩图3　长汉卜罗　条带状银铅锌矿石　黄铁矿（黄色）–闪锌矿（暗棕色）–方铅矿（钢灰色）条带分别与硅质条带（白色）相间　zk809孔

彩图6　矿山厂　水锌矿褐铁矿矿石　水锌矿（白色）呈放射状、球粒状　Ag 2.77g/t　十一中段9穿

彩图 7 矿山厂 含白铅矿 (白色) 黄钾铁矾
矿石 浅灰黄色多孔状 Ag 62g/t 十中段 34 矿块

彩图 10 矿山厂 菱锌矿矿石 乳白色块状
Ag 0.85 g/t 九中段 8 分层采场

彩图 8 矿山厂 赤铁矿矿石 赤红色块状
Ag 13.2g/t 十中段 36 矿块

彩图 11 矿山厂 硅锌矿矿石 黑褐色块状
Ag 14.0 g/t 十中段 36 矿块

彩图 9 矿山厂 含方铅矿 (钢灰色) 白铅矿矿石
土黄色半土状 Ag 297g/t 十一中段 6 矿块

彩图 12 矿山厂 异极矿矿石 艳黄褐色半
土状和无色晶簇状异极矿 $\phi \leqslant 2cm$ Ag 12.0g/t
十一中段 6 矿块

彩图 13　矿山厂　铅铁矾褐铁矿异极矿矿石
Ag 102g/t　九中段 21 矿块 1 副穿

彩图 16　红透山　闪锌黄铁矿矿石　粗粒 –
巨粒结构　Ag 30.16g/t，Au 0.08g/t　–467 中
段 29 穿

彩图 14　矿山厂　纤铁矿矿石　灰绿色纤维
状 – 放射状　Ag 10.0g/t　十中段 36 矿块

彩图 17　锡铁山　亮晶 Cc 交代细粒 Cc 和
Che，在 Py 界面形成 Cc 缝合线　缝合线构
造——成矿期典型组构　II$_9$　10×2.5 单偏光

彩图 15　红透山　黄铜闪锌黄铁矿矿石　斑
杂状构造　Ag 105.73g/t，Au 0.51g/t　–707 中
段 27 穿

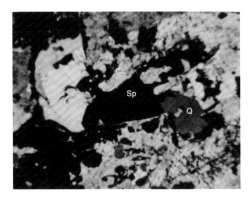

彩图 18　锡铁山　闪锌矿 (Sp) 呈长条或扁条
状，石英 (Q) 被碳酸盐 (Cc) 交代呈港湾状　压
溶与交代构造——变形期典型组构　石英更
长岩——条带状黄铁方铅闪锌矿矿石　II$_{130}$ 底部
10×2.5 正交偏光

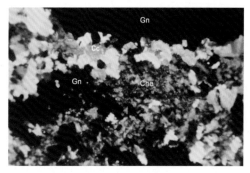

彩图 19 锡铁山 方铅矿 (Gn) 片状与绿泥石 (Che) 泥质 (一级灰) 碳酸盐 (Cc) 交生 片状结构——晚期剪切应力作用 钙质绿泥片岩 – 闪锌方铅黄铁矿矿石 II$_9$-2 底部 10×2.5 正交偏光

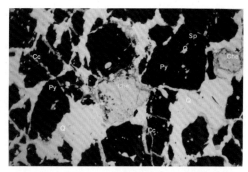

彩图 22 锡铁山 绿泥石 (Che) 石英 (Q) 闪锌矿 (Sp) 于黄铁矿 (Py) 粒间 Py 受力碎裂被 Cc 等胶结 碎裂构造——变形期典型组构 III$_9$ 上部 10×4 单偏光

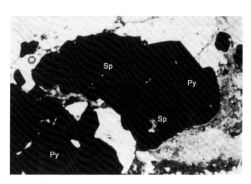

彩图 20 锡铁山 闪锌矿 (Sp) 被黄铁矿 (Py) 包裹 包裹构造——热变质典型组构 矿化含泥质石英绢云绿泥片岩 II$_9$ 底板围岩 10×4 单偏光

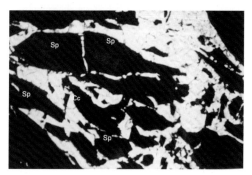

彩图 23 锡铁山 闪锌矿 (Sp) 碎裂、位错并短距离定向流动，碎块可拼接复位——动力变质变形作用的证据，Sp 碎块的液态流动—流化层构造 (fluidized bed) 细粒大理岩—条带状黄铁闪锌矿石 II$_9$ 中心 10×4 单偏光

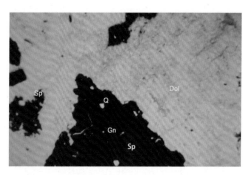

彩图 21 锡铁山 方铅矿 (Gn) 伟晶状角砾包含细粒石英 (Q) 闪锌矿 (Sp) 角砾构造——由热液沸腾及动力作用产生 泥质大理岩——闪锌黄铁方铅矿矿石 II$_{15}$ 10×2.5 单偏光

彩图 24 锡铁山 闪锌矿 (Sp) 呈细粒、链状环绕粗晶 Sp、Py 边部 次颗粒边构造——变形期典型组构；浅黄色 Sp 呈 Cc 菱面体解理假象残余菱面体印模构造——Cc 成岩期典型组构 II$_{130}$ 10×2.5 单偏光

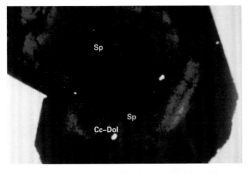

彩图 25 锡铁山 闪锌矿 (Sp) 接触双晶，双晶轴 [111]，中心环带含 Fe 11.12%，Cd 0.47%；边部环带含 Fe 9.88%，Cd—%（低于检测限）变形期典型组构—退火构造 大理岩型黄铁闪锌矿石 I$_{50}$ 10×2.5 单偏光

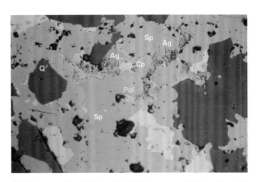

彩图 28 庞西峒 自然银 (Ag，玫瑰红色) 硫锑铜银矿 (Pol) 在闪锌矿 (Sp) 黄铜矿 (Cp) 中呈出溶体 固溶体分离结构 铅锌银矿石 ×256 入射光

彩图 26 锡铁山 黄铁矿 (Py) 受应力作用产生变形，其包裹的脉石 (Gu) 与 (Sp) 隙间有多粒金银矿 (Kt) 分布 闪锌黄铁矿矿石 Au 43.0g/t，Ag 18.6g/t 10×10 入射光

彩图 29 庞西峒 辉银矿－螺状硫银矿 (Ar-Ac) 呈三角状、条状于黄铜矿 (Cp) 中 银铜矿石 20×12.5 入射光

彩图 27 锡铁山 方铅矿 (Gn) 受应力作用，其解理产生弧状弯曲 闪锌黄铁方铅矿矿石 Ag 303.0 g/t，Au 12.15g/t 10×10 入射光

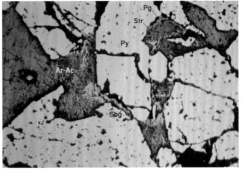

彩图 30 庞西峒 硫铜银矿 (Str) 深红银矿 (Pg) 硫铁银矿 (Sbg) 呈丝状交代辉银矿－螺状硫银矿 (Ar-Ac)，于黄铁矿 (Py) 隙间 交代溶蚀结构，填隙构造 黄铁矿银矿石 20×12.5 入射光

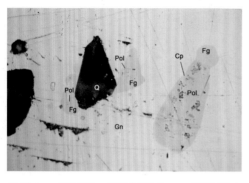

彩图 31　庞西峒　硫锑铜银矿 (Pol) 银黝铜矿 (Fg) 呈滴状、不规则状于方铅矿 (Gn) 中；晚期黄铜矿 (Cp) 交代硫锑铜银矿 (Pol) 呈港湾状　铅锌银矿石　10×64 入射光

彩图 34　庞西峒　深红银矿 (Pg) 辉银矿 – 螺状硫银矿 (Ar–Ac) 细脉穿切闪锌矿 (Sp)　铜铅锌银矿石　10×12.5 入射光

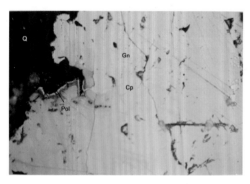

彩图 32　庞西峒　硫锑铜银矿 (Pol) 于黄铜矿 (Cp) 石英 (Q) 隙间　光蚀作用使硫锑铜银矿变成黑色　铜银矿石　10×64 入射光

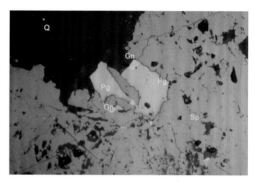

彩图 35　黄沙坪　深红银矿 (Pg) 方铅矿 (Gn) 连生于闪锌矿 (Sp) 与石英 (Q) 界面的闪锌矿一侧　银铅锌矿石　237 中段 1中矿体　20×12.5 入射光

彩图 33　庞西峒　银黝铜矿 (Fg) 包裹硫锑铜银矿 (Pol，浅黄灰色三角形) 出溶体，于黄铜矿 (Cp) 中　铜银矿石　20×10 入射光

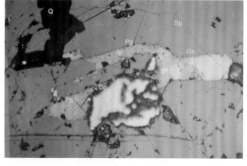

彩图 36　黄沙坪　深红银矿 (Pg) 与方铅矿 (Gn) 黄铜矿 (Cp) 连生于闪锌矿 (Sp) 中　银铅锌矿石　237 中段 1中矿体　20×12.5 入射光

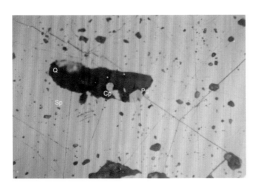

彩图 37　黄沙坪　深红银矿柱晶 (Pg) 与石英
（Q）连生，被闪锌矿 (Sp) 包裹　银铅锌矿石
200 中段 421$_{1-1}$ 矿体　20×12.5 入射光

彩图 40　黄沙坪　辉锑银矿 (Mgy) 黄铜矿 (Cp)
赤铁矿 (He) 石英 (Q) 脉，穿切闪锌矿 (Sp)　银铅
锌矿石　200 中段 414$_{1-1}$ 矿体　10×80 入射光

彩图 38　黄沙坪　柱硫锑铅银矿 (Frs) 于方铅矿
(Gn) 晶粒间　银铅锌矿石　237 中段 1$_{中}$矿体
10×80 入射光

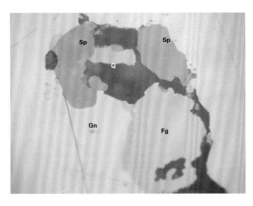

彩图 41　四川天宝山　银黝铜矿 (Fg) 与闪锌矿
(Sp) 石英 (Q) 于方铅矿 (Gn) 中　银铅锌矿石
10×40 入射光

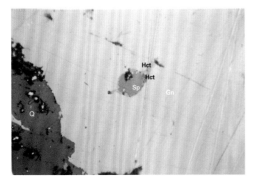

彩图 39　黄沙坪　含银黝锡矿与银黝锡矿
(Hct) 质点状交代闪锌矿 (Sp)，产在方铅
矿 (Gn) 中　银铅锌矿石　200 中段 2$_{1-1}$ 矿体
10×50 入射光

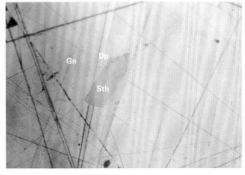

彩图 42　四川天宝山　脆银矿 (Sth) 被辉锑
铅银矿 (Dp，微粒状) 沿边交代，于方铅矿
(Gn) 中　银铅锌矿石　10×40 入射光

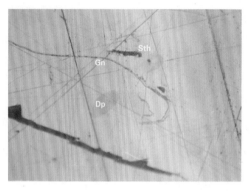

彩图 43　四川天宝山　辉锑铅银矿 (Dp, 柱状)
脆银矿 (Sth，不规则状) 于方铅矿 (Gn) 中　银
铅锌矿石　10×40 入射光

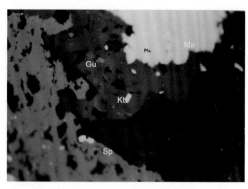

彩图 46　锡铁山　金银矿双锥柱晶 (Kt) 产于白
铁矿 (Ma) 与闪锌矿 (Sp) 隙间的脉石 (Gu) 中
10×40 入射光

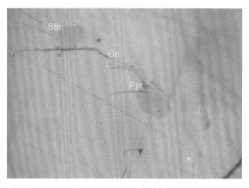

彩图 44　四川天宝山　方辉锑银矿 (Pyr) 脆银
矿 (Sth) 于方铅矿 (Gn) 中　银铅锌矿石
10×40 入射光

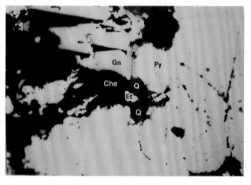

彩图 47　锡铁山　银金矿 (Et) 双连晶于石英 (Q)
和绿泥石 (Che) 间，被黄铁矿 (Py) 方铅矿 (Gn)
包裹　10×20 入射光

彩图 45　锡铁山　硫金银矿 (Ug) 与银金矿 (Et)
连生产于石英 (Q) 中，被闪锌矿 (Sp) 包裹
10×10 入射光

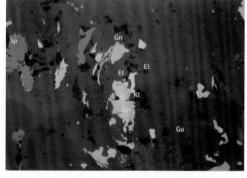

彩图 48　锡铁山　银金矿 (Et) 呈钩状、球粒状
于脉石 (Gu) 中；金银矿 (Kt) 乳滴状于方铅矿 (Gn)
粒间　10×20 入射光

彩图 49　锡铁山　金银矿 (Kt) 呈齿状与方铅矿 (Gn) 共生于白铁矿 (Ma) 中　10×20 入射光

彩图 52　双尖子山　淡红银矿 (Ps) 和方铅矿 (Gn) 呈蠕虫状连晶，于黄铜矿 (Cp) 闪锌矿 (Sp) 间黄铜矿一侧　铅锌银矿石　10×20 入射光

彩图 50　双尖子山　银黝铜矿 (Fg) 黄铜矿 (Cp) 于方铅矿 (Gn) 中　铅锌银矿石　10×20 入射光

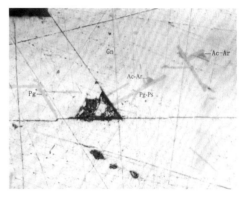

彩图 53　双尖子山　辉银矿 – 螺状硫银矿 (Ar–Ac) 与深红银矿 – 淡红银矿呈板状连晶 (Pg–Pε)；硫锑铜银矿 (Pol) 沿方铅矿 (Gn) 解理析出　10×50 入射光

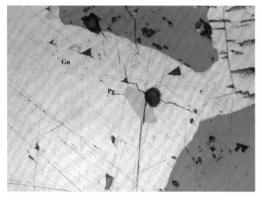

彩图 51　双尖子山　深红银矿 (Pg，柱晶) 于方铅矿 (Gn) 中　铅锌银矿石　10×50 入射光

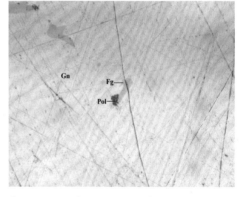

彩图 54　双尖子山　银黝铜矿 (Fg，钩状) 硫锑铜银矿 (Pol，光蚀现黑色) 连生于方铅矿 (Gn) 中　10×100 入射光

彩图55 双尖子山 硫铜银矿(Str)辉锑银矿(Mgy)自然银(Ag)交代银黝铜矿(Fg)于脉石(Gu)中 10×100 入射光

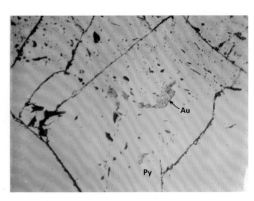

彩图 58 湖南宝山铜矿 自然金(Au)于黄铁矿(Py)中 10×40 入射光

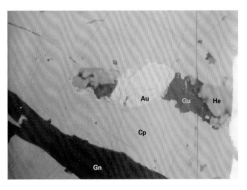

彩图 56 湖南宝山铜矿 自然金(Au)与赤铁矿(He)脉石（Gu）连生于黄铜矿(Cp)中 10×40 入射光

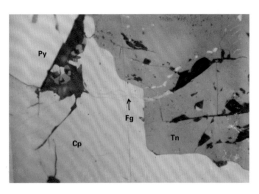

彩图 59 湖南宝山铜矿 银黝铜矿脉(Fg)，穿切黄铜矿(Cp)砷黝铜矿(Tn) 10×40 入射光

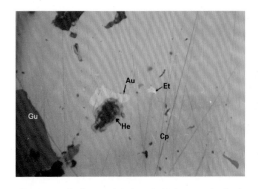

彩图 57 湖南宝山铜矿 自然金(Au)银金矿(Et)赤铁矿(He)脉石(Gu)于黄铜矿(Cp)中 10×40 入射光

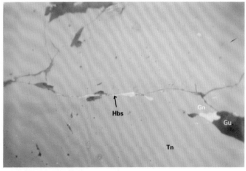

彩图 60 湖南宝山铜矿 碲铋银矿(Hbs)脉，于砷黝铜矿(Tn)中 10×40 入射光

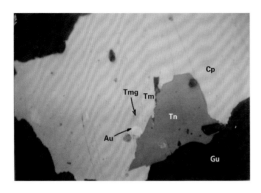

彩图 61　湖南宝山铜矿　辉碲铋银矿 (Tmg) 自然金 (Au) 辉碲铋矿 (Tm) 连晶，于黄铜矿 (Cp) 与砷黝锡矿 (Tn) 隙间　10×40 入射光

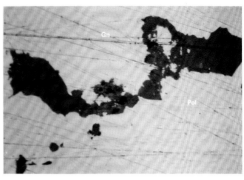

彩图 64　矿山厂　硫锑铜银矿 (Pol，柱状) 于方铅矿 (Gn) 中　10×50 入射光

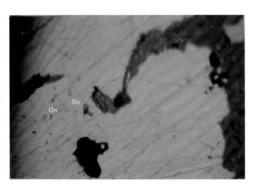

彩图 62　矿山厂　自然银 (Slv，玫瑰红色)，于方铅矿 (Gn) 中　10×50 入射光

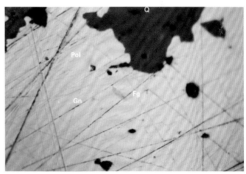

彩图 65　矿山厂　银黝铜矿 (Fg) 硫锑铜银矿 (Pol) 包裹于方铅矿 (Gn) 中　10×50 入射光

彩图 63　矿山厂　辉银矿 (Ar) 乳滴状于白铅矿 (Css) 边部和方铅矿 (Gn) 连生　10×20 入射光

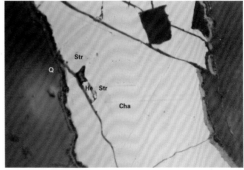

彩图 66　四川大铜厂　硫铜银矿 (Str) 出溶体于辉铜矿 (Cha) 中　10×50 入射光

彩图 67　四川大铜厂　含银红硒铜矿 (Um)、孔雀石 (Mal)、赤铁矿 (He)、褐铁矿 (Lim) 于胶结物中 10×50 入射光

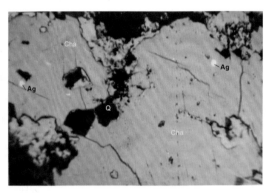

彩图 68　云南郝家河　自然银 (Ag，银白色) 产于辉铜矿 (Cha) 中　10×50 入射光

彩图 69　云南郝家河　自然银 (Ag，银白色) 产于胶结物中　10×50 入射光

彩图 70　河南桐柏　自然银

彩图 71　中国地质博物馆馆藏　自然银